U0806050

高等院校水利水电类规划教材

抽水蓄能电站技术

高传昌　汪顺生　李　君　刘新阳　编

黄河水利出版社
·郑州·

内 容 提 要

本书是高等院校水利水电类规划教材。书中介绍了抽水蓄能电站的基本原理、规划和运行的基本知识。全书共分9章,内容包括:抽水蓄能电站的基本原理与发展、电力系统与抽水蓄能电站、抽水蓄能电站站址规划、抽水蓄能电站的动能规划、水泵水轮机、电动发电机、抽水蓄能电站的水工建筑物、抽水蓄能电站的运行和经济评价。

本书可作为高等院校水利水电类本科教材,也可供从事或涉及抽水蓄能电站规划、设计、建设、管理的工程技术人员和高等院校教师、研究生学习和参考。

图书在版编目(CIP)数据

抽水蓄能电站技术/高传昌等编.—郑州:黄河水利出版社,2011.8 (2023.2 重印)
高等院校水利水电类规划教材
ISBN 978-7-5509-0101-8

Ⅰ.①抽… Ⅱ.①高… Ⅲ.①抽水蓄能水电站-高等学校-教材 Ⅳ.①TV743

中国版本图书馆 CIP 数据核字(2011)第 170960 号

策划编辑:李洪良 电话:0371-66024331 邮箱:hongliang0013@163.com

出 版 社:黄河水利出版社
地址:河南省郑州市顺河路黄委会综合楼14层 邮政编码:450003
发行单位:黄河水利出版社
发行部电话:0371-66026940、66020550、66028024、66022620(传真)
E-mail:hhslcbs@126.com
承印单位:河南承创印务有限公司
开本:787 mm×1 092 mm 1/16
印张:16
字数:370 千字
版次:2011年8月第1版 印次:2023年2月第4次印刷

定价:38.00 元

前　言

抽水蓄能电站是一种具有启动快、负荷跟踪迅速和快速反应的特殊电源，既是一个电站又是一个电网管理的工具，具有发电、调峰、填谷、调频、调相、旋转备用、事故备用和黑启动等多种功能，同时有节约能源和保护环境的特点，已经成为我国电力系统的一个重要组成部分。现在全国已建成抽水蓄能电站20座，装机容量1 184.5万kW，在建电站11座，总规模1 308万kW；2020年和2030年预计我国抽水蓄能电站的合理规模应分别达到8 000万kW和1.2亿~1.4亿kW。

抽水蓄能电站利用调峰填谷性能可以降低电力系统峰谷差，提高电网运行的平稳性，有效地减少电网拉闸限电次数，减少对企业和居民等广大电力用户生产和生活的影响；抽水蓄能电站启停灵活、反应快速，具有在电力系统中担任紧急事故备用和黑启动等任务的良好动态性能，可有效提高电力系统安全稳定运行水平；抽水蓄能电站跟踪负荷迅速，能适应负荷的急剧变化，是电力系统中灵活可靠的调节频率和稳定电压的电源，可有效地保证和提高电网运行频率、电压稳定性；建设适当规模的抽水蓄能电站与核电站配合运行，可解决核电站在基荷运行时的调峰问题，提高核电站的运行效益和安全性；抽水蓄能电站作为储能装置，具有转换能量快、储存规模大、转换效率高和机动灵活的调节性能，充分吸纳不稳定和不连续的风力及太阳能发电电源等清洁能源上网，提高输电线路经济性；抽水蓄能电站启停迅速、运行方式灵活，是实现高效智能电网调度的可靠保证，是坚强智能电网建设的重要组成部分，迫切需要在不同电压等级、不同电网结构、发输配电的各个环节配置不同调节性能、不同规模大小的抽水蓄能电站，满足经济社会发展对电力系统提出的更高要求。我国的抽水蓄能事业方兴未艾，必将在21世纪有更快、更大的发展。蔚蓝天空下，青山绿水中，抽水蓄能电站那一双双蔚蓝色的眼睛，将更加清澈，更加明亮。

本教材从专业教学要求出发，力求加强基本理论、基本概念和基本技能等方面的阐述，同时注意反映抽水蓄能电站技术的新发展和新成就。全书共分9章，包括抽水蓄能电站的基本原理与发展、电力系统与抽水蓄能电站、抽水蓄能电站站址规划、抽水蓄能电站主要参数选择、水泵水轮机、电动发电机、抽水蓄能电站的水工建筑物、抽水蓄能电站的运行和抽水蓄能电站经济评价。其中，第二章和附录由高传昌编写，第一章、第三章、第四章由汪顺生编写，第五章、第六章由李君编写，第七章、第八章、第九章由刘新阳编写；全书由高传昌统稿。

在本教材编写过程中，主要参考和引用了陆佑楣、潘家铮主编的《抽水蓄能电站》，梅祖彦编著的《抽水蓄能发电技术》，董述春、张德旺编写的《抽水蓄能电站》，万永华主编的《抽水蓄能电站规划及运行》和张克诚编著的《抽水蓄能电站水能设计》等书和国内外有关抽水蓄能技术的文献，并在文后列出了主要参考文献，对这些参考书和有关文献的作者，在此表示衷心的感谢。

本教材的编写得到了华北水利水电学院教务处的大力支持及华北水利水电学院规划

教材和河南省水力发电动力工程教学团队资金的资助，黄河水利出版社为本教材的出版付出了辛勤的劳动，研究生苏泊源、刘彩萍、李兴敏、赵楠等参与了本教材的文字图表处理等工作，在此一并表示衷心的感谢。

由于编者水平有限，书中难免存在缺点和错误，恳请读者批评指正。

编 者

2011年7月

目　录

第一章　抽水蓄能电站的基本原理与发展

第一节　抽水蓄能电站的基本原理及组成

一、概述

抽水蓄能电站是水电站的另一种形式，是一种特殊形式的水电站，由上水库、下水库、输水道、厂房及开关站等部分组成，是一种储存电的仓库。抽水蓄能电站利用的是可以兼具水泵和水轮机两种工作方式的抽水蓄能机组，当夜间因部分用户用电停止，而各种大型火电、核电不能大幅度停机或少发电，电力系统出现剩余电量时，抽水蓄能电站可以利用这些剩余电量，开动设备把低处的水抽到高处蓄存起来，等到电力系统用电高峰时，再把高处的水放下来，带动水轮发电机组发电，把电力送回电网，供给用户用电，发电后的水仍回到低处。如此循环往复的操作运用，促使整个电网运行灵活可靠、安全经济。

二、基本原理

抽水蓄能电站是根据电能转换原理而工作的，如图 1-1 所示。它利用午夜系统电力负荷低估时的多余容量和电量，通过电动机水泵将低处下水库的水抽到高处上水库中，以水为载体将这部分低谷电能转换成水的位能蓄存起来，待到次日电力系统用电负荷回升时，再将上水库的水通过水轮发电机组放回下水库，将水的位能转换成电能送回电网，以补充不足的尖峰容量和电量，满足系统调峰需求，如此不断循环工作。这样，既避免了火电机组反复变出力运行所带来的弊端，又增加了电力系统峰荷供电能力；既解决了电力系统的调峰问题，又提高了电力系统的运行安全性和经济性。从这个意义上来说，抽水蓄能电站实际上是一个能量转换装置，利用水为载体，将电力系统的电能在时间上重新分配，以协调电力系统的发电出力与用电负荷在时间分配上的不一致性，从而使电力系统达到安全、经济运行的目的。这种转换是现代电力系统不可或缺的，虽然在转换过程中不可避免地要产生能量损失，但给整个电力系统带来了许多好处。

三、抽水蓄能电站的组成

任一抽水蓄能电站的组成都包括上、下水库和厂房，至于输水系统的具体组成建筑物则因条件不同有较大的差异。一般来讲，抽水蓄能电站的主要组成建筑物从上游开始依次是：①上水库；②进(出)水口；③引水道和调压室；④压力管道；⑤厂房；⑥尾水道和调压室；⑦出(进)水口；⑧下水库。

如果压力水管是直接从上水库取水，则引水隧洞、调压室都可以省掉；如果厂房布置在地下，尾水隧洞又很长，则要设尾水调压室。

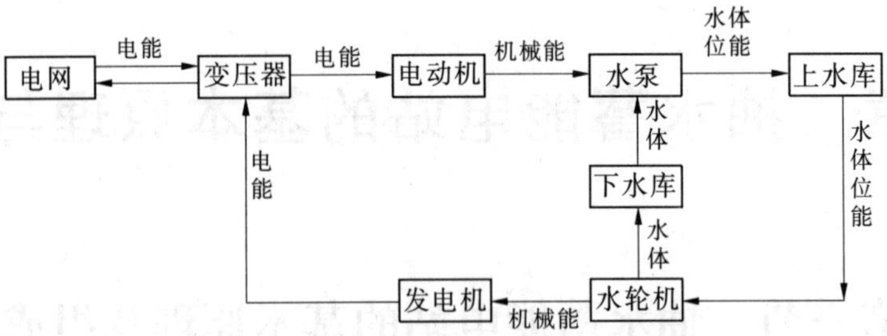

图 1-1 抽水蓄能电站能量转化过程示意图

(一)上、下水库

混合式抽水蓄能电站的上水库一般为已建成的水库,下水库可能是下一级电站的水库或为用堤坝修建起来的新水库。纯抽水蓄能电站多数是利用现有水库为下水库,而在高地上或山间筑坝建成上水库。

人工修筑的水库,其容量除应满足全天发电所需的水量外,另有一定的备用库容,以抵消蒸发量和渗漏量。据估计,大型抽水蓄能电站每年损耗水量可达100万~200万 m^3。上水库的修筑工作量是巨大的,所形成的库容十分宝贵,库底及边壁都应有防渗保护措施。国内外现在广泛使用沥青混凝土全面铺盖,也有用混凝土板防护的,对原来有水源的上水库也应视情况决定是否采取防护措施。

(二)引水系统(高压部分)

与常规水电站一样,抽水蓄能电站引水系统的高压部分包括上水库的进水口、引水隧洞、压力管道和调压室。上水库的进水口在发电时是进水口,但在抽水时是出水口,故称为进出水口。为满足双向水流的要求,进出水口应按两种工况的最不利条件设计。常规水电站在进水口都装有拦污栅。在抽水蓄能电站中,因水泵工况的出水十分湍急,对拦污栅施加很大的推力和振动力,所以拦污栅是进出水口设计的一个重要项目。

抽水蓄能电站引水隧洞上的分岔管在发电工况时流向是分流的,在抽水工况时则是合流的,为使两个方向水流的损失都最小,需要进行专门的试验研究。

(三)引水系统(低压部分)

地下电站的尾水部分(低压部分)是有压的,通常也做成圆断面的隧洞。设计中要特别注意过渡过程中可能出现的负压,如隧洞较长,一般需在机组下游修建尾水调压井。因为引水系统高压部分的造价比低压部分高,故现在趋向于将厂房向上游移动,也就是尾水隧洞将会更长,产生负压的可能性也就更大。

(四)电站厂房

中低水头抽水蓄能电站或为坝后式或为引水式,都可使用地面厂房。水轮机工况的排水和水泵工况的吸水都直接连通到尾水渠。由于水泵的空化性能比水轮机要差,机组中心必须安放在比常规水轮机更低的高程。高水头抽水蓄能电站几乎没有例外地都采用地下厂房,不少中低水头的抽水蓄能电站也使用地下厂房。现在高水头抽水蓄能电站机组中心已达尾水面以下70~80 m,厂房内所有管道都要承受很大的压力,厂房本身的防渗漏问题也需特别设计。多数的地下电站都将变压器安装在地下,故需专门开挖一个洞室放置变压器。如电站需要修建尾水调压井,则常常将几台机组的尾水闸门连通,形成第三个洞室。

由于既接近负荷中心又具有很高水头的站址不太好寻找，选址的一个出路就是向地下发展。美国即将建造的两座大型抽水蓄能电站都利用地面上的小湖为上水库，将厂房放到废弃的矿井下面，将已有坑道扩大而形成下水库，压力隧洞和各种通道都是垂直的。

第二节　抽水蓄能电站的开发方式和分类

一、按上水库调节水量分类

（一）纯抽水蓄能电站

纯抽水蓄能电站的特征是只有很少甚至没有天然来水进入上水库，抽水蓄能电站基本不消耗水量，厂房内机组全部是抽水蓄能机组，蓄能发电所需全部调节水量在上、下水库中循环使用。电站本身不直接生产电能，只改变电力系统电能在时间上的分配，如图 1-2所示。

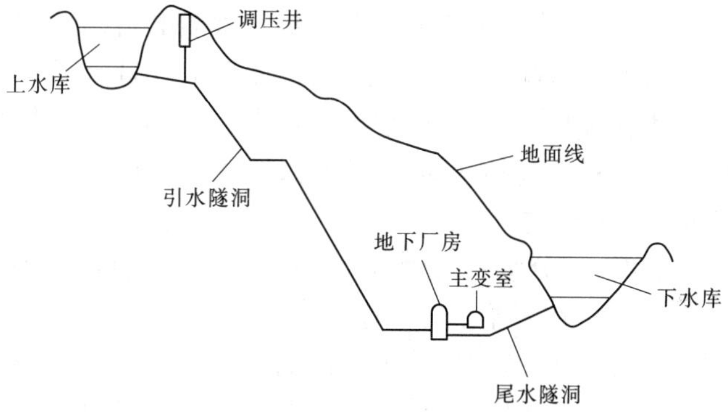

图 1-2　纯抽水蓄能电站示意图

纯抽水蓄能电站开发方式要求有足够的蓄能库容。通常，上水库建在比河面高程高几百米的地面上，围堤修建人工水库来蓄存发电水量。下水库则利用河流上已建的水库，或者在电站下游适当地点用低坝新建一个小水库，也可利用天然湖泊作为下水库。

纯抽水蓄能电站一般选择在靠近负荷中心及电源点处，以减少电站在送电和受电时输电线路的电能损失。

（二）混合式抽水蓄能电站

结合常规水电站的新建、改建或扩建，加装抽水蓄能机组即为混合式抽水蓄能电站。厂房内有的机组是常规水轮发电机组，有的则是可逆式机组。混合式抽水蓄能电站的上水库有天然径流汇入，它的电能构成也分为两部分，一部分为天然径流发电，另一部分为抽水蓄能发电。

混合式抽水蓄能电站整体布置与一般蓄水式电站类似，如图 1-3 所示，只是需要在电站下游建造一个具有相应蓄水库容的下水库，降低和挖深蓄能机组的发电厂房基础。抽水蓄能机组的水头受原有水电站设计水头的限制，单位电量投资稍大，如原有水电站远离负荷中心，输电损失就会增加。密云电站和潘家口电站都是混合式抽水蓄能电站，它们共同的特点是上水库都是大型综合利用水库,原来水电站的运行方式常常是“以水定电”,不能满足电力系统的调峰需要,改装成可逆式机组后,便可改变电站的运行方式,既满足了综合利用部门的用水要求,又提高了电站的调峰能力。

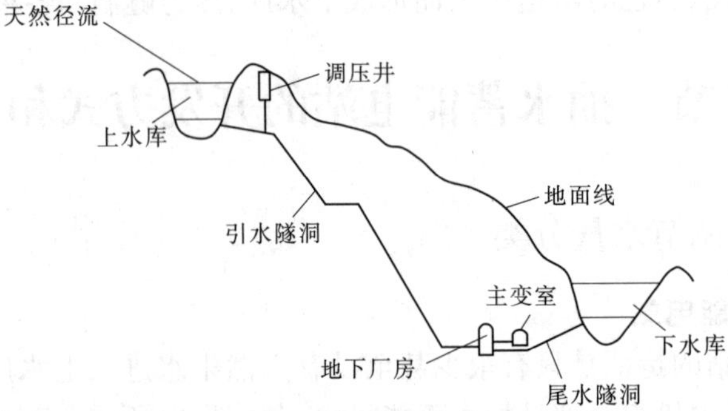

图 1-3　混合式抽水蓄能电站示意图

混合式抽水蓄能电站一般是因为该常规水电站的调节水库承担综合利用任务,例如除发电以外尚有灌溉、航运等任务,发电运行方式受到一定的限制,为了充分发挥电站的调峰作用,加装抽水蓄能机组,将其改建成混合式抽水蓄能电站,如岗南混合式抽水蓄能电站。另外,当天然径流年内分配不均匀性很大,水库调节容量有限时,为了充分利用丰水期径流发电,加装抽水蓄能机组,丰水期常规和蓄能机组同时发电,增加季节性电能,枯水期利用蓄能机组抽水发电,提高枯水期供电能力,如潘家口混合式抽水蓄能电站。

(三)非循环式抽水蓄能电站

当上水库位于两条河流的分水岭,分水岭两边河谷具有不同的高差,且高差小的一边有足够的天然径流来源时,可在高差小的一边建下水库或取水口,设置抽水站,在分水岭建上水库,同时在另一边建常规水电站,将下水库的水抽到上水库,再通过常规水电站放到下游发电,其具体布置如图 1-4 所示。这样,从下水库抽上来的水量不再返回下水库,而是流到另一条相邻河流。这是跨流域引水发电的一种特殊方式。由于抽水扬程小于发电水头,因而也是一种有利的开发方式。例如,奥地利的赖斯采克抽水蓄能电站的最大抽水扬程为 1 070 m,最大发电水头为 1 773 m,最大抽水功率为 18 MW,最大发电出力为 67 MW。

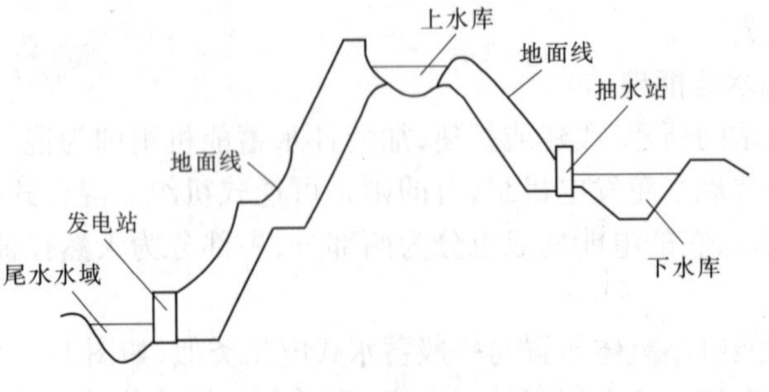

图 1-4　非循环式抽水蓄能电站示意图

二、按调节性能分类

(一)日调节抽水蓄能电站

日调节抽水蓄能电站以一日为运行周期,夜间负荷处于低谷时进行一次抽水,日间担任峰荷时发电一次或多次,但每次时间较短,所需的蓄水库容取决于每日调峰时的发电量。

日调节抽水蓄能电站承担调节一昼夜电力负荷不均匀任务,其上、下水库水位变化的循环周期为一日。电力系统日负荷曲线是变化的,如图1-5(a)所示,夜间负荷减少,要求电力系统减少电力供应,迫使火电厂降低出力运行,这对火电厂运行是不利的。日调节抽水蓄能电站此时抽水,增加电力需求,也就是提高火电厂的低谷负载率,避免压负荷运行,改善火电厂的运行条件。次日负荷需求增大时,日调节抽水蓄能电站改为发电运行,又可增加电力系统负荷高峰时的供电能力。

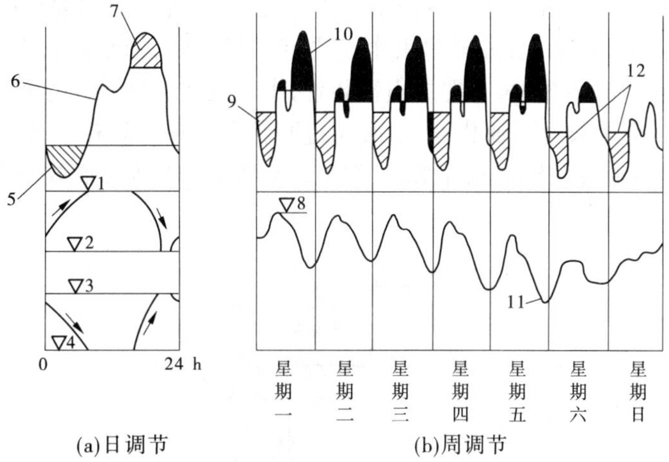

1—上水库正常蓄水位;2—上水库死水位;3—下水库正常蓄水位;4—下水库死水位;
5—低谷抽水;6—日负荷曲线;7—高峰发电;8—上水库正常蓄水位;9—工作日低谷抽水;
10—工作日高峰发电;11—上水库死水位;12—假日集中抽水

图1-5　日、周调节抽水蓄能电站运行方式示意图

(二)周调节抽水蓄能电站

它以一周为运行周期,每日仍抽水和发电各一次,但在周末休假日系统负荷特低时,可多利用富裕电能延长抽水时间,储蓄更多水量,以增加日调峰出力,或延长担任调峰的时间,如图1-5 (b)所示。所需库容较日抽蓄电站的大。国外周末工厂多数停工,这种抽水蓄能电站较多。

(三)季调节抽水蓄能电站

将汛期多余水量抽蓄到上水库中供枯水期增加发电量用,所需库容较上述两种电站大得多,一般利用径流式水电站丰水期季节性电能作为抽水能源。季调节抽水蓄能电站承担调节年内丰、枯季节之间电力负荷不均匀任务,其上、下水库水位变化的循环周期为一年,但主要是抽蓄汛期水量的抽水蓄能电站。此类电站要求上水库调节库容必须能够调节枯水季节发电所需水量,因而所需库容较大,通常可不建下水库,只要具备取水条件即可(同时承担日调节任务者除外)。这类电站在常规水电站较多且调节性能较差,季节性电能较多,或弃水电量较大的情况下建设较为有利。

三、按机组类型分类

(一)四机分置式抽水蓄能电站

抽水蓄能电站机组由电动机、水泵、水轮机、发电机组成,抽水机组与发电机组分开布置。这是早期发展的纯抽水蓄能电站所采用的机组组合形式。由于厂房布置复杂,工程投资大,故这种组合形式逐步被淘汰。四机分置式将水泵和水轮机分开布置,便于使水泵、水轮机都按最佳效率运行。例如,奥地利的赖斯采克抽水蓄能电站,采用的就是四机分置式,首台机组于1957年建成投产。

(二)三机串联式抽水蓄能电站

三机串联式的电动机和发电机结合在一个电机之内,即发电机兼作电动机。它与水轮机、水泵连接在一个直轴上,发电时由水轮机带动发电机,抽水时则由电机驱动水泵。对于容量较小的机组和电站,可布置成横轴装置,水轮机和水泵分置电机两端。对于大容量抽水蓄能电站,通常采用竖轴装置,水泵通过联轴器装在水轮机下面,见图1-6。在发电工况下运行时,可通过联轴器脱开水泵,避免其空转损失及为此而放空水泵过水部分积水的必要性。

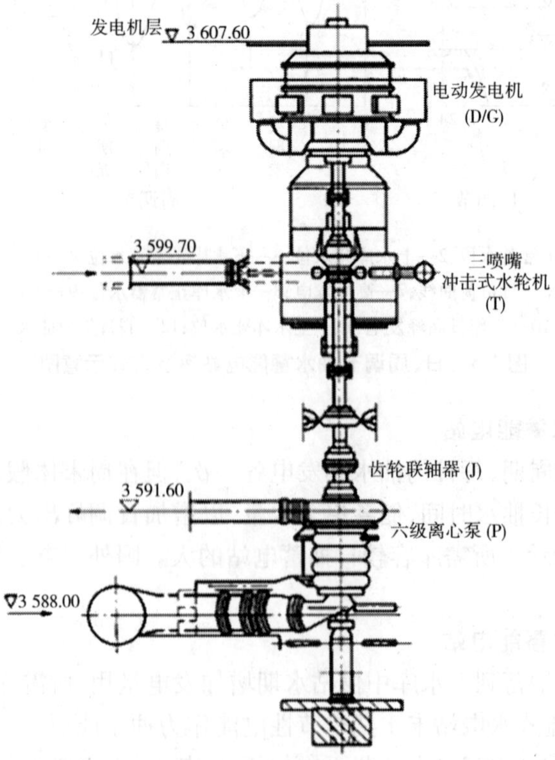

图1-6 立轴三机式抽水蓄能装置示意图 (单位:m)

水轮机和水泵通常采用同向旋转，可使切换到抽水工况时水泵启动便捷，而改变为发电工况时水轮机亦能很快达到正常转速。机组工况的转换通过闸门的相应开闭进行。

与两机式比较，三机串联式布置由于水泵和水轮机可按各自的运行工况进行设计，可以达到很高的效率。但三机串联式机轴长，需要厂房高度较大，进出水需要两套设备，工程投资要贵很多。

（三）二机可逆式抽水蓄能电站

二机可逆式布置包括一个可逆式水力机械（水泵水轮机）和一个电机（电动发电机），与常规水电站的机组布置相似。反击式水轮机如反方向旋转，可以作为水泵使用。应用于抽水蓄能机组的反击式水轮机有贯流式、轴流式、斜流式和混流式四种。贯流式水泵水轮机适用于潮汐抽水蓄能电站；轴流式水泵水轮机适用于水头小于20 m的低水头抽水蓄能电站；斜流式水泵水轮机工作性能较佳，一般在水头为35～140 m时采用；水头较高时，普遍采用混流式可逆机组，当水头大于600 m时，要采用多级混流式可逆机组。

我国广州、十三陵、天荒坪等已建大型抽水蓄能电站均采用单级水泵水轮发电电动机组。图1-7和图1-8分别为单级水泵水轮机和多级水泵水轮机示意图。随着机组制造水平的提高，单级水泵水轮机的最大扬程目前已提高到778 m（如日本的葛野川抽水蓄能电站机组）。

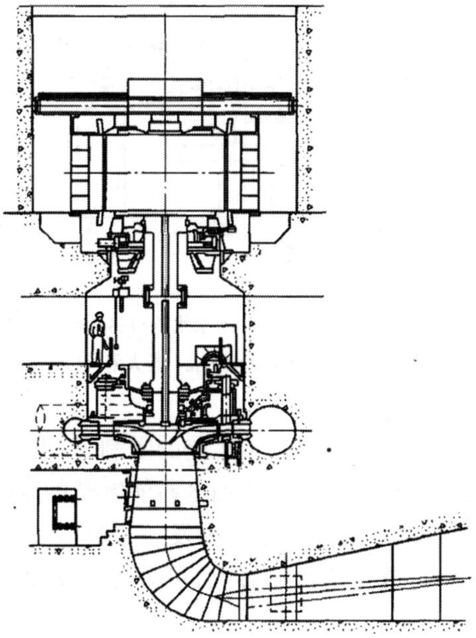

图1-7　单级混流可逆式水泵水轮机（十三陵抽水蓄能电站机组）

四、按水头分类

抽水蓄能电站的造价在容量和蓄能量相同的前提下，一般随水头增大而降低。有效水头越高，所需要的流量和水库容积越小，单位造价越低。此外，抽水蓄能机组形式的选择和制造技术与电站水头高低有密切的联系，因此设计水头是抽水蓄能电站的重要特性

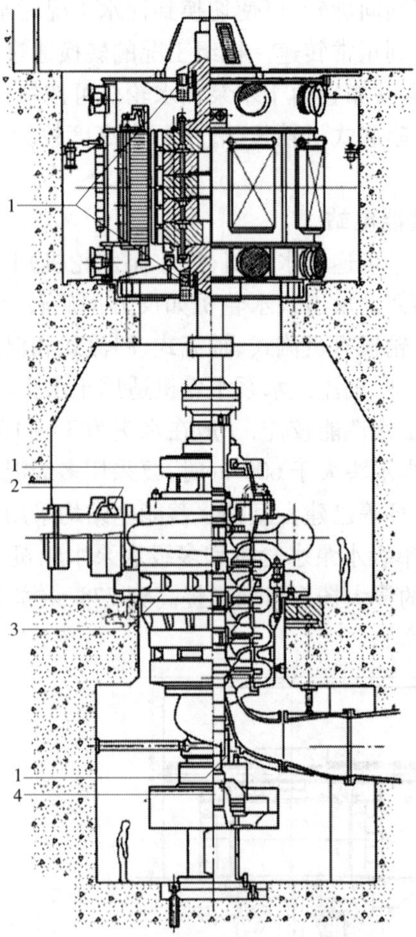

1—导轴承;2—伸缩节;3—水泵水轮机;4—推力轴承

图 1-8　二机多级可逆水泵水轮机(意大利 Hydroart 公司)

之一。

混合式抽水蓄能电站的水头受河川天然落差的限制,一般不超过 200 m。我国华北、华东和东北等地区已建及所能建设的混合式抽水蓄能电站的水头大多在 100 m 以下。

对于纯抽水蓄能电站,从减少投资的角度出发,一般认为水头在 150 ~ 200 m 是能接受的最低限度。考虑到水头对机组选择的影响,可分为水头低于 600 m 和水头超过 600 m 两种情况。

水头低于 600 m 时,选择单级可逆混流式水泵水轮机可以满足需要;水头超过 600 m 时,可选用多级式机组或三机式机组。

五、按布置特点分类

按其水工建筑物与地面所处的相对位置可分为地面式抽水蓄能电站、地下式抽水蓄能电站和特殊布置形式的抽水蓄能电站。

(一)地面式抽水蓄能电站

全部建筑物布置在地面上,由于电站规模、地形地质条件的不同,其具体的工程布置各有不同。

露天式压力水管,只有在地形地质条件适宜布置明厂房且电站的引用流量不大时才被采用。

(二)地下式抽水蓄能电站

除上、下水库设在地面外,整个输水系统及厂房均布置在地下。抽水蓄能电站的一个重要特点是机组防气蚀要求淹没深度大,深达 30 m 甚至更大。因此,只要地质条件允许,把厂房布置在地下,技术上和经济上都是比较有利的。按地下厂房在输水系统中所处位置不同可分为首部式、中部式、尾部式三种基本类型。

将水管布置在地下,利用围岩承担一部分内水压力,可以减少钢衬的厚度,电站工作流量较大时可比明渠方案减少压力水管的根数,这样既可以节省投资又可以减少输水能量损失。通常,引水道(包括引水隧洞和调压室)的造价要比低压的尾水隧洞高,因此抽水蓄能电站总体布置的趋势是倾向于缩短引水道的长度。

地下式布置要重视地质条件,一般尽可能把建筑物布置在较好的岩石中。这样做,即使输水道的长度有所增加,也能充分利用围岩的承载作用和防渗能力,对于施工和电站长期运行也是有利的。

(三)特殊布置形式

特殊布置形式的抽水蓄能电站的主要特点是在地下深处筑一人工地下水库。例如,美国有一高水头抽水蓄能电站采用三机式,总水头达 1 005 m,它的厂房在地下,输水道为压力竖井。由于水头很高、流量小,所以所需蓄能库容也很小。因而作为抽水蓄能电站的下水库,也布置在地下,由隧洞网组成。电站的出线和对外交通都采用竖井。

第三节　抽水蓄能电站的工作特性

一、运行灵活性和可靠性

抽水蓄能电站启、停快,工况转换和增、减负荷迅速,运行灵活可靠,强迫停运率较低,跟踪负荷能力强,适宜承担电力系统调频、紧急事故备用和负荷备用,是很好的旋转备用电源。距离负荷中心地区较近的抽水蓄能电站,还可作调相运行,平衡系统无功功率,稳定地区电压,提高电网运行可靠性。例如,广州抽水蓄能电站从停机到满发一般只需 4 ~ 5 min,最快只需 160 s。天荒坪抽水蓄能电站从满载抽水到满载发电只需 490 s,紧急情况下只需 310 s。广州、十三陵及天荒坪等抽水蓄能电站的启动成功率均达到 99% 以上。

抽水蓄能电站启动成功率是重要的运行考核指标,一般随着机组投运时间加长,指标迅速提高。例如,广州抽水蓄能电站 1994 年刚投产时,发电、抽水启动成功率分别为 96. 6% 、89. 4% ,1997 年即提高到 99. 3% 、96. 9% ,2000 年以后均超过 99. 5% 。十三陵和天荒坪等抽水蓄能电站的启动成功率也都在 99. 5% 以上。

二、运行工况多

抽水蓄能电站既可在水轮机工况下运行，又可在水泵工况下运行；既可发电，又可抽水；既可向电网供电，又可吸收电网的电力；既是发电电源，又是用电负荷；既可增加供电能力，又可提高电网负载率。临近用电负荷中心地区的抽水电站，还可在抽水工况和发电工况下调节电网无功功率，既可向电网输送无功功率，又可吸收电网无功功率，双向调节电网无功功率，稳定供电地区电压，提高电网运行稳定性。

由于有这些独特的运行方式，其可以在电力系统中发挥调峰、调频、调相及旋转备用等功能，有效改善火电机组运行条件，提高电网运行安全性和经济性。

例如，天荒坪抽水蓄能电站设计中考虑有以下 14 种运行工况：

(1)停机转发电：停机—空载—同期并网—导叶开大—发电工况。

(2)停机转发电调相：停机—空载—同期并网—关闭导叶—转轮室压气将水位压至转轮以下—进入发电调相状态。

(3)发电转发电调相：发电—发电调相。

(4)发电调相转发电：发电调相—发电，此工况可为系统热备用。

(5)发电转停机：发电—卸负荷—与系统解列—空载—停机。

(6)发电调相转停机：发电调相—停机。

(7)停机转水泵：停机—向转轮室压气—启动水泵—进入水泵零流量状态—转速增到额定值并网—开主阀转轮室排气充水形成水压—打开导水叶进入水泵工况。

(8)停机转水泵调相：停机—水泵工况(程序同(7))—带上无功负荷进入水泵调相状态。

(9)水泵转停机：水泵工况—停机。

(10)水泵调相转停机：水泵调相—减无功负荷后与系统解列—进入水泵零流量状态—打开排气孔使转轮室充水并停机。

(11)水泵转水泵调相：水泵工况—水泵调相。

(12)水泵调相转水泵：水泵调相工况—水泵工况。

(13)水泵转发电：水泵工况—停机(程序同(9))—发电工况(程序同(1))，此工况可为系统承担事故备用。

(14)发电转水泵：发电工况—停机(程序同(5))—水泵工况(程序同(7))。

三、能量转换特性

抽水蓄能电站是利用能量转换作用，将低谷电能转换成高峰电能，其本身并不生产电能，只是将电网中的电能在时间上重新分配。正如本章第一节所述，它是在电力系统负荷低谷时，利用低谷剩余电能将下水库中的水抽到上水库，以水的位能形式将其蓄存起来，待到负荷高峰时再将上水库中的水通过水轮机放入下水库，将水的位能转换为电能送回电网，完成一次循环；上水库水位由发电最低水位升至正常蓄水位，再由正常蓄水位降至发电最低水位；下水库水位由正常蓄水位降至发电最低水位，再由发电最低水位升至正常蓄水位。循环一次抽水所吸收的电量和发电所发出的电量可分别按下式表示：

$$E_P = \frac{H_P V_S}{367.2\eta_P} \quad (1\text{-}1)$$

$$E_T = \frac{H_T V_S \eta_T}{367.2} \quad (1\text{-}2)$$

式中　E_P——抽水电量，kW·h；

E_T——发电量，kW·h；

V_S——调节水量，m^3；

H_P——平均抽水扬程，m；

H_T——平均发电水头，m；

η_P——水泵工况运行效率；

η_T——发电工况运行效率；

367.2——单位换算系数。

一次循环综合效率可按下式表示：

$$\eta = \frac{E_T}{E_P} = \frac{H_T}{H_P}\eta_T\eta_P \quad (1\text{-}3)$$

抽水蓄能电站的综合效率与水泵水轮机、发电电动机、主变压器及输水系统的运行效率有关，可令：

$$\eta_T = \eta_1\eta_2\eta_3\eta_4 \quad (1\text{-}4)$$

$$\eta_P = \eta_5\eta_6\eta_7\eta_8 \quad (1\text{-}5)$$

式中　η——综合效率；

η_1、η_2、η_3、η_4——发电工况电站输水系统、水轮机、发电机、主变压器的运行效率；

η_5、η_6、η_7、η_8——抽水工况电站主变压器、电动机、水泵、输水系统的运行效率。

由于发电工况和抽水工况的输水系统水头损失已在 η_1、η_8 中考虑，故 H_T、H_P 均为上、下水库水位差的平均值，且 $H_T = H_P$，故：

$$\eta = \eta_T\eta_P \quad (1\text{-}6)$$

综合效率构成如图 1-9 所示。

四、抽水蓄能电站的工作特点

（1）抽水蓄能电站利用午夜负荷低谷时的多余电能抽水，待早、晚出现高峰负荷时发电。在一次循环运行过程中，其抽水用电量 E_P 与发电量 E_T 可按式（1-1）和式（1-2）计算。由此可见，当抽水蓄能电站的发电量 E_T 一定时，上、下水库水位高程 H 越大，所需储能库容越小，即水库和输水管道的投资越省，所以抽水蓄能电站应向高水头方向发展。

（2）抽水蓄能电站将低谷电能转换成高峰电能，电能转换必伴随着能量损失，显然抽水用电量 E_P 必大于发电量 E_T。抽水蓄能电站综合效率（又称周期效率）η 定义为在供给上水库的水量和从上水库取出的水量相等的条件下，发电工况时所生产电量 E_T 与抽水工况时所消耗电量 E_P 之比，实际上是变压器、水力机械与电气设备、输水管道在发电工况和抽水工况时运行效率的乘积。这里，综合效率只考虑到电站出口为止，未计线路输电损失。

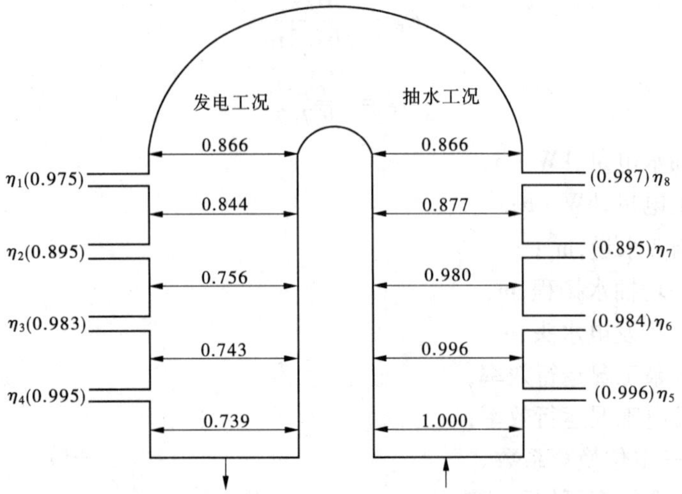

η_1—发电工况输水系统效率；η_2—水轮机效率；η_3—发电机效率；η_4—发电工况主变压器效率；η_5—抽水工况主变压器效率；η_6—电动机效率；η_7—水泵效率；η_8—抽水工况输水系统效率

图 1-9 抽水蓄能电站综合效率构成示意图

一般而言，现代化的大中型抽水蓄能电站综合效率 $\eta = 0.67 \sim 0.75$，即平时常说的"三度电换二度电"或"四度电换三度电"。在抽水蓄能电站规划阶段可采用 $\eta = 0.7$，进一步设计时应经逐项详细计算后确定。

(3)抽水蓄能电站一般均在实行峰谷时电价的电网中工作，它吸收的是低谷时段的廉价电能，发出的是高峰时段的高价电能，增加了售电收入，具有良好的经济特性。

(4)抽水蓄能电站的运行特点是其机组既要作发电运行，又要作抽水运行，而且两种工况转换比较频繁。因此，机组的设计和输水系统中各组成建筑物的布置都要充分考虑水流双向流动的要求，使之在两种工况下都具有较好的水流条件。

(5)抽水蓄能电站启动迅速、运行灵活、工作可靠，特别对负荷的急速变化可作出快速反应。因此，抽水蓄能电站适宜承担系统的调峰、调频、事故备用等任务，在电网中发挥巨大的作用。

第四节 抽水蓄能电站发展概况与趋势

一、我国抽水蓄能电站发展简况

我国抽水蓄能电站建设始于20世纪60年代后期，从国外引进第一台抽水蓄能机组（安装在河北省岗南水电站），至今已有40多年历史。近20年来，我国的抽水蓄能电站有了比较快的发展，最早开始进行前期勘测设计工作的是北京十三陵抽水蓄能电站，当时由于认识上的不统一，对建设抽水蓄能电站存在异议。因此，围绕十三陵抽水蓄能电站建设的必要性、可行性及经济性等重大问题，做了深入地分析认证工作，为政府部门决策提供了科学依据，从而大大促进了抽水蓄能电站的立项与开工建设。

通过多年对抽水蓄能电站所做的大量分析认证工作,特别是潘家口、广蓄、十三陵等抽水蓄能电站投入运行后在系统中所起到的作用,目前不管是规划设计部门,还是运行管理部门、主管决策部门,对抽水蓄能电站在电网中的作用与效益都有了一个比较深入的了解,对修建抽水蓄能电站的必要性与经济性在认识上逐渐统一,在工作过程中逐步形成的一套比较系统的抽水蓄能电站经济效益分析计算与评价方法也被人们接受。所有这些工作,对推动我国的抽水蓄能电站的发展都起到了重要作用,全国很多地方都因地制宜地进行了抽水蓄能电站站址的规划选点,根据电网的需求,一批抽水蓄能项目都相继开展了比较深入的勘测设计及建设准备工作。随着最近几年广蓄、十三陵及天荒坪等一批高水头、大容量抽水蓄能电站相继建成发电,标志着我国的抽水蓄能电站进入了一个新的发展阶段。

当前,装机各为 100 万 kW 的河北省南部电网张河湾、山东省电网泰安已获国家批准立项建设,装机 120 万 kW 的浙江省桐柏抽水蓄能电站为配合秦山核电站二、三期工程与江苏省的沙河抽水蓄能电站(2 × 5 万 kW)即将获得国家批准。全国许多电网都在积极选点和开展前期工作,可以预见,我国第二批抽水蓄能电站即将陆续开工,而且在建设过程中将不断有新项目加入这个行列。例如:安徽省琅琊山(60 万 kW)、山西省西龙池(120 万 kW)、辽宁省蒲石河(120 万 kW)、江苏省铜官山(120 万 kW)、河南省宝泉(120 万 kW)、内蒙古自治区呼和浩特(120 万 kW)、黑龙江省荒沟(120 万 kW)、新疆维吾尔自治区天池(60 万 kW)、北京市板桥峪(100 万 kW)、广东省博罗(约 120 万 kW)都在建设中。一些利用已有水库开发的混合式抽水蓄能电站和一些为解决当地地区电网需要的中型抽水蓄能电站也将不断增多。我国部分抽水蓄能电站工程技术指标见表 1-1。

近年来,随着电力工业的发展与国民经济结构的调整,我国的电力供求形势发生了新的变化,电力供求矛盾趋于缓和,绝大部分地区严重缺电的局面逐步得到缓解,有的地方还出现了电力供大于求的现象。我国的电力发展速度已由过去主要取决于投资规模逐步转变为市场需求来决定。应该看到,目前出现的电力供求缓和还只是一种低用电水平下的缓和。另外,随着市场经济的不断深化,电力工业必须实施可持续发展战略,以经济效益为中心,以市场需求为导向,抓住当前电力供求矛盾暂时缓和的有利时机,加快电源结构的调整和资源的优化配置,既保持一定的发展速度,又要注意质量的提高,处理好速度与效益、总量与结构的关系,真正实现电力工业的持续、快速、健康发展,以适应国民经济的发展要求。

由于电源结构上的不合理、水电比重低,缺乏灵活、经济、可靠的调峰手段,尖峰电力不足一直威胁着电网的安全经济运行,压荷限电比较严重。随着市场经济的推进,用户对供电质量的要求愈来愈高,计划经济时代靠行政手段拉闸限电的办法已适应不了市场经济的发展要求,解决电网的调峰问题是电网运行中一项紧迫的任务,只有不断地优化电源结构才是解决这一问题的根本措施。随着机组制造水平的提高,火电机组在朝着高温、高压、大容量方向发展,大容量机组适宜担负电网的基荷运行,充分发挥其经济效益,对提高电网运行经济性起到重要作用。当电网缺乏调峰手段时,火电机组被迫调峰运行,不仅调峰性能差,不能很好地满足负荷急剧变化的要求,而且使机组煤耗上升,运行检修费用增加,这就降低了其经济性。因此,必须建设相应规模的抽水蓄能电站配合运行,以提高整

表 1-1　我国部分抽水蓄能电站主要工程技术指标

序号	电站名称	所在地	电站类型	装机容量（台×MW）	水头（m）	蓄能运用库容量（万 m^3）	输水道长（m）	机组类型	机组生产厂商	建设状态
1	岗南	河北	混合式抽水蓄能	1×11	47	250	529	斜流可逆式	日本	建成
2	密云	北京	混合式抽水蓄能	2×12	70			斜流可逆式	中国天津	建成
3	潘家口	河北	混合式抽水蓄能	3×90	36~86	700		混流可逆式	意大利 TIBB	建成
4	广蓄一期	广东	纯抽水蓄能	4×300	514~552	850	3 900	混流可逆式	法国 CEGELEC	建成
5	十三陵	北京	纯抽水蓄能	4×200	476	422	2 097	混流可逆式	美国 VOITH；奥地利 EDIN	建成
6	羊卓雍湖	西藏	混合式抽水蓄能	4×22.5	840		8 991.9	三机一体式	美国 VOITH；奥地利 EDIN	建成
7	溪口	浙江	纯抽水蓄能	2×40	242~276	67	1 100	混流可逆式	瑞士 SEM、ABB	建成
8	天荒坪	浙江	纯抽水蓄能	6×300	523~614	805	1 423	混流可逆式	加拿大 GE；挪威 KE	建成
9	广蓄二期	广东	纯抽水蓄能	4×300	514~552	850	4 436.7	混流可逆式	德国 SIEMENS；VOITH	建成
10	响洪甸	安徽	混合式抽水蓄能	2×40	33~64	440	586.5	混流可逆式	中国东方	建成
11	沙河	江苏	纯抽水蓄能	2×50	93~123	230	908	混流可逆式	法国 ALSTHOM	建成
12	天堂	湖北	混合式抽水蓄能	2×35	38~52		416	混流可逆式	中国杭州	建成
13	明湖	台湾	纯抽水蓄能	4×250	309	790	3 147	混流可逆式	日本	建成
14	明潭	台湾	纯抽水蓄能	6×267	380	1 220	4 087	混流可逆式	美国 VOITH；法国 ALSTHOM	建成
15	桐柏	浙江	纯抽水蓄能	4×300	255	1 062	1 277.9	混流可逆式		建成
16	南阳回龙	河南	纯抽水蓄能	2×60	379	129				建成
17	张河湾	河北	纯抽水蓄能	4×250	343	715	874	混流可逆式		在建
18	泰安	山东	纯抽水蓄能	4×250	245	890	1 927.9	混流可逆式		在建
19	白山	吉林	纯抽水蓄能	2×150	123.9		453.3	单级混流泵		在建
20	西龙池	山西	纯抽水蓄能	4×300	694	687.8	413.15			在建
21	宝泉	河南	纯抽水蓄能	4×300	562.48	620				在建
22	琅琊山	安徽	纯抽水蓄能	600	136	1 480				在建

续表 1-1

序号	电站名称	所在地	电站类型	装机容量（台×MW）	水头（m）	蓄能运用库容量（万 m^3）	输水道长（m）	机组类型	机组生产厂商	建设状态
23	洪屏	江西	纯抽水蓄能	2×4×300	556	2 918				规划
24	板桥峪	北京	纯抽水蓄能	1 000	388	620				可研
25	响水涧	安徽	纯抽水蓄能	1 000	217	1 922				可研
26	天池	新疆	纯抽水蓄能	600	500	17 000				可研
27	乌龙山	浙江	纯抽水蓄能	400	273	380				预可
28	荒沟	黑龙江	纯抽水蓄能	1 200	450	1 200				预可
29	双峰	浙江	纯抽水蓄能	160	271.9	223				预可
30	福寿山	湖南	纯抽水蓄能	3 000	739					规划
31	丰宁	河北	纯抽水蓄能	1 200~2 400	455					规划
32	文登	山东	纯抽水蓄能	1 400	503					规划
33	青岛	山东	纯抽水蓄能	1 400	630					规划
34	海阳	山东	纯抽水蓄能	1 000	348					规划
35	蒲石河	辽宁	纯抽水蓄能	1 200	333					可研
36	桃花寺	天津	纯抽水蓄能	500	164					预可
37	呼和浩特	内蒙古	纯抽水蓄能	1 200	583					预可
38	双沟	吉林	纯抽水蓄能	500	107					预可
39	铜官山	江苏	纯抽水蓄能	1 000	413					预可
40	纯阳坞	江苏	纯抽水蓄能	120	142					预可
41	象山	浙江	纯抽水蓄能	600	485					预可

个电网运行供电的可靠性与经济性。抽水蓄能电站具有多功能的运行特点,既能调峰,又能填谷,具有双倍调峰的能力,在电网中,不仅可以作为电网的紧急事故备用电源,又能随时跟踪负荷的变化,对保证电网安全稳定运行及提高供电质量起到非常重要的作用。

近30年来,我国在抽水蓄能电站规划方面做了大量工作,特别是在华北、华东、东北及沿海的山东、广东等地区,由于电网调峰的要求,都比较早地开展了抽水蓄能电站资源调查及规划选点工作,选出了一批比较好的站址,并分别进行了规划与可行性研究工作,推荐出一批近期开发工程。在其他一些地区,如华中的河南、湖南、江西等省,尽管在这些地区的电源构成中,水电占的比重较大,但多为径流式电站,夏季不得不弃水调节,为解决电网调峰能力不足,也进行了抽水蓄能电站的规划工作。另外,除大电网规划建设一批大型骨干抽水蓄能电站外,有些地区电网为解决当地峰谷用电矛盾,也先后规划和准备建设一批中小型的抽水蓄能电站,与当地电网中的火电站及中小径流水电站配合运行,比较好地解决了峰谷用电矛盾,从而可提高电网的供电质量和经济性,促进地区的经济发展。

无论从未来电网对抽水蓄能电站的需求,还是从站址资源条件及前期工作深度来看,我国的抽水蓄能电站的发展前景是非常广阔的。

二、世界抽水蓄能电站发展简况

自1882年在瑞士苏黎世兴建世界上第一座抽水蓄能电站至今,已有100多年的历史。早期的抽水蓄能电站多数以蓄水为主要任务,即在汛期抽水蓄存在上水库中,供枯水期发电之用。20世纪50年代以后,在工业发达的欧美各国,随着现代化大电网的形成,大容量的火电、核电机组大量投入,以及电网负荷峰谷差日趋扩大,调峰电源的需求更为迫切,抽水蓄能电站进而以调峰、调频、承担系统事故备用为主要任务,并得到迅速的发展。与此同时,由于可逆式机组制造水平的不断提高,抽水蓄能电站的综合效率从前期的40%提高到目前的70%~75%,而抽水蓄能电站建设规模和单机容量也迅速增大。特别是高水头大容量的蓄能机组,具有运行灵活、造价低等特点,在已建抽水蓄能电站中,这类机组占很大比重。

美国的电力生产居世界各国的首位,抽水蓄能电站装机容量也居世界首位,蓄能机组容量已达49 800 MW。美国大型抽水蓄能电站较多,装机容量超过1 000 MW的电站有8座,总容量达11 030 MW。目前,世界上电站规模最大和单机容量最大的抽水蓄能电站均在美国,这与美国电网规模大和大型电站大型机组每千瓦投资较低有关。世界上规模最大的抽水蓄能电站是美国的巴斯康蒂(Bath County)电站,装机2 100 MW;单机容量最大的抽水蓄能电站是美国的赫尔姆斯(Helms)电站,单机容量为414 MW。

日本由于水利资源丰富,长期以来电力系统一直以水电为主。20世纪60年代以后,由于经济空前增长,经济的坝址大都已开发完毕,因而火电迅速发展,大容量火电成为主要电源,为了解决调峰问题,开始兴建抽水蓄能电站。20世纪70年代以后,开始发展核电,更加迫切需要建设大型抽水蓄能电站。这时期兴建的抽水蓄能电站,水头为200~500 m,单机容量为200~300 MW。至1987年,抽水蓄能电站总装机容量达到16 160 MW,占水电总装机容量的46%,其中1 000 MW以上大型抽水蓄能电站6座,使日本成为世界上按人口平均抽水蓄能电站容量最多的国家。

苏联水能资源丰富，但经济发达的欧洲部分只占18.4%，且经济坝址几乎已开发利用完毕，新增发达设备组主要是大型凝汽式核电站和核电站，考虑到远距离输送水电调峰电力在技术上和经济上存在问题，因而从20世纪60年代开始，水电开发重点转移到抽水蓄能电站的建设上，先后建成库班、基辅(Kiev)等抽水蓄能电站。20世纪80年代建设超过1 000 MW的抽水蓄能电站有6座，总装机容量为12 000 MW，其中卡涅夫(Kanev)抽水蓄能电站装机容量为3 600 MW。

苏联为满足电力需求，建设了许多动力联合体，包括核电站、火电站、常规水电站和抽水蓄能电站，颇具特色。例如，抽水蓄能电站与核电站组合成动力联合体，抽水蓄能电站的水库便是核电站的冷却水池，可节省投资。在抽水蓄能电站建设中，苏联的另一个重要特点是发展标准化设计和施工，即主要结构主要标准化设计，设备成批生产，从而降低造价及设计、施工费用。苏联建设抽水蓄能电站的经济分析表明：在以核电为基荷的电网中，担负峰荷的抽水蓄能电站每天发电4～5 h，抽水7 h，每千瓦投资不超过火电厂的4～5倍，则从经济上看就是合算的。

意大利是抽水蓄能电站最多的欧洲国家，它利用进口欧洲电网中负荷低谷时廉价电力(主要是法国的核电)抽水蓄能，在峰荷时放水发电，高价出售，经济效益相当好。由于地形特点，意大利抽水蓄能电站的一个显著特征是高水头、大流量，从而降低工程造价。目前，世界上水头最高的抽水蓄能电站是意大利的圣菲拉诺(San Fiorano)电站，其发电水头高达1 417 m。

法国电力工业以核电为主。由于它位于西欧联合大电网的中心，电力交换十分方便。它向邻国低价出口核电，进口峰荷电力来满足电网调峰需求，同时利用经济手段调节负荷，制订了详细的种类繁多的分时电价，峰谷电价差最大可达10倍。在法国抽水蓄能电站中，很多上水库有天然入流，形成较大的蓄能库容，以混合式开发为主(占57%)，周调节为主。

三、抽水蓄能电站的发展趋势

当今世界各国在建抽水蓄能电站方面，总的发展趋势是兴建高水头、大容量、大机组的抽水蓄能电站，以提高抽水蓄能电站的经济性和可靠性。自20世纪60年代以来，随着抽水蓄能电站的大量兴建和抽水蓄能技术的飞速发展，更进一步促进了抽水蓄能电站建设向高水头、大容量、大机组方向发展，也是我国电力发展的方向之一；同时，根据电网的层次性和地区性的特点，也因地制宜兴建中型抽水蓄能电站。

抽水蓄能电站在全球迅速发展的主要原因归纳起来有以下几点：

(1)电力负荷迅速增长，特别是用电结构的变化，使负荷率下降，高峰负荷与低谷负荷差距加大，要求有更多的运行灵活的电站来承担调峰任务。而一些国家和地区可供经济开发的常规水电已开发殆尽，不能满足电力系统安全、经济运行需要。

(2)普通火电机组参加调峰运行技术上难以完全适应电力负荷急剧而频繁的变化，频繁大幅度变出力运行容易引起故障，增加检修维护费用，同时机组效率降低，能耗增加，也加大了运行费用。而专门设计的用来担任调峰运行的所谓尖峰火电机组制造技术复杂，价格昂贵，运行成本高。

(3)新型高参数大容量火电机组大量投入,核电站日益增多,从安全和经济的角度出发都要求这些机组尽可能在高效率区稳定运行。抽水蓄能电站正好能配合这些电站联合运行,既可提高电力系统的运行可靠性,又能降低电力系统运行成本,经济效益和社会效益明显。

(4)随着科学技术的进步,机组制造水平不断提高,高扬程、大容量可逆式机组得到广泛应用。而扬程高、水头大,相应的调节库容、输水道直径、机组和厂房尺寸都可以大为减小,工程造价随之降低,单位千瓦投资接近或低于火电。同时与常规水电相比,抽水蓄能电站具有发电调节水量少、水库规模小、淹没损失小、外协问题较易处理、施工导流不复杂等优点,并且可供选择的站址较多,有可能找到建设条件优越的站址。

(5)由于实行分时电价,高峰、低谷电价差距逐步拉大,抽水蓄能电站可以做到低价进(指抽水购电)高价出(指发电售电),财务上有优势。特别是从电网公司整体利益出发,抽水蓄能电站可以为电力系统获得数量可观的静态效益和动态效益,足以抵偿电站建设及运行资金支付和弥补抽水蓄能在能量转换过程中造成的损耗。

(6)有的国家所处地理位置优越,国内又有丰富的建设条件和优良的抽水蓄能站址,建设抽水蓄能电站吸收邻国低谷廉价电力,向国外出售高峰电力,提供调频、调相、旋转备用等服务,从中获得可观利润。即为了经济目的而开发抽水蓄能电站。

思考题

1. 什么是抽水蓄能电站?
2. 抽水蓄能电站有哪些类型? 各适用于什么场合?
3. 抽水蓄能电站和常规水电站有哪些不同?
4. 抽水蓄能电站有哪些组成部分? 各部分都起什么作用?
5. 抽水蓄能电站的工作特性有哪些?
6. 我国什么时候开始建设抽水蓄能电站? 为什么说我国有较好的建设条件?
7. 当今抽水蓄能电站发展的趋势是什么?

第二章　电力系统与抽水蓄能电站

第一节　电力系统概述

一、电力系统的形成

电力工业发展初期,发电厂都建在电能用户的附近,不仅规模小,而且只能是孤立运行。社会发展到一定程度后,发电用的动力资源与发电厂和大部分的电能用户就越来越远,往往不在同一地区,比如水能资源集中在河流水位落差较大的偏远山区,燃料资源则集中在产煤、石油、天然气的矿区,而大部分电能用户和用电大户都在远离这里的大城市、大工业区,这使得水电只能通过高压输电线路把电能送到远方用户地区才能得到充分利用,火电厂则需要通过把燃料运输到用电地区建厂来解决这一矛盾。但是,用电负荷的增加使电厂机组的容量越来越大,耗费的燃料资源也越来越多;与此同时,运输过程中的一些多变因素也使得燃料运输的耗费巨大,此时远距离大量运输燃料使发电成本过高,远没有远距离输电来的更实惠、更经济。于是就出现了大容量的火电厂建在矿区,形成了许多坑口电厂,在省去大量燃料运输费用的同时,通过升压变电站、高压输电线路、降压变电站等把电能送到远离电厂的用电地区和负荷中心。高压输电技术的进一步发展促进了这种电源和负荷连接方式的普及与扩张,使空间上有距离的发电厂逐步联系起来,形成了并列运行的状况,并且规模越来越大,从地区内部开始,到地区与地区之间,现在甚至形成了国与国之间的超庞大联系系统,它们共同向用户输送电能,并且互为备用,大大提供了供电的可靠性。

电力线路把这一系统中的各种发电厂、变电所、电能用户有序地连接起来,形成了一个有机的网络。完成把一次能源转换为机械能、带动发电机旋转功能的部分称为电力生产的动力部分,诸如火力发电厂的锅炉、汽轮机,水力发电厂的水库、水轮机等。发电厂的发电机、升压和降压变电所、电力线路及各种用电设备等构成的电能统一生产、输送、分配和使用的总体则称为电力生产的电力部分,用来实现机械能到电能和电能到机械能、热能、光能等的转换。各个变电所及不同电压等级的电力线路构成的总体则称为电力网。从广义上来说,电力生产的动力部分和电力部分相互协调与配合,共同构成了动能和电能生产的有机整体,形成了一个完整的电力系统;也可以狭义地理解为,电力系统只是电力生产的电力部分。

图 2-1 为一个完整的电力生产系统。

二、电力系统的基本参数

用来描述电力系统的基本参数有总装机容量、年发电量、最大负荷、额定频率、最高电

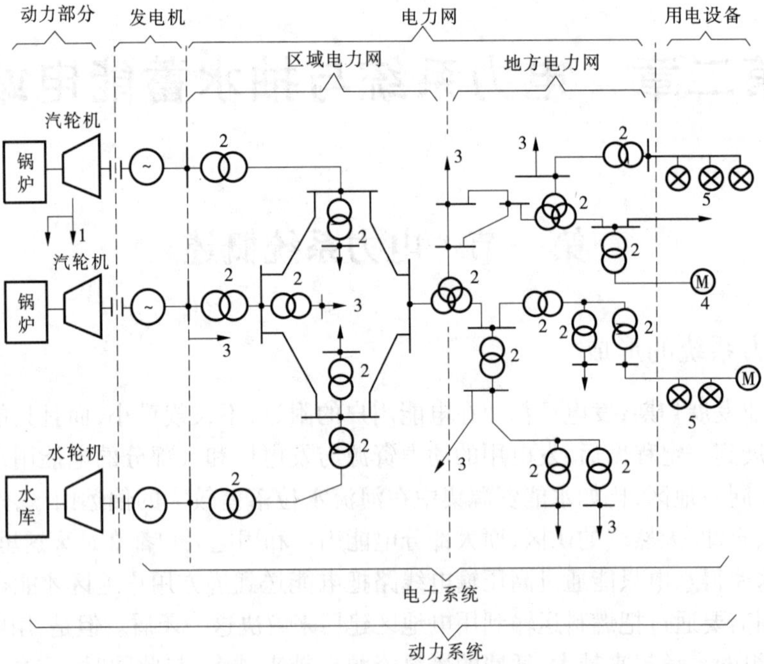

1—热力网;2—变压器;3—负荷;4—高压电动机;5—照明负荷;6—低压电动机

图 2-1　电力生产系统示意图

压等级等。

(一)总装机容量

电力系统的总装机容量是指该系统中实际安装的发电机组额定有功功率之和,常用单位有 W(瓦)、kW(千瓦)、MW(兆瓦)、GW(吉瓦),习惯上用万千瓦表示,1 万 kW 等于 10 MW。比如,包括河南省、湖北省、湖南省、江西省、四川省和重庆市的华中电网,2009 年的总装机容量为 17 237.2 万 kW。

(二)年发电量

电力系统的年发电量是指该系统中所有发电机组全年实际发出的电能总和,常用单位有 kW · h(千瓦时)、MW · h(兆瓦时)、GW · h(吉瓦时)、TW · h(太瓦时),习惯上用亿 kW · h表示,比如,华中电网 2009 年 6 000 kW 以上电厂完成发电量 6 510 亿 kW · h。

(三)最大负荷

电力系统的最大负荷是指该系统中规定时间(比如一天、一月、一年等)内总有功功率负荷的最大值,单位与装机容量相同。

(四)额定频率

按照国家标准规定,我国所有交流电力系统的额定频率均为 50 Hz。实际运行时,电力系统的频率在 50 Hz 上下波动,波动值一般为 0.1 Hz 或 0.2 Hz。国外则有额定频率为 25 Hz 和 60 Hz 的电力系统。

(五)最高电压等级

最高电压等级是指该系统中最高电压等级电力线路的额定电压,常用单位有 V(伏)、kV(千伏),习惯上用万 V 表示。比如,我国建设投产了世界首条 1 000 kV 特高压交流输变电线路(晋东南—南阳—荆门),这一工程是目前世界上运行电压最高、输电能力最大、技术水平最高的输变电工程。

三、电力系统的优越性

电力系统并网运行在技术上和经济上都具有十分明显的优越性,主要体现在以下几个方面。

(一)降低总备用容量在系统中的比重

电力系统在运行中,不可避免地有些发电机会发生故障与事故并需要停机检修。如果电力系统中发电厂的总装机容量恰好等于该系统的最大负荷,那么当某一机组发生故障停运时,必定会引起一部分用户停电,从而给用户造成损失。为了避免这种情况的发生,一般都是要求电力系统中发电厂的装机容量稍大于系统的最大负荷,这部分的富余容量称为系统备用容量。由于备用容量在电力系统中是可以通用的,所以电力系统容量越大,系统的备用容量在电力系统总装机容量中所占的百分比就越小。

(二)提高大容量机组的投产力度

社会的不断发展对电量的需求越来越大,现代发电机组设计和制造水平的不断提高,这些都加速了发电机组向大容量、高效率、高质量、高可靠性、高自动化等方面发展的趋势。大容量发电机组具有效率高、单位容量造价低、原材料节省、建设占地少、运行经济等多方面的优势。

孤立运行的电厂或者总容量较小的电力系统,因为没有足够的备用容量,是不允许采用大容量机组的,否则一旦大容量机组因事故或因检修退出工作,势必将造成系统内的大面积停电,甚至引发事故,给国民经济带来较大的损失。大容量电力系统,特别是大型联合电力系统,因为拥有足够的备用容量,非常有利于采用高效率的大容量机组。

目前,俄罗斯已制造投产了1 500 MW的大型火力发电机组,我国的向家坝电站也将采用单机容量为800 MW的水轮发电机机组,这将是世界上最大的水轮发电机组,而目前世界上已投入运行的水轮发电机组最大单机容量为700 MW,它安装在我国的三峡水电厂。

(三)充分利用水电厂的水能资源

水力发电厂的电力生产受季节影响较大,在一个自然年中,一般来说,夏、秋季节为丰水期,水量过剩;冬、春季节为枯水期,水量短缺。水电厂单独运行或在地区性电力系统中水电厂所占系统容量比重较大时,将会造成冬、春季节(即枯水期)缺电,夏、秋季节(即丰水期)弃水的结果,不能充分利用水能资源。组建大容量的电力系统后,系统中的各种电源特点不同,可以联合运行和互为补充,最大限度地提高能源利用率。比如,我国是以水电、火电为主的电力系统,在丰水期可以让水电厂多发电,火电厂少发电并适当安排机组检修;在枯水期可以让火电厂多发电,水电厂少发电并安排检修。如此一来,可以扬长避短,最大限度地发挥水电、火电的优势,充分利用水能资源,减少煤炭消耗。不仅如此,由于水电厂具有开停机迅速、并网快等特点,所以在进行增减负荷的调节时比较简单,可以迅速跟踪系统负荷变化,调节系统频率,故有水电厂的电力系统的调频问题往往比较容易解决。

(四)降低电力系统总负荷的峰值

不同的地区在经济发展程度、生产生活水平及气候等方面具有差异,因此不同地区最大用电负荷出现的时间也不尽相同。一般来说,系统最大负荷的持续时间是有限的,大部分时候,系统负荷都低于最大用电负荷,也就是说系统中有一部分装机容量在大部分时候是空闲的。比如,某一个地区出现最大负荷的时间可能在 18 时,而另一个地区出现最大负荷的时间则可能为 18 时 30 分。如果两个地区的电力系统是独立运行的,那么各个系统的装机容量应该为各自最大负荷容量与备用容量之和,因为大部分时间两个系统中的部分装机容量是空闲的,所以设备利用率不高。如果两个系统是孤立运行的,那么空闲装机容量就会增加,进一步降低设备的利用率和增加经济投资。如果两个地区电网联成一个电力系统后,由于两个地区出现最大用电负荷的时间是错开的,那么联合系统的最大负荷就小于两个地区系统的最大用电负荷之和,这有效降低了系统的最大用电负荷峰值,进而减少了系统需要的装机容量,提高了设备的利用率,当联合系统越大时,这种效益就越明显。

(五)大幅提高系统的供电可靠性

如前所述,电力系统中有大量的发电机、变压器、各种电力元件和输电线路等设备,这些设备运行过程中难免会发生故障。对孤立运行的电厂来说,当设备出现故障时,势必会造成停电并产生经济损失。但是,系统中所有电厂同时发生事故的概率远比单一电厂发生事故的概率小得多。组成电力系统后,各个电厂可以互为备用,大幅提高了系统对用户供电的可靠性,这对一些关系到国民经济命脉及人民生命财产安全的Ⅰ类负荷(详见第二节)来说尤为重要,比如国家战备单位、医院等。

正是由于电力系统比孤立电厂具有诸多优势,所以世界上大多数工业发达国家都建立了全国性的统一电力系统,甚至相邻国家间的电力系统也用联络线连接起来,组成互联系统,如西欧国家互联电力系统、北美互联电力系统等。

我国改革开放的成功大大促进了经济建设水平的提高,同时与经济建设相配套的电力系统也有了飞速的发展。至今,全国已经形成了西北电网、华北电网、东北电网、华中电网、华东电网、南方电网、西藏电网、台湾电网八大电网。此外,大区电力系统之间也已出现了互联,其中华中电网与除东北电网和台湾电网外的所有电网互连,华北电网与东北电网也实现了互连。在不远的将来,全国将会形成一个互联互通的电力系统,供电可靠性将得到史无前例的保证,这将大力助推我国的经济发展和社会进步。

四、电力系统的容量组成

为了满足电力系统中用户正常的用电要求,必须在电力系统中各类电站上装置一定的发电设备容量。一个电站的装机容量,即为该电站上所有机组的容量之和。电力系统中所有电站装机容量之和,即为电力系统的装机容量。电力系统和电站的装机容量,根据设计和运行的情况考虑,常按其性质和状态来进行划分。

(一)按装机容量的性质分类

设计电站的装机容量时,按其性质即其在电力系统中担负的任务,可划分为必需容量和重复容量。必需容量是保证电力系统正常供电必不可少的容量。很明显,电力系统的必需容量不应小于电力系统的最大负荷。设计中把直接满足电力系统最大负荷要求而设置的容量称为最大工作容量。对于电力系统来说,仅有最大工作容量是不够的,因为电站在实际工作中,由于各种原因(比如机组发生事故或检修等)会有些容量暂时不能参加工作,故电力系统中除设置最大工作容量外,还应设置必要的备用容量。这样,为保证电力系统正常工作而设置的必需容量就等于最大工作容量和备用容量之和。

在电站设计时,如果在某一电站上少装 1 kW 的必需容量,那么在电力系统中的其他电站上就要多安装 1 kW 的容量,这样才能维持容量平衡和保证电力系统正常工作,所以必需容量有时也称为替代容量。

电力系统中各电站总的装机容量与必需容量之差称为重复容量。重复容量是水电站装机容量选择中应当考虑的问题。因为调节性能好的水电站,由于水库的调节作用,可以提高水电站的保证出力和工作容量,能较充分地发挥水能资源的作用;对调节性能差的水电站来说,因枯水期保证出力的限制,若仅装设必需容量,在丰水期将发生大量的弃水。为了充分利用水能资源,减少弃水,通常在水电站设置一定的重复容量,以便多的季节性电能替代火电站的电能,减少燃料消耗。这种做法可能是经济的,但它不起替代装机容量的作用。

因此,系统的装机容量由最大工作容量、备用容量和重复工作容量三部分组成。

(二)按容量在运行中的状态分类

电力系统中各电站的容量在运行时,会有部分容量因故不能参加工作,或枯水期水头太小(径流式水电站可能洪水期水头太小)不能发出额定出力,运行中把这些容量称为受阻容量。电力系统的装机容量减去受阻容量称为可用容量。由于电力系统中负荷是随时间变化的,并不是可用容量任何时候都全部投入运行,所以可用容量按其运行状态可分为工作容量和待用容量。待用容量有的处于备用状态,称为备用容量;有的处于空闲状态,称为空闲容量。

综上所述,电力系统中某一时刻的容量可以划分如下:

- 装机容量
  - 受阻容量
  - 可用容量
    - 工作容量
    - 待用容量
      - 备用容量
      - 空闲容量

五、我国电力工业发展简况

1882 年 7 月 26 日,上海成立了上海电气公司,安装了一台用蒸汽机带动的直流发电机并正式发电,从电厂到外滩沿街架线,供给照明用电,这是我国第一座火电厂,也是我国电力工业的起点。它与世界上 1875 年建成的第一座火电厂(法国巴黎火车站电厂)相距仅 7 年,而美国的第一座火电厂(旧金山试验电厂)于 1879 年建成,英国的第一座火电厂(伦敦霍尔蓬电厂)于 1882 年建成,这说明当年我国电力建设和世界强国差距并不大。我国的水力发电始于 1912 年农历 4 月 12 日,在云南昆明附近的螳螂川上建成了石龙坝水电厂,装设两台 240 kW 的水轮发电机组。

但是,从 1882 年 7 月上海第一台发电机组发电开始直到 1949 年新中国成立,我国电力工业发展迟缓，全国发电设备的总装机容量仅为 184.86 万 kW，年发电量仅为 43.1 亿 kW · h。当时我国的电力系统大多是大城市发、供电系统，跨地区的电力系统主要在以丰满水电厂、水丰水电厂和镜泊湖水电厂为中心的东北中部、南部和东部地区，还有冀北电力系统。新中国成立后，尤其是 1978 年以后，改革开放使我国的国民经济飞速发展，取得了巨大的成就，人们生活水平大幅度提高，与此相适应的我国电力工业也突飞猛进，取得了举世瞩目的辉煌成就。

截至 2009 年年底，全国规模以上(6 000 kW 以上)发电设备容量为 87 407 万 kW，同比增长 10.23%。其中，水电 19 681 万 kW，占总容量的 22.52%，同比增长 14.01%；火电 65 205 万 kW，占总容量的 74.60%，同比增长 8.16%；风电并网总容量为 1 613 万 kW，占总容量的 1.84%，同比增长 92.26%；核电 908 万 kW，占总容量的 1.04%；水、火电占总容量的比例同比分别上升 0.74 个百分点和下降 1.45 个百分点。电力生产基本满足社会用电需求，从而有条件关闭大批小火电，为全国节能与减排二氧化碳作出了重要贡献。照此速度发展下去，预计在 2020 年前后全国发电装机容量将超过美国，跃居世界第一位。

为国民经济各部门和人民生活提供充足、可靠、优质、廉价的电能，是电力系统的基本任务。节能减排、“一特四大”、实现高度自动化、西电东送、南北互供和发展联合电力系统，是我国电力工业的发展方向，也是一项全局性的庞大工程。为了实现这一目标，加快电力工业发展，必须做好以下几个方面的工作。

(一)继续发展燃煤火电厂，提高发电效率，减少环境污染

燃煤火电厂要采用大型发电单元，逐步淘汰小型低效机组，研究和采用清洁煤技术。

(二)加速建设水电

水电是可再生的清洁廉价能源，虽然相比其他类型的电厂，建造水电厂投资大、周期长，但水电具有运行费用少、电能成本低、开停机迅速等一系列其他电厂所不具备的优点。随着国民经济的增长，我国开始进入高速发展水电的时期，并即将成为世界水电首强。

(三)积极发展核电

核电是一种清洁能源，核能的储藏量大、能量集中，特别适宜在大型负荷中心，且缺乏煤、水资源的地区建设。我国即将进入核电积极发展时期。

(四)积极发展可再生分布能源发电

风能、太阳能、秸秆等都是可再生分布能源，由于能量分散，不能集中利用，只能建设小型分布式电厂，主要问题是发电成本高于当前电力系统的发电成本。考虑到化石能源的不可再生，迟早要被可再生能源代替，国家制定了对分布可再生能源发电的倾斜政策，支持可再生分布式电厂的发展。我国对风力发电的支持政策，已经极大地促进了风力发电的发展，相信在倾斜政策的支持下，太阳能发电、风力发电、秸秆发电等分布式可再生能源发电也将进入大发展时期。

(五)完善电力市场

从 20 世纪 80 年代推行电力市场化改革以来，电力的发展速度明显加快，长期缺电的问题得到了较好的解决，电力市场改革初见成效。实践表明，电力市场化改革是正确的，应该进一步深化和完善电力市场，保障电力工业的可持续发展。

（六）大力发展联网

我国能源集中在西北地区，而经济发达地区则集中在东部沿海地区，因此要采用超高压和特高压输电，带动大区联网才能实现国家资源的合理利用。

第二节　电力负荷

一、概述

电力系统中接有数量众多、千差万别的用电设备、电气元件等，大致可分为异步电动机、同步电动机、各类电炉、整流设备、电子仪器、各类生产生活电器等，它们分别属于不同的工厂、企业、机关、居民区等，这些统称为电力系统的用户。电力用户是电力系统最终的服务对象，电力系统运行的好坏，归根到底还是要看对用户供电的质量如何而定。给电力用户提供充足（不限电）、可靠（连续供电）、优质（电压、频率合格）、廉价的电力是电力系统的根本任务，这是由电力生产的固有特性决定的。

电力系统中所有用电设备的开机容量之和称为电力负荷。工业、农业、交通、建筑、电信、商业、服务、市政及居民生活等所有用电设备同时消耗的电功率之和称为综合用电负荷，加上供电网络中损耗的电功率后称为供电负荷，再加上发电厂的厂用电功率后称为发电负荷。

二、电力负荷分类

按照不同的依据，电力负荷有多种分类方法。

（一）按发、供、用关系分类

1. 用电负荷

用户的用电设备在某一时刻实际取用的功率的总和叫做用电负荷。通俗来讲，就是用户在某一时刻对电力系统所要求的功率。从电力系统来讲，则是指该时刻为了满足用户用电所须具备的发电出力。

2. 线路损失负荷

电能在输送过程中发生的功率和能量损失叫线路损失负荷。

3. 供电负荷

用电负荷加上同一时刻的线路损失负荷称为供电负荷。

4. 厂用负荷

发电厂厂用设备所消耗的功率称为厂用负荷。

5. 发电负荷

供电负荷加上同一时刻各发电厂的厂用负荷，构成电网的全部生产负荷，称为电网发电负荷。

（二）按负荷的大小分类

1. 最大负荷

电网或用户在某一时间阶段内所发生的用电最大负荷值称为最大负荷。最大负荷也就是最高负荷或尖峰负荷，按选取时间阶段的不同，最大负荷又分为日最大负荷、月最大负荷和年最大负荷。

2. 最小负荷

电网或用户在某一时间阶段内所发生的用电最小负荷值称为最小负荷。最小负荷又称为最低负荷或低谷负荷，按选取时间阶段的不同，最小负荷又可分为日最小负荷、月最小负荷和年最小负荷。

3. 平均负荷

平均负荷就是在一定观察统计时段内出现的负荷的平均值，根据观察统计期的不同，一般可划分为日平均负荷、月平均负荷和年平均负荷。

（三）按突然中断供电引起的损失程度分类

1. Ⅰ级（或类）负荷

Ⅰ级负荷是指突然中断供电将会造成人身伤亡或会引起周围环境严重污染的、将会造成经济上的巨大损失的、将会造成社会秩序严重混乱或在政治上产生严重影响的负荷。Ⅰ级负荷关系到国民经济的命脉及人民生命财产的安全，由于停电或突然停电造成的损失太大，故而这类用户是必须保证高度供电可靠性的。对Ⅰ级负荷一律应由两个独立的电源供电。

2. Ⅱ级（或类）负荷

Ⅱ级负荷是指突然中断供电将会造成经济上较大损失的、将会造成社会秩序混乱或政治上产生较大影响的负荷。Ⅱ级负荷在国民经济中的地位，相比之下不如Ⅰ级负荷重要，计划停电或事故停电虽然会造成较大的损失，但是这种损失是可以挽回的，一般情况下，电力系统至少要对这类用户提供中等程度的供电可靠性。

3. Ⅲ级（或类）负荷

Ⅲ级负荷是指不属于上述一类和二类负荷的其他负荷。Ⅲ级负荷在国民经济中地位很低，与人民的生命财产安全并无关系，中断这类负荷的供电，带来的损失最小。因此，这类用户的供电可靠性是最低的。

（四）按用电的部门属性分类

1. 工业用电

工业用电的特点是用电量大、用电比较稳定，且负荷稳定、负荷率高，一般重工业的用电量和负荷率都大于轻工业。但是，无论是重工业还是轻工业，电力负荷在月内、季度内和年度内的变化是不大的，并且是比较均衡的。

2. 农业用电

农业用电在全部电力消耗中的比重较小，即使像我国这样的农业大国，农业用电量在全国电力消耗中的比重仍然很低。农业用电一个突出的特点就是季节性很强，从负荷特性上看，农业用电在日内的变化相对较小，但在月内，特别是季度内和年度内，负荷变化很大，呈现出不均衡的特点。

3. 交通运输用电

目前我国的交通运输用电比重较小，而且只有电气化铁路的负荷比较稳定。今后随着电气化铁路运输及其他运输事业的发展，交通运输用电量也会有较大的增长，但交通运输用电比重不会有多大的变化。

4. 市政生活用电

目前我国的市政生活用电还不太高,远小于工业化国家,但今后随着经济的发展、生活设施的日益现代化及居民生活水平的提高,市政生活用电的比重会有所上升。

(五)按使用电力的目的分类

1. 动力用电

动力用电主要是指中央空调的电动机、消防水泵、生活水泵以及电梯电机等设备的用电,广泛应用在生产、生活的各个方面。

2. 照明负荷

照明负荷是指将电能转换成光供人们照明使用的负荷。照明负荷的主要形式有白炽灯、荧光灯、各种气体放电灯及其他光源等。

3. 电热负荷

电热负荷是指将电能转换成热能的负荷。电加热方式主要有电阻加热、电弧加热、感应加热、介质加热、红外线加热及其他特殊加热方法。

4. 电解负荷

电解负荷是指用电解化学反应方法进行工业生产所需的负荷。电解工业的耗电量极大,电能消耗的费用占产品成本的比重很大,所以电解工业的布局应尽量靠近水力资源,以避免大容量长距离输电,减少输电线路投资,还要尽量利用水力资源的季节性电能,在丰水期多生产,在枯水期少生产甚至停产。

5. 整流负荷

整流负荷主要指经可控整流器(包括汞弧整流器、大功率晶闸管等)整流以供电力传动等方面应用的大功率负荷。

6. 各种电气设备仪器的操作控制用电及通信用电

电力系统中有大量的电气控制设备及元件,有些还需要频繁操作,这就要消耗电能;此外,电力系统通信也要消耗电能。

(六)按负荷预测期的时间长短分类

按负荷预测期的时间长短,电力负荷一般划分为近期负荷、中期负荷和长期负荷。电力规划中的负荷预测一般是指对年最大负荷的预测,5 年以内为近期,10 ~ 15 年为中期,15 ~ 30 年为长期,与此相对应的负荷水平称为短期负荷、中期负荷和长期负荷。

三、综合用电负荷

在电力系统中,发电机的发电与负荷用电是一个统一的整体。在维持电力系统的频率不变的条件下,每一时刻发电机发出的功率总是与负荷取用的功率和在输电、变电、配电过程中的功率损耗相平衡的。如果不平衡,电力系统的频率就不能维持恒定,接在电力系统中的发电机和电动机就要加速(发电大于用电)或者减速(发电小于用电)。电力系统中用电设备的投入或停运完全是随机的,所以用电负荷的大小是随时间而变化的。因此,电力系统必须随时调整发电机的出力使之与用电负荷相平衡,以保持电力系统频率不变。

对于大批用电设备来说,负荷的变化虽然仍具有随机性,但却能表现出某种程度的规律性,这一规律性可以通过负荷曲线清楚地显现出来,负荷的规律性变化对电力系统运行起着指导作用。电力负荷的历时变化通常采用负荷曲线来表示,在某一段时间内,用电负荷大小随时间而变化的曲线就是负荷曲线。

因用电设备的负荷包括有功负荷及无功负荷,所以负荷曲线也有有功负荷曲线及无功负荷曲线之分,这里只讨论有功负荷曲线。按时间段划分的不同,负荷曲线可以分为日负荷曲线、周负荷曲线和年负荷曲线;按描述负荷范围的不同,负荷曲线可以分为用户的负荷曲线、地区的负荷曲线和电力系统的负荷曲线。实际的负荷曲线是一条不间断的连续曲线,但是在实际绘制时,由于只能得到离散时间的实测(或估计值)值,所以一般用折线法或阶梯法描述。日有功负荷曲线应用最广,通常把它泛指为负荷曲线。

(一)日负荷曲线

日负荷曲线的横坐标以小时为单位(长度为 24 h),纵坐标为有功功率,表示一天之内有功功率负荷的变化情况。负荷曲线的最高点代表日最大负荷,最低点代表日最小负荷,这是电力系统运行中必须掌握的重要数据。图 2-2、图 2-3 分别为用折线法和阶梯法表示的日有功负荷曲线图。

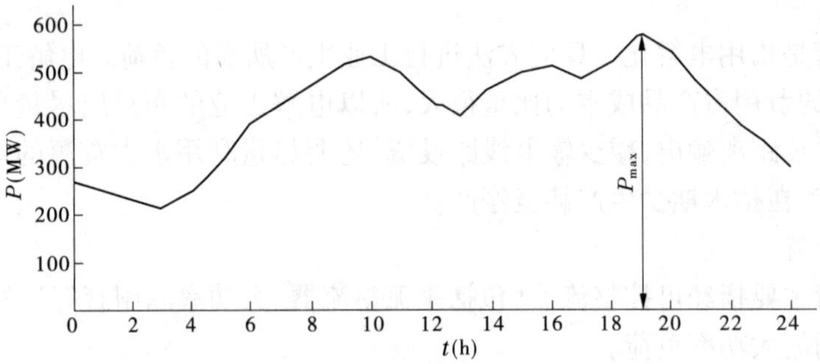

图 2-2　日有功负荷曲线图(折线法)

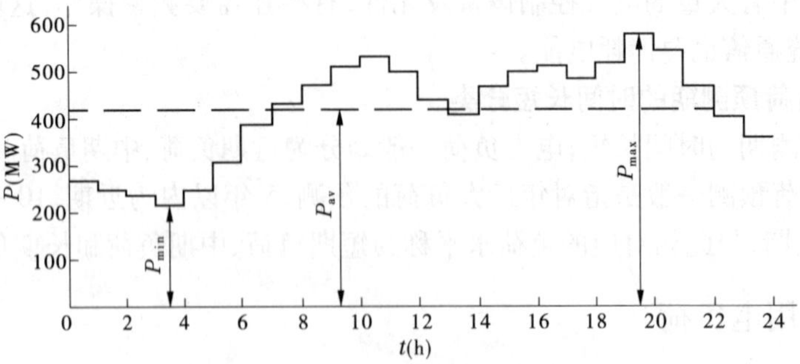

图 2-3　日有功负荷曲线图(阶梯法)

由图 2-3 可知,每个小时的负荷一般是不相等的,而对电力系统有重要意义的是 3 个具有代表性的负荷特征值,即日最大负荷 P_{max}、日平均负荷 P_{av}和日最小负荷 P_{min}。其中,日最大负荷和日最小负荷可直接从图上找出,日平均负荷可用下式计算,即:

$$P_{av} = \sum_{i=1}^{24} \frac{P_i}{24} = \frac{E_d}{24} \tag{2-1}$$

式中　E_d——一天内消耗的电能,kW · h;

P_i——第 i 小时的负荷,kW。

日负荷曲线图上的 3 个负荷特征值,将其分为 3 个区域,即基荷、腰荷和峰荷,如图 2-4所示。

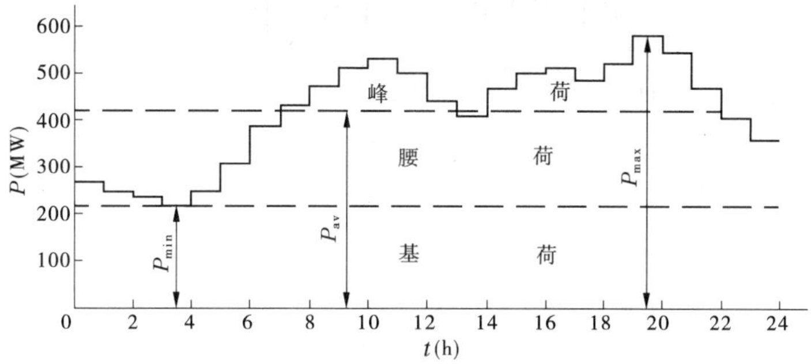

图 2-4　电力系统典型日负荷曲线

(1)基荷。日最小负荷 P_{min}以下部分。承担基荷的机组可以在 24 h 内以不变出力运行,是核电、径流式水电、部分燃煤火电机组最合适的工作区域。

(2)腰荷。日最小负荷 P_{min}至日平均负荷 P_{av}之间的部分,其负荷是变化的。承担腰荷的机组要有一定的变出力运行能力。腰荷是有调节性能的水电、联合循环燃气轮机和部分燃煤火电的合适运行区。

(3)峰荷。日平均负荷 P_{av}至日最大负荷 P_{max}之间的部分,其负荷值的变化较大。承担峰荷的机组要具有很强的变出力运行能力。峰荷是有调节性能的水电、抽水蓄能和简单循环燃气轮机组合适的运行区。

表示日负荷特性的还有峰谷差和日负荷率两项指标。

(1)峰谷差。日最大负荷 P_{max}和日最小负荷 P_{min}间的差值。

(2)日负荷率。为了反映日负荷图的变化特性,常用下面两个负荷指数表示,即日负荷率 γ 和日最小负荷率 β。日负荷率 $\gamma=\dfrac{P_{av}}{P_{max}}$,它的大小可以反映出负荷变化的不均匀程度,$\gamma$ 值大时负荷变化就比较均匀,γ 值小时负荷变化就比较大。日最小负荷率 $\beta=\dfrac{P_{min}}{P_{max}}$,它反映负荷的变幅,$\beta$ 值大说明 P_{min}与 P_{max}之间的差值小,负荷变幅小;相反地,β 值小,两者的差值就大,负荷变幅大。

根据负荷曲线可以计算系统中用户的日用电量,可表示为:

$$W=\int_0^{24}P\mathrm{d}t \tag{2-2}$$

那么,日平均负荷可以表示为:

$$P_{av}=\frac{W}{24}=\frac{1}{24}\int_0^{24}P\mathrm{d}t \tag{2-3}$$

负荷曲线对电力系统的运行有着非常重要的意义,可以根据负荷曲线的变化进行安排发电计划、确定发电任务、调整系统运行方式、指导机组检修等一系列电力生产活动。

(二)周负荷曲线

周负荷曲线是表明一周内负荷变化的曲线,主要是由于假日用电减少造成周内各日用电负荷的变化，如图 2-5 所示。

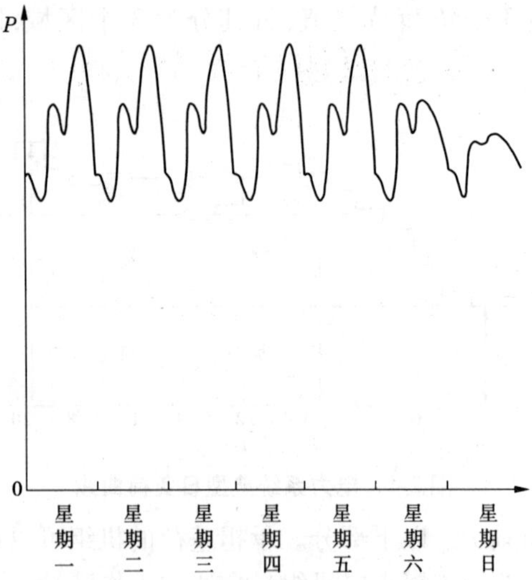

图 2-5　周负荷曲线示意图

（三）年负荷曲线

年负荷曲线是表明一年内负荷变化的曲线，如图 2-6 所示。如果把日负荷曲线随着时间延伸到 8 760 h（一年按 365 d 计），就构成了年有功功率负荷曲线。社会发展程度的不同及季节气候等的变化，会造成每日的最大负荷不尽相同，一般的规律是：年初低、年末高，夏季小于冬季。年最大负荷曲线主要用来指导制订发电设备检修计划、制订新建和扩建电厂的计划等。

为了确保电力系统中因有些机组检修或个别机组突然发生故障退出运行时不减少对用户的供电，系统中装设的机组总容量应当大于系统的最大负荷，如图 2-6 所示，多出的部分称为备用容量。显而易见，检修机组应安排在负荷最小的时段，而且随着负荷的增

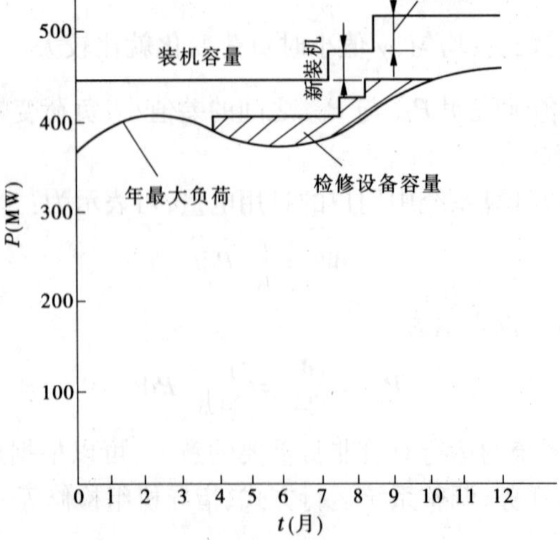

图 2-6　有功功率年最大负荷曲线

长,还应当不断装设新的发电设备。

第三节 能源概述及各类发电厂的特点

一、能源概述

(一)物质、能量和信息

世界是由物质构成的,是客观存在的。能量是物质的属性,是一切物质运动的动力。信息是客观事物和主观认识相结合的产物,没有信息,物质和能量就无从认识,也毫无意义。因此,物质、能量和信息是客观世界的三大基础。虽然信息正以惊人的速度迅猛发展,但能量对于世界经济发展和现代社会文明的影响仍居第一位。宇宙间一切运动着的物体(由物质构成的、占有一定空间的个体)都有能量的存在和转换。能量是物质的一种形态,既不能创造,也不能消灭,只能从一种形态转换到另一种形态,并且能量转换必须遵守能量守恒定律。

截至目前,人类所认识的能源有以下几种形式:

(1)机械能。是与物体宏观机械运动或空间状态有关的能量,前者称之为动能,后者称之为势能。它包括固体和流体的动能、势能、弹性能及表面张力能等。其中,动能和势能是人类最早认识的能量,称为宏观机械能。

(2)热能。被认为是物质分子运动的能量。它是构成物质微观分子振动与运动的动能和势能的总和,其宏观表现为温度的高低,反映了物质分子运动的激烈程度。

(3)化学能。是物质结构能的一种,即原子核外进行化学反应时放出的能量。根据化学热力学定义,物质或物系在化学反应过程中以热能形式释放的内能称为化学能。利用最普遍的化学能是燃烧碳和燃烧氢,而这两种元素正是煤炭、石油、天然气等燃料中最主要的可燃元素。

(4)辐射能。是物质以电磁波形式发射出的能量。如太阳是最大的辐射源,地球表面所接受的太阳能就是最重要的辐射能。

(5)核能。是蕴藏在原子核内当结构发生变化时而释放的能量。释放巨大核能的核反应有两种,即核裂变反应和核聚变反应。

(6)电能。是与电子流动和积累有关的一种能量,通常由电池中的化学能转换而来,或是通过发电机将机械能转换得到;反之,电能也可以通过电灯泡转换为光能,通过电动机转换为机械能,从而显示出电做功的本领。

(二)能源分类

能源,顾名思义是能量的来源或源泉,即指人类取得能量的来源,包括已经开发直接使用的自然资源和经过加工或转换的能量来源,而尚未开发的自然资源称为能源资源。

能源历来是人类文明的先决条件,人类社会一切活动都离不开能源,从衣食住行,到文化娱乐,都要直接或间接地消耗一定数量的能源。

由于能源的形式多种多样,因此有以下几种不同的分类方法。

1. 按获得的方法分类

按获得的方法可将能源分为一次能源和二次能源。

一次能源是指自然界中现成存在,可直接取得和利用而又不改变其基本形态的能源,如煤炭、石油、天然气、水能、风能等。

二次能源是指由一次能源经加工转换成的另一种形态的能源产品,如电力、蒸汽、煤气、焦炭、汽油等,它们使用方便、易于利用,是高品质的能源。

2. 按被利用的程度分类

按被利用的程度可将能源分为常规能源和新能源。

常规能源是指在一定的历史时期和科学技术水平下,已经被人们广泛利用的能源,如煤炭、石油、天然气、水能等。

新能源是指许多古老的能源,采用先进的方法加以广泛利用,以及用新发展的科学技术开发利用的能源,如太阳能、风能、海洋能、地热能、生物质能、氢能等。核能通常也被看做新能源,因为从被利用程度看远远不能和已有的常规能源相比。此外,核能利用技术非常复杂,可控核聚变反应至今还未实现,这也是将核能视为新能源的主要原因之一。

3. 按能否可再生分类

按能否可再生将能源分为可再生能源和非可再生能源。

可再生能源是指自然界中可以不断再生并得到补充的能源,如水能、风能、太阳能、海洋能和生物质能等。

非可再生能源是指经过几亿年形成的、短期内无法补充的能源,如煤炭、石油、天然气和核燃料等,随着大规模的开采和利用,其储量越来越少,总有枯竭之时。

4. 按能源本身的性质分类

按能源本身的性质可将能源分为含能体能源和过程性能源。

含能体能源是指可以直接储存的能源,如煤炭、石油、天然气、核燃料、地热、氢能等。

过程性能源是指无法直接储存的能源,如水能、风能、海洋能、电能等。通常为了储存流水的能量就要修筑拦水大坝,为了储存电能就要建立抽水蓄能电站或利用蓄电池将其转换为其他形式的能量形态。

5. 按对环境的污染程度分类

按对环境的污染程度可将能源分为清洁能源和非清洁能源。

清洁能源是指对环境无污染或污染很少的能源,如太阳能、水能、海洋能等。

非清洁能源是指对环境污染较大的能源,如煤炭、石油等。

(三)我国的能源简况

1. 煤炭

煤炭是工业的粮食,是传统的能源,也是重要的燃料和化工原料。

我国煤炭资源储存量丰富,而且质量优良,分布面积广,品种齐全。据我国第二次煤田预测资料,埋深在 1 000 m 深度以内的煤炭总资源量达 2.67×10^{4} t。我国是世界第一产煤大国,也是世界第一煤炭消费大国。在相当长的一段时期内,煤炭会在生产和消费中占据主体地位。

2. 水能

水能资源又称水力资源，是指天然水流所蕴藏的可再生能源（以位能和动能的形式来体现）。

我国河流众多，水系庞大且复杂，流量大、落差大，蕴藏着非常丰富的水能资源，而且开发条件优越，技术经济指标良好。

据统计数据，我国的水能蕴藏量约为 6.94 亿 kW，年发电量为 6.08×10^4 亿 kW·h，可能开发的水能资源的装机容量为 5.42 亿 kW，年发电量为 2.47×10^4 亿 kW·h，在水能蕴藏量和可开发的水能资源方面均居世界第一位。

3. 石油

石油在国民经济和社会生活中的地位和作用极为重要，它构成了现代生活方式和社会文明的基础。衣食住行的各个方面，现代人们的生活、工作处处都离不开石油。由于石油是一种有限的、非可再生的矿产资源，而且分布极不均衡，石油安全是当今世界各国面临的共同问题。石油已经成为当今的战略资源，是世界经济乃至政治、军事竞争的重要焦点。

我国是世界第五产油大国，同时又是石油消费大国。截至 2009 年年底，我国已探明的原油储量为 40 亿 t，据预计，到 2020 年我国的石油供应短缺为 2.7 亿 t。从 1996 年开始，我国由石油出口国变为净进口国。如何保障长期、稳定的石油供应，是未来我国经济安全面临的一个重大问题。

4. 天然气

天然气是世界上继煤炭、石油之后的第三大能源。它是一种优质、洁净的燃料，分布广泛、成本低廉、污染极小。天然气是目前世界上增长速度最快的化石资源，已经成为全球最主要的能源之一。

我国的天然气储藏量数据不一，据美国能源情报所作的预测，我国的天然气资源储藏量约为 $19.6\times10^{12}\,m^3$，天然气的储藏量占世界总储藏量的份额不多，为 1% ~3%。

5. 太阳能

太阳能是一种巨大、永久、无尽的能源。太阳内部持续进行着氢聚合成氦的核裂变反应，不断地释放出巨大的能量，以辐射和对流的方式由核心向表面传递，并以每秒 3.83×10^{23} kJ 的速度向外辐射。根据目前太阳产生核能的速率估算，其氢的储量足够维持 600 亿年，因此可以说太阳能是用之不竭的能源。

我国太阳能辐射总量为 3 340 ~8 400 MJ/m^2，按太阳辐射资源划分为五类资源区：Ⅰ类，资源丰富地区；Ⅱ类，资源较丰富地区；Ⅲ类，资源一般地区；Ⅳ类，资源较贫乏地区；Ⅴ类，资源贫乏地区。我国的太阳能集中在西北地区。

6. 核能

核能又称原子能，是指原子核中的核子重新分配时释放出来的能量。核能资源指用于裂变反应的铀、钍和聚变反应的氘、氚及锂等核燃料资源。其中，铀是最重要的天然核燃料。核能可分为原子核的裂变能、聚变能、衰变时发出的放射能三类。核能与化学能的区别在于，化学能是靠化学反应中原子间的电子交换而获得能量，而核能则靠原子核里的核子(中子或质子)重新分配获得能量,这种能量大得出奇。例如,1 kg 铀裂变时释放出来的能量相当于 2 700 t 标准煤,等量的聚变燃料在聚变时释放出来的能量又比裂变能大 4 ~5 倍。现在,人们已经利用核裂变能发电、供热。

从远期来说,我国铀矿资源储量可观,国际原子能机构(IAEA)预测我国可能的铀储量为 177 万 t,是世界上铀资源潜力最大的国家之一。

7. 生物质能

生物质是指通过光合作用而形成的有机体,包括所有的动物、植物和微生物。生物质能是以生物质为载体的能量,是太阳能以化学能形式储存在生物中的一种能量形式。

我国的生物质能十分丰富,仅每年产生的各种农业废弃物的资源量就相当于 3.08 亿 t 标准煤,如果再加上城市生活垃圾、禽兽粪便、工业有机废水等,资源总量接近 8 亿 t 标准煤。

8. 风能

风能是地球表面大量空气流动所产生的动能。由于地面受太阳辐射后气温变化不同和空气中水蒸气的含量不同,因而产生气压的差异,在水平方向上高压空气向低压地区流动,即形成风。风是太阳能的一种转化形式,具有蕴藏量大、分布广、无污染等特点,是 21 世纪备受关注的可持续发展的替代能源之一。

我国位于亚洲大陆东部,频临太平洋,幅员辽阔,不仅风能密度大,年平均风速也高,尤其在东南沿海、三北地区及青藏高原等地带,风能资源十分丰富,风能利用的潜力很大。据统计,我国 10 m 高度层风能总储藏量为 3.2×10^9 kW,其中实际可开发利用储量为 2.53×10^8 kW。

9. 地热能

地热能指的是高温地核所含有的热能。有水热能、地压地热能、干热岩地热能和岩浆热能四种形式。地热能是清洁、无污染的可再生能源,分布广、可直接利用,更重要的是它具有连续、稳定的特点,这在可再生能源家族中是少有的。

我国是一个地热资源丰富的国家,地热资源储量约折合标准煤 8 982 亿 t。高温地热(温度≥150 ℃)主要分布在藏南、滇西、川西及我国的台湾省,中低温地热资源多分布在福建、广东、海南等东南沿海诸省及江西、湖南一带。目前的资料显示,全国各个省市地区均有地热资源发现。

10. 海洋能

人类居住的地球,有 71% 的表面积被广阔的海洋所覆盖。大海时而平静温和,时而波浪滔天,浩瀚的大海中蕴藏着巨大的能量。海洋能是指海洋本身所蕴藏的能量,即在海水中的可再生能源。海洋通过各种物理和化学过程接收、储存及散发能量,这些能量以潮汐、波浪、温度差、盐度梯度和海流等形式存在于海洋之中。

我国有 3.0×10^6 km² 的广阔海域,海洋能资源十分丰富,利用价值极高。据估算,我国可开发装机容量在 200 kW 以上的潮汐能电站有 424 处,总装机容量达 2.18×10^7 kW,主要集中在浙江、福建一带。

二、各类发电厂及其特点

(一)火力发电厂

火力发电厂简称火电厂,是利用煤炭、石油或天然气作为燃料生产电能的工厂,其能量转换过程是:燃料的化学能→热能→机械能→电能。

火力发电厂可分为燃煤、燃油和燃气电厂,欧美国家燃油电厂较多,但受世界石油危机和油价波动等影响,建设燃煤电厂的数量也日趋增多。从目前我国能源资源的实际构成情况以及为了发挥资源的最佳经济效益出发,一般不建燃油电厂,主要发展燃煤电厂和燃气电厂。当前我国投产运行的主要以燃煤电厂为主,分为凝汽式电厂和热电厂两种。

火电厂的主要特点有:

(1)布局灵活,按需而定装机容量。

(2)建设初期投资小,修建工期短。

(3)消耗能源,电能生产成本远比水电高。

(4)动力设备复杂,厂用电消耗大,运行人员多,运行费用高。

(5)机组操作控制复杂,开停机时间长,宜于承担系统的腰荷和基荷,不适宜承担峰荷。

(6)对空气和周围的环境污染较大(主要是粉尘和烟气等)。

(7)使用寿命相对较短,约为25年。

(二)水力发电厂

水力发电厂简称水电厂,又称水电站,是把水的势能和动能转换成电能的电力生产工厂。它的基本生产过程是:从河流较高处或水库内引水,利用水的压力或流速冲击水轮机使之旋转,将水能转换成机械能,然后由水轮机带动发电机旋转,将机械能转换成电能。

由于天然水能存在的状况不同,开发利用的方式也有差异,主要有堤坝式、引水式和混合式三种形式。我国已投产运行的水电厂以堤坝式开发为主,又分为坝后式和河床式两种。

水电厂的主要特点有:

(1)使用可再生的能源,不会产生对环境及空气的污染,电能的成本是火电的1/4~1/3,同时机组效率高。

(2)开停机时间短,能随时适应电力系统负荷变化,适合担任系统的调峰、调频、调相及事故备用。

(3)可以产生发电、防洪、灌溉、供水、航运、养殖、旅游等综合效益。

(4)厂用电消耗小,运行人员少,运行费用低。

(5)动力设备较简单,易于实现全盘自动化和远距离控制。

(6)使用寿命远比火电厂长,一般为50年左右。

(7)一般建在远离城市中心且水能比较丰富的地方,需要远距离输电,并且电站的建设工期较长,可能涉及移民和交通问题。

(8)选址受地址条件影响大,发电受天然来流影响大(水文、地质条件限制)。

有时根据自然条件将河流分成若干段,每段各自建立水电厂,上游的水发电后放入下游，供下游各水电厂继续发电，这种电厂称为梯级水电厂。

有些水电厂在下游增设一个大的储水池，白天电力系统负荷处于高峰时电厂发电，并把发过电的水存入储水池，夜间低负荷时把储水池内的水再抽回水库，这一过程是把电能再变成水的位能，以备下一天白天负荷高峰时再发电，这种可起调峰作用的水电厂称为抽水蓄能电厂。

（三）核能发电厂

核能发电厂又叫原子能发电厂，是利用核裂变产生的热量加热水使之变成水蒸气，推动汽轮机发电的电力生产工厂，生产过程与火电厂相同，有压水堆、沸水堆、气冷堆和重水堆等几种类型。

核能发电厂的主要特点有：

（1）节省大量的煤、石油等燃料，并且节省运输费用，所以电能成本远低于火电，且装机容量越大单位千瓦投资越经济。

（2）因核裂变不需要空气助燃，所以选址不受限制，可以建在地上、地下、山洞、水下和空气稀薄的高原地区。

（3）铀浓缩、重水制造及燃料的处理技术比较复杂，且投资大。

（4）电站建设工期长，比火电厂造价高。

（5）正常运行时对大气没有化学和粉尘污染，但放射性污染大，核废料的处理难度大。

（6）运行灵活性较差，适合担任基荷。

（四）风力发电厂

风力发电厂是将风能转换成电能的电力生产工厂。风能推动叶轮旋转，叶轮带动转动轴和增速机，增速机带动发电机，发电机通过输电电缆将电能输送到地面控制系统和负荷。风力发电技术是一项多学科的、可持续发展的、绿色环保的综合技术。

相比于其他类型的发电厂，风力发电厂有着突出的优势，即：

（1）使用的是自然界可再生、无污染的清洁能源，无须燃料；风能蕴量巨大，且分布广。

（2）运行成本低，风电机组的设计寿命为 20 ~ 25 年，运行和维护的费用通常相当于机组总成本的 3% ~5%。

（3）建设周期短，一年左右即可建成。

（4）上网电价高于火电、水电，国家政策向鼓励发展风力发电方向倾斜。

但是，风力发电也有相当大的劣势，即：

（1）能量密度低，只有水力的 1/800；出力不稳定，利用小时数低（一般为 2 000 h/年左右），通常认为风力发电量占电网总电量的比重不能过高（10% ~20%）。

（2）地区差异大，风能分布极度不均衡；风力大的地区通常人口稀少，离电力负荷中心较远，对电网输送要求较高。

（3）选址时对自然环境（风速）要求较高，风场占地面积大。

（五）地热发电厂

地热发电厂又称地热电站，是利用地下热水、蒸汽或高温岩体做一次能源发电的电力生产工厂。我国最大的地热电站是西藏羊八井地热电站,装机容量为13 MW。在世界能源短缺日益突出的情况下,地热作为一种新能源越来越受到各国的重视。

地热发电厂按发电方式分为蒸汽型、热水型和全流系统型三种。蒸汽型地热电站是指直接利用地热井喷出的具一定压力的过热蒸汽送入汽轮机驱动发电机发电;热水型地热电站是指利用地热井涌出的具有一定压力和温度的汽水混合物或热水,通过双回路系统发电;全流系统型地热电站指的是由地热井而来的具有一定压力的汽水混合物全部流经喷管,产生高速蒸汽流驱动汽轮机作功,带动发电机发电。除直接利用地下热水、蒸汽发电的地热电站外,还有利用高温岩体的热量发电的高温岩体电站。

地热发电厂的特点主要有:

(1)不消耗燃料,也不会排出大量灰尘和烟雾。

(2)运行成本较低。

(3)地热发电的热效率很低。

(4)地下热水和蒸汽中大都含有硫化氢、氨、砷等有害物质,因此对排出的热水要妥善处理,否则也会污染环境。

(六)潮汐发电厂

潮汐发电厂是指利用海水在涨潮和落潮时出现的落差进行发电的水电站,又称潮汐电站。选择地形优越的海湾或河口修筑堤坝,与外海隔开,形成水库,并建造水闸及发电厂房。涨潮时海水位高于库内水位,形成水头,将海水引入库内发电;退潮时海水位低于库内水位,库内的水泄入外海发电。潮汐电站可利用的水头是潮差的一部分,水头较小,但引用海水流量可以很大,它是一种低水头大流量间歇式水电站。

潮汐电站按建筑物布置和不同的发电方式,可分为单库单向潮汐电站、单库双向潮汐电站、双库连续发电潮汐电站三种开发形式。

潮汐发电厂的特点有:

(1)使用的潮汐能能量巨大,可以经久不息地利用,且清洁无污染;一般离用电中心近,不用远距离送电。

(2)无淹没损失、移民等问题,且水库内可发展水产养殖、围垦和旅游等,具有综合效益。

(3)投资大,影响沿岸的水流和野生动植物,更给鱼类和水栖动物造成障碍。

(4)效率低,单位千瓦的造价较常规水电站高。

(5)无法准确估计潮汐出现的具体时间,且不稳定。由于潮汐涨落规律的限制,潮汐电站每天只能发电8 h左右。

(6)具有一定的危险性,如果能量超过了潮汐发电站的承受能力,电站有崩溃的危险。

(七)太阳能光伏发电厂

太阳能光伏发电厂是指利用半导体界面的光生伏特效应,利用太阳能电池将太阳光能直接转化为电能的电力生产工厂。光伏发电技术的关键元件是太阳能电池。太阳能电池经过串联后进行封装保护可形成大面积的太阳电池组件,再配合上功率控制器等部件就形成了光伏发电装置。

太阳能光伏发电厂的特点主要有：

(1)较少受地域限制，使用的太阳能用之不竭。

(2)安全可靠、无噪声、低污染、无须消耗燃料。

(3)建设周期短，架设输电线路即可就地发电和供电。

(4)不论是独立使用还是并网发电，光伏发电系统主要由太阳能电池板(组件)、控制器和逆变器三大部分组成，它们主要由电子元器件构成，不涉及机械部件，所以光伏发电设备极为精炼、可靠稳定、寿命长及安装维护简便。

(八)生物质能发电厂

所谓生物质能发电厂，就是指利用农业、林业和工业废弃物为原料，也可以城市垃圾为原料，采取直接燃烧或气化、发酵成沼气后燃烧，燃烧产生的热量使水蒸气带动汽轮机发电发出电能的电力生产工厂。

生物质能为国家的清洁能源，有政策补贴。生物质能发电在可再生能源发电中电能质量好、可靠性高，比小水电、风能和太阳能发电等间歇性发电要好得多，具有很高的经济价值。

生物质能发电厂的特点主要有：

(1)使用的生物质能是可再生资源，且分布广泛。

(2)低污染，生物质的硫含量、氮含量低，燃烧过程中生成的 SO_x、NO_x 较少，灰分可以作为高品质的钾肥直接还田。

(3)生物质作为燃料时，由于它在生长时需要的二氧化碳相当于它排放的二氧化碳的量，因而对大气的二氧化碳净排放量近似于零，可有效地减轻温室效应。

第四节　电力系统运行

一、电力系统运行的特点

与其他工业产品相比，电能的生产、输送、分配和使用有明显不同的特点，主要表现在以下三个方面。

(一)电能不能储存

电力系统运行的根本目的是在保证电能质量的前提下，连续不断地供给用户需要的功率，实现电力系统的功率平衡，包括有功功率平衡和无功功率平衡。电能的生产、输送、分配和使用可以说是在同一时刻完成的。发电厂在任何时刻生产的电能恰好等于该时刻用户消耗的电能(包括输送分配环节的损耗)，即电力系统中的功率每时每刻都是平衡的。所以，与其他产品不同，电能不能大量储存。

(二)暂态过程非常迅速

电能以电磁波的形式传播，传播速度为 300 km/s。发电机、变压器、线路、用电设备的投入或停运，都在一瞬间完成，故障的发生和发展时间都十分短促，电力系统的暂态过程非常迅速。

(三)与国民经济各部门间关系密切

由于电能具有使用灵活、控制方便、转换迅速等优点,使得电能已经成为了最优质的二次能源。国民经济各部门都广泛使用电能作为生产动力,人民的生活用电也日益增加。电能供应不足或突然停电将给国民经济造成巨大损失,给人民生活带来不便。

二、电力系统运行的要求

根据电力系统运行的特点,电力系统在运行中要满足以下三个方面的要求。

(一)保证供电可靠性

中断用户供电,会使生产停顿、生活混乱,甚至危及人身和设备的安全,给国民经济和社会生活造成极大损失。停电给国民经济造成的损失远远超过电力系统少售电量造成的损失。一般认为,由于停电引起国民经济的损失平均值为少售电量损失的30~40倍。因此,电力系统运行的首要任务是满足用户对供电可靠性的要求。

造成对用户停止供电的原因可能是由于电力系统的元件(如发电机、变压器、线路等)发生了故障,也可能是因为电力系统运行中的全面瓦解(如系统稳定性的破坏)。前者属于局部事故,停电范围和造成的损失较小;后者则是全局性事故,停电范围较大,重新恢复供电需要很长时间,引起的损失也很大。

保证供电可靠性,首先要求系统中元件的运行具有足够的可靠性,元件发生事故不仅直接造成供电中断,而且可能发展成为全局性的事故。经验表明,电力系统的全局性事故往往是由局部事故扩展而成的,而且速度很快。其次,要求提高电力系统运行的稳定性,增强抗干扰能力,保证不发生或不轻易发生造成大面积停电的系统瓦解事故。为此,除要不断提高运行人员的技术水平和责任心外,还应该采用现代化的电网运行监测、保护和自动控制设备等。

虽然随着科学技术的进步,系统的供电可靠性正在不断提高,但是要保证对所有用户的供电绝对可靠是困难的,而且代价也是巨大的、不经济的。考虑到不同用户因停电造成的损失相差很大,按其对供电可靠性的要求不同,电力系统的负荷分成了Ⅰ级、Ⅱ级和Ⅲ级负荷三类。依据这种分类,供电部门可以采用不同的技术措施,满足各类负荷的供电可靠性要求。

(二)保证电能质量

电能质量以电压、频率以及正弦交流电的波形来衡量。用电设备是按额定电压设计的,实际供电电压过高或过低都会使用电设备的运行技术指标、经济指标下降,甚至不能正常工作。一般规定,电压偏移不应超过额定电压值的±5%。频率的变化同样影响用电设备的正常工作,以电动机为例,频率降低引起转速下降,频率升高则转速上升。对转速有严格要求的部门,如纺织厂,其产品的质量可能降低,甚至出现次品或废品。电力系统运行规定,频率偏移应不超过±(0.2~0.5)Hz。

随着自动化及电力电子技术应用的发展,接入系统整流设备的增多,引起谐波比重增大,交流电波形达不到规定标准,如不采取严格的滤波措施,将对用户产生不利影响,因此检测和控制谐波已经成为维持电能质量的重要一环。

(三)提高电力系统运行的经济性

节约能源是当前各国普遍关注的一个大问题。电能生产的规模很大,消耗大量一次能源,在电能生产过程中应力求节约,减少能源消耗,最大限度地降低电能成本。为了达到运行经济的目的,要首先采用高效、节能的发电设备,提高发电运行的经济性,降低发电过程中的能源消耗;要合理发展电力网,降低电能在输送、分配过程中的损耗;要大力开展电力系统的经济运行工作,合理分配电厂间的负荷,让经济性能好的发电厂多发电,经济性能差的发电厂少发电;充分利用水电资源,丰水期多发水电,注意水、火电厂间的合理调配,力求以少的水耗获得更多的电能。

三、电力系统功率平衡

(一)有功功率平衡

如果要达到有功功率平衡,即发电机的机械功率等于电磁功率,那么输入到发电机的机械功率也要随负荷的变化而变化。因此,要掌握负荷变化规律,用负荷预测的方法得到未来的负荷曲线,以便安排发电计划。安排发电计划就是确定各发电机在每段时间内应发的功率,即进行所谓的功率分配。安排发电计划是为了做到电磁功率的平衡,即发电机发出的有功功率等于网络损耗的有功功率、各发电厂的自用电功率以及用户吸收的有功负荷之和,即:

$$\sum P_{\mathrm{G}} = \sum P_{\mathrm{L}} + \sum P_{\mathrm{Z}} + \sum P_{\mathrm{Y}} \tag{2-4}$$

式中 $\sum P_{\mathrm{G}}$——各发电机发出的总有功功率,kW;

$\sum P_{\mathrm{L}}$——线路及变压器中的有功功率损耗,kW;

$\sum P_{\mathrm{Z}}$——各发电厂的自用电功率,kW;

$\sum P_{\mathrm{Y}}$——电力系统中所有用户的有功负荷,kW。

这一方程式在电力系统运行中的任何时刻都成立。

为了维持频率稳定,满足用户对功率的要求,电力系统中装设的发电机的额定容量必须大于当前的负荷,即必须装设备用的发电设备容量,以便在发电设备、供电设备发生故障或进行检修时,以及电力系统负荷增长后仍有充足的发电设备容量向系统供电。

备用设备容量按用途可分为以下几种:

(1)负荷备用。是指预测负荷和实际负荷不等时,为了及时向增加的负荷供电需设置的备用。由于负荷预测偏差的范围可能在2% ~5%范围内,因此负荷备用容量也不应该小于此值。

(2)事故备用。是指防止因部分机组由于系统或本身发生事故退出运行引起限制负荷而增设的容量,其大小要根据系统中机组台数、容量、故障率及可靠性等指标确定,一般取最大负荷的5% ~10%,但不能小于最大一台机组的容量。

(3)检修备用。是指机组必须按计划检修,一部分机组因检修退出运行时,要用检修备用容量发电。

(4)国民经济备用。是指考虑国民经济各部分用电逐月、逐年上升而增加的备用容量。

上述四种备用有的处于运行状态,称为热备用或旋转备用;有的处于停机待命状态,称为冷备用。一般检修备用、国民经济备用及部分事故备用采用冷备用状态,而负荷备用及部分事故备用处于旋转备用状态。

(二)有功功率经济分配

电力系统中有功功率的最优分配有两个内容,即有功功率电源的最优组合和有功功率负荷的经济分配。这里所说的电力系统有功功率分配是指在系统中具有备用的前提下进行的。

有功功率电源的最优组合指的是电力系统中发电设备或发电厂的合理组合,也就是通常所谓机组的合理开停。它大体上包括:机组的最优组合顺序、机组的最优组合数量和机组的最优开停时间三个部分。因此,简言之,这一方面涉及的是电力系统中冷备用容量的合理分布问题。

在承担系统负荷时,各类电厂的合理顺序应根据各类电厂的技术特点、运行效率优先原则进行安排,以达到经济合理地利用国家资源的目的。

在有水电厂的系统,应充分合理地利用水力资源,避免弃水。无调节水库水电厂的全部功率和有调节水库水电厂的强迫功率应首先投入,置于负荷曲线的底部。有调节水库水电厂的可调功率在丰水季节应优先投入,在枯水季节应承担高峰负荷。

核电厂一次投资大,运行费用小,建成后应及时投入运行,应持续承担额定容量的负荷,在接近负荷曲线的底部运行。

对于火电厂,应力求降低单位功率煤耗,优先投入高效的高温高压机组,并力求降低火电厂的成本,增加燃用当地劣质煤,并使这类电厂处于负荷曲线的腰荷部分运行。对于中温中压机组,虽然效率低于高温高压机组,但可调功率较大,在丰水季节可代替水电厂的可调功率部分运行。

有功功率负荷的经济分配指的是电力系统中的有功功率负荷在各个正在运行的发电设备或发电厂之间的合理分配,这方面涉及的是电力系统中热备用容量的合理分布问题。

(三)无功功率平衡

电力系统中的用电设备很多,除白炽灯和电阻加热设备外,其他用电设备一般都要消耗无功功率。在用电设备中,异步电动机占的比例最大,它所消耗的无功功率所占的比例也最大。无功损耗是指在电网中变压器和线路产生的无功损耗。

变压器中的无功损耗分为两部分,即励磁支路损耗和绕组漏抗中损耗。其中励磁支路损耗的百分值等于空载电流的百分值,为1%～2%;绕组漏抗中损耗在变压器满载时,基本上等于短路电压的百分值,约为10%。因此,对一台变压器或一级变压器的网络而言,变压器中的无功功率损耗并不大,满载时为它额定容量的百分之十几。但对于多电压级网路,变压器中的无功损耗就相当可观了,有时超过50%,比有功功率损耗大得多。

电力线路上的无功损耗也分为两部分,即并联电纳和串联电抗中的无功损耗。并联电纳中的这种损耗又称为充电功率,与线路电压的平方成正比,呈容性;串联电抗中的损耗与负荷电流的平方成正比,呈感性。因此,线路作为电力系统的一个元件究竟消耗容性无功功率,还是感性无功功率不能肯定。

电力系统中的无功功率电源有发电机、静电电容器和静止补偿器等。

电力系统中无功功率电源所发出的无功功率应与系统中无功功率负荷及无功功率损耗相平衡，同时还应有一定的无功功率备用电源，即：

$$\sum Q_{GC} = \sum Q_{l} + \Delta Q_{\Sigma} + Q_{R} \tag{2-5}$$

式中 $\sum Q_{GC}$——无功电源容量的总和；

$\sum Q_{l}$——无功负荷的总和；

ΔQ_{Σ}——无功损耗的总和；

Q_{R}——无功备用容量。

电力系统中的负荷需要消耗大量的无功功率，同时电力网也会引起无功功率损耗。电力系统中的无功电源必须发出足够的无功功率以满足用户与电力网的需要，这就是无功功率平衡。

无功功率电源不足将导致节点电压下降，而且要满足众多的节点电压的要求，除全系统需要无功功率平衡外，地区系统也需要无功功率平衡。无功功率应避免长距离输送，而应就地平衡。

如上所述，除充分利用发电机的无功功率外，还应安装一些无功补偿设备，系统无功功率才能达到平衡。在电力系统中配置无功补偿设备时，除应满足无功功率平衡要求外，还应照顾到降低电力网损耗和调压的需要，因此它是一个综合性的技术和经济问题。无功补偿装置应尽可能装在无功负荷中心，做到无功功率的就地平衡。一般情况下，应优先使用电容器作为无功补偿设备。对大型轧钢机一类的冲击负荷，最好采用静止无功补偿器。

(四)无功功率经济分配

电力系统的无功功率的经济分配与电力系统调压密切相关。当系统中无功电源不足时，会引起电压水平下降，为了提高电压水平就得增加无功补偿电源；而无功补偿电源的装设既要考虑容量大小，又要考虑其合理分布。无功功率的生产及分布一般不直接影响燃料的消耗，但对网络的有功损耗有较大影响，而有功损耗直接影响系统运行的经济性。

当系统无功电源充足时，电力系统无功功率经济分配的总目标是在满足电力网电压质量要求的同时，使电力网有功功率损耗为最小。

四、电力系统稳定性概述

电力系统的稳定性包含两个方面的问题，即电力系统的静态稳定性和暂态稳定性。

电力系统的静态稳定性是指电力系统受到小干扰后，不发生自发振荡或非周期性失步，自动恢复到起始运行状态的能力。电力系统几乎时时刻刻都受到小的干扰，比如汽轮机蒸汽压力的波动、水轮机过流量波动、个别电动机的接入或加负荷和减负荷、架空输电线路因风吹摆动引起的线间距离(影响线路阻抗)的微小变化等；另外，发电机转子的旋转速度也不是绝对均匀的，即功角也是有微小变化的。因此，电力系统的静态稳定问题实际上就是确定系统的某个运行稳态能否保持的问题。

电力系统在运行过程中，受到突然短路、断开线路等大的扰动时，会引起发电机转子的摇摆,在条件不利时,可能导致发电机之间失去同步。暂态稳定就是研究电力系统突然遭到大扰动后,能否安全过渡到一个新的平衡状态或者恢复到原来运行状态的问题。

第五节　抽水蓄能电站在电力系统中的作用及经济性

一、抽水蓄能电站在电力系统中的作用

(一)抽水蓄能电站所具备的功能

如前所述,电力系统的发电质量标准有三个方面:一是电压在规定范围内并保持稳定,二是频率在规定范围内并保持稳定,三是电能供应充分并有高度的可靠性。发电质量如果没有保证,则所有用电工业的开工率、操作水平和产品质量都将受到影响。由于供电不足而采取限制用电或强制停电不但会影响社会产品的产量和质量,而且会提高产品成本,也给人民生活带来很大的不便。另外,若电力系统的负荷下降到低谷而调节措施不及时,将造成频率过高,其后果与频率过低对用电部门的影响同样是严重的。国内外实践已经充分证明,抽水蓄能机组在电力系统中担任调峰、调频、调相、事故备用和吸收多余电能等方面都有明显的功效。抽水蓄能电站具有运行方式多样、启动迅速、调峰调频性能优良等诸多特点,对电网的安全稳定、经济运行、保证和提高电网的供电质量等方面具有重要意义。供电充足和发电质量提高后,所有用电部门的经济性都随之改进,城市生活水平也得以提高,总的社会经济效益是巨大的。

抽水蓄能电站在电力系统中具备调峰填谷、调频和负荷跟踪、紧急事故备用、调相以及黑启动等多项功能。

1. 调峰填谷

抽水蓄能电站主要的运行方式是抽水和发电,利用夜间低谷时其他电源(包括水电厂、火电厂、核电厂等)的多余电能,将水抽至上游水库储存起来,用于尖峰负荷时发电。因此,抽水蓄能电站在系统中处于峰荷时放水发电,实现系统调峰功能,而在低谷时抽水蓄能,实现填谷功能。

广州抽水蓄能电站(简称广蓄)发挥的调峰填谷作用为大亚湾核电站创造了良好的运行环境,保证了其稳定运行。

2. 调频(或快速跟踪负荷)

调频功能又称旋转备用或负荷自动跟踪功能。为保证电网稳定运行,需要电网具备随时调整负荷的能力,以适应用户负荷的变化。电网的频率应按照国家规定的电网频率要求,控制在(50 ±0.2)Hz。为此,电网所选择的调频机组必须快速灵敏,以便提供随电网负荷瞬时变化而调整的最大出力。常规水电站和抽水蓄能电站都有调频功能,但在负荷跟踪速度(爬坡速度)和调频容量变化幅度上抽水蓄能电站更胜一筹。抽水蓄能机组在设计上考虑了快速启动和快速负荷跟踪的能力,所以能很好地满足电网负荷急剧变化的需求。现代大型抽水蓄能机组可以在1 ~2 min之内从静止到达满载,增加出力的速度可达10 MW/s,并能频繁转换工况。最突出的例子就是英国的蒂诺维克(Dinorwic)抽水蓄能电站,其6台300 MW机组设计能力为每天启动3 ~6次,每天工况转换40次,6台机

组处于旋转备用时可在 10 s 达到全厂出力 1 320 MW。

3. 紧急事故备用

抽水蓄能电站有事故备用的库容，但相对于同容量的常规水电站要小，所以其事故备用的持续时间没有常规水电站长。在事故备用操作后，机组需抽水将水库库容恢复。同时，抽水蓄能机组由于其水力设计的特点，在作旋转备用时所消耗电功率较少，并能在发电和抽水两个旋转方向空转，故其事故备用的反应时间更短。此外，抽水蓄能机组如果在抽水时遭遇电网发生重大事故，则可以由抽水工况迅速转换为发电工况，即在 1 ~ 2 min 内，停止抽水并以同容量转为发电。

在电网发生故障和负荷快速增长时，要求发电站能起紧急事故备用和负荷调整的作用，由于抽水蓄能电站的快速启动和灵活的运行特点，对防止电网事故扩大、恢复正常供电起着显著作用。

广州抽水蓄能电站自投入运行以来，平均每年紧急启动 16.5 次。华东电网是我国的受端电网之一，主要接受西部电力和三峡电力，而输电通道发生事故在所难免，这就对受端电网产生巨大冲击，严重影响华东电网的安全、稳定运行，自天荒坪抽水蓄能电站首台机组投产以来，已经快速启动多次，保证了电网的安全、稳定运行。

4. 调相

调相运行包括发出无功功率的调相运行和吸收无功功率的进相运行两种方式，其目的是稳定电网电压。电力系统无功功率不足，会造成电力系统电压下降，影响电力系统的供电质量和安全、可靠运行。因此，需要发电站及时提供无功功率，而抽水蓄能电站则能很好地满足这一要求。抽水蓄能机组在设计上有比常规水电机组更强的调相功能，无论在发电工况或抽水工况下，都可以实现调相和进相运行，并且可以在水轮机和水泵两种旋转方向进行，故其灵活性很好。另外，抽水蓄能电站通常比常规水电站更靠近负荷中心，所以其对稳定电网电压的作用要比常规水电机组更好。

在 2003 年春节期间，广州抽水蓄能电站共启动调相 69 次，运行时间 111.6 h，为广东电网平衡无功功率、稳定电压发挥了重要作用。

5. 黑启动

黑启动是指当电力系统崩溃、在电站无外来电源情况下，机组可以迅速启动发电，实现电力系统恢复。常规水电站一般不具备这种功能，现代抽水蓄能电站在设计时都要求有此功能。

随着电力系统的发展，系统的稳定性和可靠性会因局部的问题波及邻近区域而引起重大系统事故，故黑启动已成为事故后系统恢复正常运行的重要措施之一。提供黑启动服务的关键是启动电源，即具有黑启动能力的机组。抽水蓄能电站可在无外界帮助的情况下，迅速自启动，并通过输电线路输送启动功率带动其他机组，从而使电力系统在最短时间内恢复供电能力，保证电力系统安全、可靠运行。

（二）抽水蓄能电站在电力系统中的作用

概括地说，抽水蓄能电站在电力系统中的作用体现在以下三个方面。

1. 改善电网运行的作用

（1）抽水蓄能机组是水电机组，启动快速、适用负荷范围广，在电力系统中能很好地替代火力机组担任调峰作用。

(2)作为水电机组,抽水蓄能机组有很强的负荷跟踪能力,在电网中可起调频作用。

(3)抽水蓄能机组的年利用小时数不是很高,随时可以作为系统的备用机组,同时可以作旋转备用,也就是在并列状况下在发电方向空转,必要时能更快地带上负荷,可以在很短的时间内转换为发电,其短时间调节能力为装机容量的两倍。

2. 在能源利用上的作用

1)降低电力系统燃料消耗

电力系统中的大型高温高压热力机组,包括燃煤和核燃料机组,均不适宜于在低负荷下工作。由于电网调节需要强迫压低负荷,燃料消耗和厂用电都将增加,机组的磨损也将加速。在采用了抽水蓄能机组与燃煤机组及核电机组配合运行后,这些热力机组都得以在额定或较高出力下稳定运行,实现了较高的运行效率。

2)改变能源结构

抽水蓄能机组所代替的热力机组中有一部分是燃油的蒸汽机组或燃气机组。抽水蓄能的动力来自燃煤,使用抽水蓄能以后就起到了以煤代油的作用,对改变燃料结构有重要意义。

3)提高火电设备利用率

用燃煤机组调峰时要经常改变运行方式或频繁开停机,因而导致机器的磨损和经常发生事故。抽水蓄能机组可以替代这些热力机组的调峰任务,使这些机组可以担负更为稳定的负荷,设备的利用率因而得以提高,寿命可以延长。

4)降低运行消耗

抽水蓄能机组是水力机组,厂用电消耗比常规水电站多些,但只有装机容量的2%~3%,而热力机组的厂用电一般在7%~8%。采用抽水蓄能机组后可以有效地降低运行消耗和辅助设备投资。

3. 在提高水电效益方面的作用

1)缓解发电与灌溉的用水矛盾

在缺雨地区,水库的运用一般是以保证灌溉用水为原则,水库上虽建有水电站,却不能按电力系统的要求来发电。在灌溉季节水电站需要连续发电,实际上成为基荷电站。在非灌溉季节因水量不足而不能发电,根本起不了水电机组应有的调峰作用。在这样的水电站中如果装设抽水蓄能机组,则可以每天把放下来的水抽回去一部分,往复循环,从而避免了发电与灌溉争水,使水电机组得以发挥其调峰作用。实际上,在这种水电站中装设了抽水蓄能机组后,其他的常规水电机组也可以多发电,因而提高了全厂的调峰能力。

2)调节长距离输送的电力

将西部丰富的水力资源输送到东部沿海地区(西电东送)是我国电力建设的一个特点,今后将有很大的发展。长距离输电的设备投资很高,因而要连续满容量输送(如设计中的长江三峡输电系统),实际上大部分输送的是基荷电力。然而受电地区的负荷每日要随时间早晚而变化,还需要在适当地点有一个调节环节。装设抽水蓄能电站是缓和电网与长距离输电矛盾的重要手段。

3)充分利用水力资源

抽水蓄能电站不仅对火电有节煤效益,对常规水电同样有充分利用水能的功能。在汛期,抽水蓄能电站的调峰填谷任务会更加繁重,因为具有调峰能力的常规水电站,为了避免或减少弃水,一般都发满出力,在系统中实际担任了基荷或腰荷。在此期间,电网的调峰能力大为减小,特别是库容小的常规水电站在电网处于低谷时,只有减负荷或完全停机而弃水。抽水蓄能电站此时正好可以利用常规水电站的弃水负荷来抽水蓄能,达到充分利用水能的目的。

4)对环境没有不良的影响

抽水蓄能电站不发热、不冒烟、不进煤、不出渣,对环境影响极小。相反,电站的水库或调节池建成后还有助于净化环境,改善景观。如遇电网严重故障或全网解列,抽水蓄能电站可以在无厂用电的情况下,启动机组作发电运行(上水库应留有一定的紧急备用库容),而无须装设有污染的备用电源。

随着抽水蓄能电站在电网中所发挥的调峰填谷等功能日益突出,我国的抽水蓄能电站逐步得到高速发展。由于我国水电的整体调节性能不高,季节性电能突出,所以调峰问题在我国的电网运行中比较突出,兴建抽水蓄能电站来解决电网的调峰问题是非常必要的。由于它在电网中的功能及其静态效益、动态效益和技术经济上的优越性,抽水蓄能电站在电网中越来越不可或缺。

二、抽水蓄能电站的经济性

抽水蓄能电站的经济性包含两个方面,即静态效益和动态效益。

(一)静态效益

抽水蓄能电站的静态效益主要是其在电力系统中所起的调峰填谷作用,一般包含以下五个方面的内容。

1.容量效益

由于抽水蓄能电站的站址选择受到的限制较少,常能选在地形良好、地质条件优越、地点靠近用电中心的位置,其造价一般低于常规水电站、火电站以及核电站,建设周期比同容量的常规水电站要短,运行费用更比火电机组要低。当电力系统中缺少调峰电源时,建设抽水蓄能电站可减少其他火电装机容量,改变能源结构,减少电力建设投资。

2.能量转换效益

抽水蓄能机组抽水时是一个大负荷,消耗电能,可起填谷作用。有一部分本应压低出力的火电机组此时可以在最优工况下运转,其利用率和运转效率均得到提高。抽水蓄能电站通过能量转换,将成本较低的低谷电能转换为峰荷电能,代替了发电成本很高的调峰火电机组。

3.节煤效益

由于抽水蓄能机组的投入,电网负荷分配得到调整,使火电机组的工作出力增加,运行工况得到改善,使系统火电总平均煤耗下降,当系统平均煤耗率下降到所节省的煤耗量足以抵消抽水所需的耗煤量时,就产生节煤效益。

4. 循环效率

抽水蓄能在能量转换过程中要有能量损失，即发电量将小于抽水耗电量。抽水蓄能电站的综合效率为发电能量除以抽水耗电能量。在规划设计阶段，需要事先估算循环效率。现在新设计的抽水蓄能机组均可达到70% ~75%的综合效率，条件特别优越的大型机组可达到78% ~79%的综合效率。

5. 组合式抽水蓄能电站的效益

组合式抽水蓄能电站内装有常规水电机组和抽水蓄能机组，在运行上它有优于纯抽水蓄能电站的地方。

(1)抽水蓄能机组在枯水期或不需供水时，可抽水到上水库中保存起来供发电时用，不致产生发电时出力受阻。

(2)常规水电机组和抽水蓄能机组互为补充，互为备用，可增加尖峰电量并减少耗水电量，这增加了抽水蓄能机组或抽水蓄能电站的综合效益。

(3)由于电站中有两种机组，改善了电站在系统中的作用和电站的有关指标。

(二)动态效益

关于抽水蓄能电站的作用，以前多强调其调峰填谷、改善火电机组运行条件，节省燃煤、减少弃水和增加水电电量等功能，其实它的更大作用在于承担事故备用，保证系统稳定、经济地运行，发挥线路输电能力，节省电力系统投资和运行费用，提高供电质量和系统的安全可靠度，也就是它的动态效益高于其静态效益。不应把抽水蓄能电站看成是个电源点，实际上它是个电能转换机构，可有力地提高整个电力系统的动态效益。抽水蓄能电站在调节方面特别灵活，其功能远远超过火电或核电机组，也优于常规水电机组。

抽水蓄能电站的动态效益有以下几方面。

1. 调峰效益

有些大电力系统在高峰时，负荷变化率有50 MW/min，在晚间高峰时可达100 MW/min。抽水蓄能机组可以做到跟踪负荷变化，而大型火电机组的负荷反应率仅为百分之几，无法实现快速负荷跟踪。所以，如果系统中没有抽水蓄能电站就很难应付这样大的负荷变化。

在承担负荷调整和满足日负荷曲线陡坡部分的变化方面，只有燃气机组可以与抽水蓄能机组相比。此外，抽水蓄能机组可以替代燃气机组承担调峰任务，以节约燃油消耗，减少运行费用。

2. 调频效益

电力系统负荷常有瞬间或突然的变化，系统频率也将随之产生波动。抽水蓄能机组可以根据自动调整装置的信号，快速增加或减少出力，使电网负荷恢复平衡。蓄能机组作为水力机组，调节相当灵活，调频能力远比火电机组强得多。

3. 旋转备用效益

电力系统要求电网内的电站有一定的备用容量。备用容量一般分为负荷备用、事故备用和检修备用三类。负荷备用容量用以应付不可预测的负荷增加；事故备用容量用来迅速顶替发生事故的机组，使系统快速脱离事故状态，避免大范围停电甚至系统瓦解的危险；检修备用容量是为替代需要检修的机组工作的容量。为保证系统安全可靠运行，负荷备用及事故备用容量中的一部分要经常处于旋转状态，这部分称为旋转备用容量。抽水蓄能机组承担旋转备用容量是很容易的，对稳定系统频率和缓解事故可起到重要作用。

4. 调相效益

电力系统的无功功率不足会造成电网电压下降。在电力系统中，除满足有功功率平衡外，还要满足无功功率平衡。因此，需要装设调相机，或者将同步发电机改做调相机运行。抽水蓄能机组是同步电机，不但在发电或抽水以外的时间可以做调相机运行，在发电或抽水的同时也可以向电网供给无功功率，因而可以节省专门设置的调相机。

思考题

1. 什么是电力负荷？
2. 什么是基荷、峰荷、腰荷、峰谷差？
3. 何谓静态效益和动态效益？
4. 何谓日循环和周循环？
5. 抽水蓄能电站在日负荷图上的工作位置在哪里？指出它与常规水电站的不同之处。
6. 什么是日负荷率、最小负荷率？
7. 我国的能源有哪几种？
8. 我国现在有哪几类发电厂？各自有何特点？
9. 电力系统的装机容量包含哪几部分？如何确定装机容量的大小？
10. 抽水蓄能电站在电力系统中有哪些功能？
11. 抽水蓄能电站在电力系统中有哪些作用？
12. 阐述电力系统功率平衡的含义。

第三章　抽水蓄能电站站址规划

第一节　抽水蓄能电站的建设条件

一、地形条件

抽水蓄能电站的地形条件直接关系到电站的建设规模、工程参数、经济指标及其在电力系统中所能发挥的作用，是决定抽水蓄能电站技术经济指标的重要因素。国内抽水蓄能电站选点规划实践表明，地形条件不同，抽水蓄能电站的技术经济指标相差很大。抽水蓄能电站的地形条件主要从以下几个方面考虑。

（一）上、下水库之间的天然高差和水平距离

由图 3-1 可知，抽水蓄能电站的最大水头、最小水头和平均水头分别为：

$$H_{max} = H_{tr} + H_{sg} + H_{ss} - H_{xs} \tag{3-1}$$

$$H_{min} = H_{tr} + H_{ss} - H_{xg} - H_{xs} \tag{3-2}$$

$$\overline{H} = H_{tr} + \left(H_{ss} + \frac{1}{2}H_{sg}\right) - \left(H_{xs} + \frac{1}{2}H_{xg}\right) \tag{3-3}$$

式中　H_{tr}——上、下水库之间的天然高程差；

H_{sg}——上水库工作深度；

H_{ss}——上水库死库容最大深度；

H_{xg}——下水库工作深度；

H_{xs}——下水库死库容最大深度；

$\overline{H}$——电站平均水头。

能量方程式 $E = 9.81\eta V_{tj}\overline{H}$表明，当蓄能量一定时，平均水头越大，所需的调节库容越小，相应坝高及水库规模越小，机组直径、输水道及厂房尺寸亦随之减小，所以选择平均水头大的地点建设抽水蓄能电站是比较有利的。式(3-3)表明抽水蓄能电站的平均水头由三部分组成：第一部分是上、下水库之间的天然高差，它是自然形成的，获得它不需要付出工程代价；第二部分是上水库的工作深度和死库容深度，它们与上水库的规模和坝高有关，获得它们需要付出工程代价；第三部分是下水库的工作深度和死库容深度，与下水库的规模和坝高有关，获得它们也要付出工程代价。

另外，由式(3-3)还可以看出，增大第二部分或减小第三部分，都可以加大电站平均水头，但是，加大第二部分意味着加大上水库的调节库容和死库容，加大坝高、增加工程量和工程投资，同时会增大电站装机容量，这与电力系统发展需要是否吻合，特别是增大死库容，势必要加大初期蓄水量，对于水源紧缺地区有可能成为制约因素。减小第三部分虽然能降低下水库的坝高，但是，往往受地形条件限制，减小死库容深度 H_{xs}之后，不能满足下

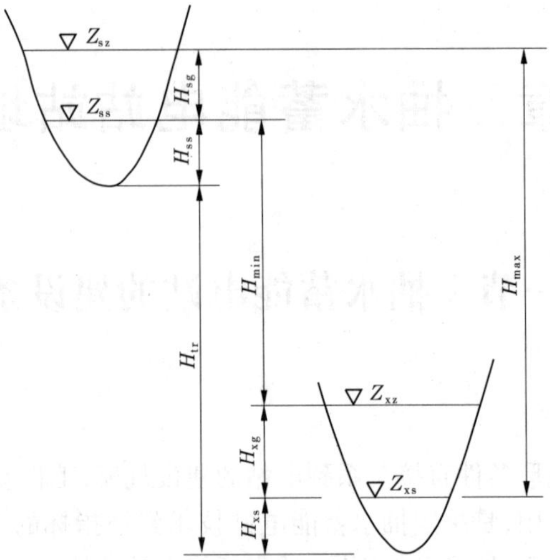

图 3-1　抽水蓄能电站特征水头示意图

水库进水口布置要求，而减小下水库工作深度 H_{xg} 又难以满足调节库容的要求。同时，在调节库容一定的情况下，减小下水库死库容最大深度 H_{xs} 必将增大下水库工作深度 H_{xg}，导致电站工作水头的变化幅度加大，有可能超出水泵水轮机组工作水头允许变化范围，因此必须加以限制。由此可知，选择上、下水库天然高差大的站址总是有利的，而采取其他措施都有一定的限制。

当前单级水泵水轮机的最大水头可达 600 ~ 700 m，超过 700 m 需要考虑采用多级水泵水轮机或水泵和水轮机分置式布置。也就是说，选择水头超过 700 m 的抽水蓄能站址，需考虑机组选型及厂房布置等方面的不利因素。上、下水库之间的水平距离决定了输水道的长度，水平距离越远，输水道越长，不仅加大了输水道本身的工程量，而且增大了抽水和发电两种工况的水头损失，降低了电站的运行效率，对长期运行是十分不利的。

另外，从设置调压室的判别准则可知，当 $\frac{\sum LV}{gH} > 1.5 \sim 6.0$ s 时，即需设置调压室。当输水道管径一定时，输水道愈长，$\frac{\sum LV}{gH}$ 值愈大，$\frac{\sum LV}{gH}$ 与水平距离成正比，说明上、下水库水平距离越大越有可能设置调压室。调压室不仅有一定的工程量，而且技术要求高，施工难度相对较大。因此，设与不设调压室输水系统的工程投资相差较大。另外，一般调压室的布置对地形条件也有一定的要求，当地形条件不能满足要求时，会给输水系统布置带来难度。通常用上、下水库进（出）水口的水平距离 L 与电站平均水头 $\overline{H}$ 的比值（称为距高比）来表示抽水蓄能电站的这一地形特征。一般认为 $L/\overline{H} < 10$ 为较好的站址，在选点规划阶段常以此作为控制条件。当然也不能绝对化，如果其他条件很好，距高比稍大些也不是一定不可取。南斯拉夫的巴其那 · 巴斯塔抽水蓄能电站的距高比就达 13.22（8 000/605）。同时，不是距高比越小越好，有的情况下，当距高比小到一定程度时，输水道布置难度增大，厂房位置不好确定，特别是下水库进（出）水口开挖易出现高边坡及库岸不稳定问题。因此，要结合地质等其他条件进行综合分析，合理处理距高比问题。

（二）上水库地形条件

根据我国抽水蓄能电站选点经验，上水库有以下几种主要形式：

（1）利用高山盆地筑坝（包括主坝和副坝）形成水库，如天荒坪、广州抽水蓄能电站的上水库。

（2）利用高位台地筑堤坝围建成水库。

（3）利用天然湖泊，如羊卓雍湖抽水蓄能电站的上水库（羊卓雍湖）。

（4）利用已建人工水库，如桐柏抽水蓄能电站的上水库（桐柏水库）。

上水库有利的地形条件应满足以下要求：

（1）具有基本封闭的完整库盆，库周边坡平顺，库岸山体雄厚。库周天然埂口少或埂口底部较高，宽度较小。如果库盆不完整，缺口很多，库岸地形支离破碎，不仅要布置很多副坝，而且埂口处往往地质条件复杂，是水库防渗的薄弱环节，也是容易出现边坡不稳定的地段。

（2）库区较开阔，具有能满足蓄能要求的水库容积。如果库区狭窄，库容有限，不能满足电力系统蓄能要求。或者需要增大水库工作深度，使电站水头变化幅度加大，有可能超过水泵水轮机组工作水头允许变幅，同时增大筑坝高度。

（3）坝址河谷较窄，沟底高程较高，比降较小，坝轴线距离下游陡峭底坡较远，两岸山坡平顺，坡度适中。坝址河谷宽窄、沟底高低、比降大小等直接关系到坝型和坝轴线选择，影响拦河坝的规模及工程量。当地材料坝坝底较宽，要求有足够的布置余地，如果下游河谷比降大甚至有陡坡，则对下游坡脚布置十分不利。要考虑筑坝高度与电站水头比、建坝填筑工程量与有效库容比的大小。有的地方筑坝高度接近电站工作水头，表明电站水头主要靠筑坝形成，谈不上是好的站址；有的地方建坝填筑工程量超过有效库容，取得的工作水头又不大，更谈不上是可取的站址。

（4）进（出）水口段山坡坡度适中，坡面平顺，前沿宽度较大，进洞条件较好，取水条件较佳。

（三）下水库地形条件

根据我国抽水蓄能电站选点经验，下水库主要有以下几种形式：

（1）峡谷中筑坝形成水库，如天荒坪抽水蓄能电站的下水库。

（2）利用河谷盆地筑坝形成水库，如广州抽水蓄能电站的下水库。

（3）利用低洼湖田筑堤坝围建成水库，如响水涧抽水蓄能电站的下水库。

（4）利用人工水库，如十三陵抽水蓄能电站的下水库（十三陵水库）。

（5）利用天然湖泊，如无锡马山抽水蓄能电站的下水库（太湖）。

（6）利用海洋。华东勘测设计研究院于 1989 年进行浙江省抽水蓄能电站普查时，在浙江省海边找到两个以东海为下水库的抽水蓄能站址；2003 年在福建省沿海又选到了若干个海水抽水蓄能电站站址，其中有的建设条件相当好。日本于 1998 年建成了冲绳岛海水抽水蓄能试验电站，水头 136 m，装机 30 MW，有效库容 56 万 m^3，距高比为 3.82。

下水库有利的地形要满足的条件与上水库基本相同。

（四）厂房及输水系统地形条件

抽水蓄能电站机组吸出高度负值较大，安装高程较低，厂房常采用地下式，主变室、输水道、调压室、出线洞、交通洞等亦多为地下建筑。这些工程的平面、立面布置都对地形条件有一定的要求。

地下厂房及输水系统等地下建筑的布置应满足以下条件：

(1)地下厂房的位置应考虑高压管道、岔管以及出线洞、交通洞的布置要求，同时压力隧洞沿线洞顶高程应在水压力波线 2 m 以下，不出现负压。

(2)对于非钢衬地下压力输水道的埋藏深度有一定的要求，按挪威准则要求输水道的覆盖厚度(见图 3-2)需满足：

$$C_{RM} = \frac{h_s \gamma_w F}{\gamma_R \cos\beta} \tag{3-4}$$

式中 C_{RM}——输水隧洞计算横断面顶至岩面的最短距离；

h_s——管道内水静水压力水头；

γ_w——水的容重；

γ_R——岩石容重；

β——山坡坡角；

F——安全系数，取 1.1 ~1.3。

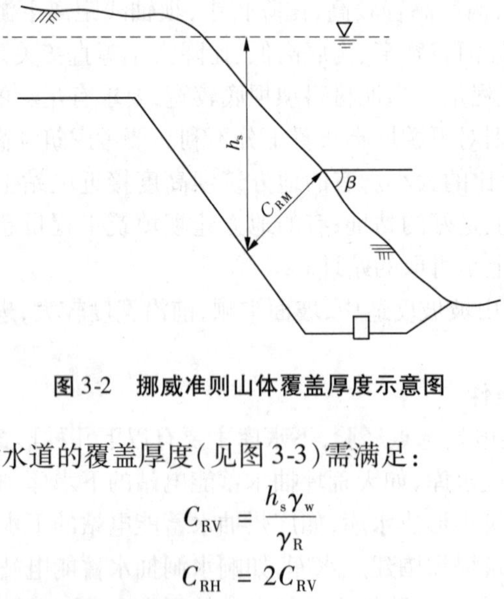

图 3-2　挪威准则山体覆盖厚度示意图

按雪山准则要求输水道的覆盖厚度(见图 3-3)需满足：

$$C_{RV} = \frac{h_s \gamma_w}{\gamma_R} \tag{3-5}$$

$$C_{RH} = 2C_{RV} \tag{3-6}$$

式中 C_{RV}——垂直方向山体覆盖厚度；

C_{RH}——水平方向山体覆盖厚度。

覆盖厚度应扣除地表土层和强风化岩层，即由弱风化顶线算起。

(3)调压室应满足顶部高于最高涌浪水位，底部低于最小涌浪水位的要求。这些要求集中反映了抽水蓄能电站对输水系统沿线地形条件的要求。在考察站址地形条件时，需反复研究实际地形能否满足这些要求。

(五)抽水蓄能电站上、下水库组建形式

(1)上水库利用高山盆地筑坝形成，下水库利用深切沟谷筑坝形成，如天荒坪抽水蓄能电站。

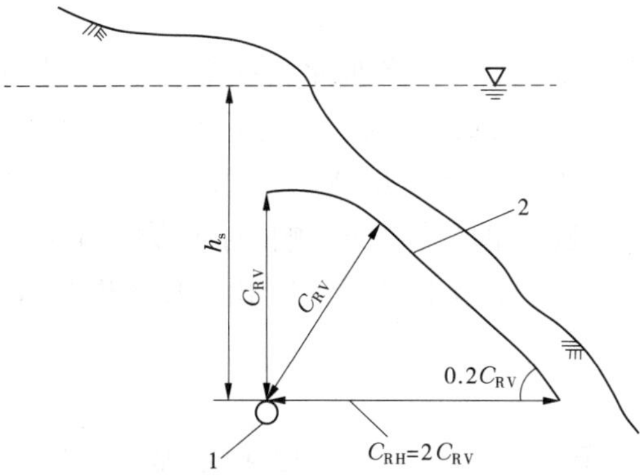

1—不衬砌压力水道;2—最小岩石覆盖面

图 3-3　雪山准则山体覆盖厚度示意图

(2)上水库利用已建水库进行加固改造,下水库在溪流上筑坝形成,如桐柏抽水蓄能电站。

(3)上水库利用高山盆地筑坝形成,下水库利用已建水库,如仙居抽水蓄能电站。

(4)上水库利用沟谷源头筑坝形成,下水库利用天然湖泊,如马山抽水蓄能电站。

(5)上水库利用天然湖泊,下水库利用大江大河,如羊卓雍湖抽水蓄能电站。

(6)上水库利用已建水库进行加固改造,下水库也利用已建水库进行加固改造,如北番抽水蓄能电站。

(7)上水库利用高山盆地筑坝形成,下水库利用低洼地区筑堤围建,如响水涧抽水蓄能电站。

(8)上水库利用高山盆地筑坝形成,下水库为海洋,如福建口门海水抽水蓄能电站。

二、地质条件

(一)区域构造

抽水蓄能电站一般地下工程较多,建筑物抗震要求较严,要尽可能不在区域稳定条件较差的地区选择抽水蓄能电站站址。区域性地质构造发育地区容易出现构造断裂通过坝址或库区,不仅造成严重的坝基稳定和渗漏问题,也会引起严重的水库向邻谷渗漏及库岸边坡稳定问题,而且为了搞清这些工程地质问题,需要花费相当多的时间和经费做大量的地质勘察工作。

(二)上、下水库库区及坝址地质条件

1. 库盆防渗条件

抽水蓄能电站上水库的渗漏水量损失实际上就是电能损失,而且库盆渗漏可能引起地下厂房、输水隧洞等地下建筑围岩失稳及增大地下工程衬砌外水压力。因此,库盆防渗要求很高,而大面积防渗工程投资是十分昂贵的。在站址选择时,要注意了解库区岩体的渗透特性、地质构造发育情况、岩体风化深度、地下水位和相对隔水层埋藏深度及其与水库蓄水位的相对关系,了解分水岭的地形、地质条件,分析水库渗漏特性。把水库渗漏条件作为站址选择重要因素认真对待。

2. 库岸稳定条件

为了适应电力系统调峰要求，日调节抽水蓄能电站上、下水库的水位变化频繁而剧烈，如天荒坪抽水蓄能电站上、下水库水位一日之内会经历40多m的升、降变化。为防止水库蓄水后及运行过程中发生严重的岸坡塌方，要注意了解沿岸基岩风化破碎程度和岩层产状、倾角以及卸荷裂隙对岸坡稳定的影响，对于缓倾角软弱夹层要特别留意，注意查清有无大面积的滑坡体。尤其是下水库，进（出）水口开挖易出现高边坡，更应引起重视。

3. 坝址地质条件

坝址地质条件主要是覆盖层厚度、岩体风化深度、基岩岩性及完整程度、产状和走向等对坝基抗滑稳定及防渗的影响因素，要注意缓倾角节理和软弱夹层对坝头稳定的影响。分析坝轴线两岸地下水埋藏深度等水文地质条件对坝基和坝头渗漏的影响。

（三）地下厂房及输水系统地质条件

抽水蓄能电站机组安装高程常在下水库死水位以下数十米，需采用地下厂房形式，相应的地下洞室较多。为确保地下工程施工和运行安全，应使地下厂房及输水系统具有足够的埋藏深度，尽可能位于均质、厚层、块状结构的坚硬完整的岩体内。避免有重大构造断裂通过，特别要防止地下工程纵轴线与构造断裂走向一致。

三、地理位置

抽水蓄能电站有两种主要运行工况，即水泵工况和水轮机工况。前者从电网中吸取低谷剩余电能，后者向电网输送高峰电能，任何运行工况都离不开电力系统。因此，需要考虑接入系统条件，研究低谷和高峰时的潮流分布，判断所选站址在低谷时受电、高峰时送电的条件。尽可能利用电网已有输电线路的空闲输送容量，缩短受电线路和送电线路长度，以节省输变电工程投资，减少输电损失。

为满足上述条件，一般要求抽水蓄能电站位于供电地区负荷中心附近。因为负荷低谷时，电网输电系统基本处于非满载状态，抽水蓄能电站位于供电地区负荷中心附近，可以利用已有输电系统的空闲输电能力输送抽水电力，不需另设或少设输电线路。高峰时电网输电系统基本处于满载状态，抽水蓄能电站位于供电地区负荷中心附近，需要架设的输电线路短。更重要的是，距离供电地区负荷中心近，才能有效发挥抽水蓄能电站的调频、调相及旋转备用等作用。

四、水源条件

抽水蓄能电站虽然不像常规水电站那样依靠河川径流发电，但也必须有足够的水源，满足初期蓄水和蒸发渗漏损失补给需要才能维持正常运行。抽水蓄能电站的蓄水量由两部分组成：一部分为初期蓄水所需水量，这部分蓄水量在数量上等于上、下水库的死库容与电站发电调节水量（包括承担系统事故热备用及负荷备用所需的备用水量）之和，主要靠拦蓄当地径流解决。一般只要下水库或上水库坝址以上有足够的流域面积即可满足要求。在计算所需流域面积时，不能简单地引用需水总量和径流深，而应考虑初期蓄水随着电站装机进程而形成的一个蓄水过程。装机历时长,则所需流域面积小,反之则大。另外,即使流域面积不够,还可研究从相邻流域引水补充的可能性。另一部分为蒸发和渗漏损失水量,这部分水量在年降水量大于蒸发量的地区,从全年的水量平衡的角度看似乎问题不大,但是,应该看到降水量和蒸发量在时间分配上并不一致。必须研究蒸发量大于降水量的时段,特别是连续枯水段的补水需要。至于渗漏损失,由于抽水蓄能电站水库防渗要求严,对于不利的水文地质条件,通常都要采取防渗工程措施将渗漏损失水量降到最低限度,因此渗漏损失水量是不大的。蒸发和渗漏损失水量的补给一般可考虑在上水库或下水库预留一部分库容,利用丰水期多蓄一部分水量来解决。由于这部分水量不大,所需预留库容也不大。

五、施工条件

抽水蓄能电站不像常规水电站那样常建在大江大河上,一般没有复杂的施工导流问题,受汛期洪水影响较少,基本可以全年施工。但是,抽水蓄能电站地下工程较多,上、下水库之间高差较大,枢纽建筑物比较分散,施工条件的优劣对工期、投资仍然影响很大。

衡量施工条件主要看站址交通条件(包括对外交通和施工场地交通)、施工支洞及堆渣场布置条件、施工场地布置条件(包括场地面积、高差、距离及施工干扰等条件)、建筑材料条件(包括料场位置、储量及开采加工条件)、施工用水、用电条件等。在站址选择时,要逐项分析上述条件的优劣,作出恰当评价。

六、水库淹没条件

抽水蓄能电站上、下水库一般不大,且多数位于高山顶部或峡谷之中,库区内往往既无耕地又无居民,淹没损失很小。但也有少数站址的调节水库,特别是下水库,虽然面积不大,但涉及较大的村庄,甚至有的库区建有军事设施或重要的工矿企业。对于这样的站址,淹没问题将成为关键性控制条件,需要认真对待,必要时需作专门论证。一般在其他条件不是特别优越的情况下,常予以放弃。

七、环境影响条件

抽水蓄能电站上水库一般位于崇山峻岭之上,有可能涉及风景名胜区或生态保护区。下水库或位于深山峡谷,或位于地势平坦地区,有可能涉及农林经济区和居民区。筑坝建库有可能在初期蓄水阶段改变当地用水条件。施工开挖有可能造成植被毁损及水土流失问题。弃土堆渣和生活污水有可能带来当地水质污染。施工扬尘、机械废气有可能造成大气污染等。为此,需要认真调查所选站址所处的自然环境,分析将来开发建设可能引起的环境问题,特别要注意了解环境制约因素,尽量不在有重大环境影响问题的地区选择抽水蓄能站址。当然,抽水蓄能电站建设,对环境影响也有积极的一面,如通过工程建设,改善当地基础设施和城镇建设,带动地区经济发展,增加社会就业机会,改善电力供应,减少燃煤发电带来的环境污染,创造新的旅游景点等。

第二节　站址普查

一、站址普查的重要性

抽水蓄能电站运行所需的调节水量是在上、下水库中循环使用的，初期蓄满以后，只要补充蒸发渗漏损失水量即可维持正常运行，不像常规水电站那样依赖于河川径流，因而可选站址较多。常规水电站的选点通常是沿着拟开发河流（包括干流和支流）寻找合适的坝址，经过梯级开发方案的技术经济比较来确定各个水电站的位置、规模、主要工程参数及开发顺序。抽水蓄能电站选点不是沿着事先明确的某条河流进行的，而是在给定区域内的面上寻找的。对于综合性的（既考虑常规水电又考虑抽水蓄能电站）流域开发规划也是在该流域的面上进行的。

抽水蓄能电站可选的面较广，不同站址的建设条件可能差别很大，从而造成各站址的技术经济指标相差悬殊，这就需要进行广泛的调查，即在给定区域内进行普查。通过普查，全面掌握给定区域内抽水蓄能资源状况，了解各个抽水蓄能电站站址的建设条件，从中选出若干建设条件较好的站址开展规划阶段的勘测设计工作，经过技术经济比较推荐近期开发工程。

二、站址初选

站址初选的第一步是在地形图上按照抽水蓄能电站基本条件，寻找适合建造抽水蓄能电站的地点，选择若干建设条件较好的地点作为研究对象，进一步开展工作。初选采用的地形图比例尺最好不小于 1∶10 000，若选点范围较大，全用 1∶10 000 地形图图幅太多，可先用 1∶50 000 地形图初选，然后用 1∶10 000 地形图复核。因抽水蓄能电站的调节水库一般较小，在 1∶50 000 地形图上选点要特别小心，如天荒坪抽水蓄能电站，上水库正常蓄水位水库面积仅 0.32 km^2，在 1∶50 000 地形图上仅 1.28 cm^2，稍不留意就会漏选。

站址初选的关键是熟读地形图。地形图是二维平面图形，以等高线来表示地形的起伏。阅读地形图要求达到：虽然地形图是平面的，但是阅读者要有很强的立体感，一眼看上去就明白哪里是山峰，哪里是峡谷，哪里地势陡峻，哪里地势平坦，哪里地面隆起，哪里地面凹陷。只有这样才能正确判断哪里适合建造上水库，哪里适合建造下水库，哪里适合布置地下厂房，输水系统的走向应该如何安排。只有这样才不至于漏掉地形条件优越的站址。

在地形图上选出的站址并不一定就是很好的站址，还要用区域地质资料进行复核，从宏观上初步判断地质条件的优劣。把那些有明显问题的站址剔除掉，余下的站址作为下一步研究对象。

三、现场查勘

（一）查勘组织

普查阶段的现场查勘，是第一次全面考察初选站址的建设条件，更是决定初选站址能否入选可开发站址行列,进而能否作为规划研究对象的关键,成为规划站址的重要步骤。要求查勘人员专业配置齐全,地质、水能、水工、施工、水库移民、环境影响评价等专业人员一定要参加,有条件的亦可配备水文、测量、机电等专业人员。

(二)查勘准备

查勘前要向全体查勘人员介绍初选站址情况,各专业人员要研究本专业查勘中应收集的资料和需要解决的问题。

(三)现场查勘要点

现场查勘时间不多,全体查勘人员必须抓紧时间,按照分工主动了解本专业的问题。要抓住以下几个要点:

(1)观察库区地形地貌,了解主、副坝址位置及工程布置条件。

(2)观察库区出露基岩岩性、风化及构造情况,了解库盆防渗、边坡稳定及坝址地质条件。

(3)观察输水系统沿线地形地貌,了解输水系统、地下厂房及施工支洞布置条件。

(4)观察当地流域径流汇集情况,了解电站蓄水水源及施工临时用水条件。

(5)观察库区耕地及居民点分布情况,了解水库淹没损失及控制条件。

(6)观察工程区地形地貌,了解施工场地布置条件。

(7)观察现有交通基础设施情况,了解工程区内外交通条件。

(8)了解工程区环境现状及主要环境影响问题。

对于利用已建水库的查勘,则需着重了解以下问题:

(1)观察库区地形地貌,了解已建主、副坝址位置及工程现状,研究其扩建(或改建)的条件。

(2)观察库边耕地及居民点分布情况,了解水库扩建增加淹没损失及控制条件。

(3)了解水库原有综合利用情况,研究如何协调抽水蓄能与其他用水部门的关系。

四、普查成果

通过现场查勘,初步掌握各个初选站址的基本建设条件,经过现场分析和进一步研究,剔除那些条件较差的站址,将具备开发条件的站址作为普查成果编入普查报告,作为今后资源开发的重要依据。

第三节　站址选择

一、站址选择的基本原则

抽水蓄能电站的站址选择是抽水蓄能电站规划中遇到的一个首要问题,所选站址是否经济合理,直接影响到抽水蓄能电站的布局、规模、投资和效益,必须慎重对待。为了选出具有良好建设条件的站址,应遵循以下基本原则。

(一)站址布局合理

抽水蓄能电站的布局要因地因网制宜,不要强求一律。一般而言,在一个大电网内应适当集中，尽可能修建高水头大容量的抽水蓄能电站，以降低单位千瓦造价和加强电网统一调度。适当分散布设站址，以满足地区电网调峰的要求，尽可能做到就地平衡，避免大范围内大进大出的电力交流；同时容易发挥地方的积极性，有利于早日集资兴建。当然也要防止为了解决市、县地方电网的调峰问题而分散地兴建那些不经济的低水头小容量的抽水蓄能电站的偏向。

（二）地形条件好

对于抽水蓄能电站的站址，地形条件好是首要条件。衡量地形条件好坏的一个主要指标是距高比，即 L/H 值。L 是指上、下水库的水平距离，习惯上常以输水道的总长度来表示；H 是指上、下水库的高差，习惯上常以电站水头表示。距高比 L/H 小的站址，是经济合理的站址。这是因为一方面 H 越高，单位水体所能转换的能量越大，在蓄能总量相同条件下，上、下水库间循环流量就越小，因而水库规模、输水道直径、厂房和机组尺寸都小。另一方面，L 越小，输水道长度越短。这两方面因素组合在一起，会使抽水蓄能电站投资大大下降，根据国外统计资料，多数抽水蓄能电站的距高比 L/H 为 4～10。我国现阶段宜建高水头大容量的抽水蓄能电站，应以水头 $H=300\sim600$ m 和 $L<3.5$ km 为宜。水头太高，就得选用多级可逆式蓄能机组，技术较复杂，对承担调峰也不利。水头低于 100 m 的抽水蓄能电站除电网特别需要外最好不建。

良好的地形条件还在于：在所选站址区内，有已建人工水库或天然湖泊可作为未来新设计抽水蓄能电站的上水库或下水库，以节省工程投资；或者有宽阔的河谷、凹地可以用来兴建上、下水库，以较小的工程投资取得较大的库容。

（三）地质条件好

抽水蓄能电站站址地质条件的重要性在于它直接影响水库防渗措施、隧洞、地下厂房的结构形式与施工条件。

库区基岩要完整，无集中渗漏通道，水库蓄水后不会引起严重渗漏，这对上水库尤为重要，因为抽水蓄能电站上水库的每一方水，都是消耗电能提升上来的，水库渗漏不仅造成水量损失，而且也带来能量损失。

抽水蓄能电站水头一般都较高，因而机组装置高程都较低，为了解决布置上的困难，厂房和输水道一般都位于地下。若这些建筑物处在新鲜而完整的岩石之中，就可减少衬砌或不用衬砌，施工临时支护省、进度快，因而良好的地址条件可节约大量投资。

（四）地理位置好

抽水蓄能电站的站址，一般应选择在距负荷中心近或靠近受电电源点（即提供抽水电能的基荷电站）的地区，这样不仅减少输电线路的投资，而且减少电站在送电和受电时的线路电能损失。我国目前建设的十三陵抽水蓄能电站距北京市仅 40 km，广州抽水蓄能电站距广州 90 km，天荒坪抽水蓄能电站地处经济发达的宁沪杭三角地带，距杭州 75 km，距上海、南京各 175 km。从这些实例可以看出，大城市负荷中心附近或已有主要输电干线附近是抽水蓄能电站理想的地理位置。

（五）水源应有保证

抽水蓄能电站本身虽不消耗水量，但需要一定的水量作为能量的载体进行能量转换，同时需要一定的水源以补充蒸发、渗漏等损失，所以抽水蓄能电站的站址应选在河流、湖泊或现有人工水库的附近，以便有足够的水量来进行首次蓄水和以后运行期间长期的水量补充。

（六）应有廉价的抽水电源

抽水蓄能电站在深夜负荷低谷时抽水，消耗大量电能。巨型火电站和核电站，电能生产成本低，能给抽水蓄能电站提供廉价的电能，而抽水蓄能电站的投入，又改善了火电站和核电站的运行条件，所以抽水蓄能电站常与核电站甚至巨型火电站配套建设。例如，广州抽水蓄能电站和大亚湾核电站就是配套工程。

（七）对外交通方便

所选站址要靠近现有公路、铁路，或有良好的水运条件，可加快前期工作进展，减少施工准备工程量，同时方便物资运输和人员往来。

应该指出的是，要同时符合以上七个条件的站址是比较少的，有时为了满足某一条件，不得不放弃另一条件。例如，有少数抽水蓄能电站的距高比 $L/H>10$ 多半是为了利用已有人工水库或天然湖泊之故。在这种情况下，上、下水库的距离和高差已经给定，但如果上、下水库的投资节约足以补偿输水道较长而增加的投资，则在经济上仍然是合算的。所以，选择抽水蓄能电站的站址时，不能孤立地考虑每个条件，而应综合分析论证，力求总体评价最佳。

二、站址选择的基本程序

抽水蓄能电站的站址选择，必须在抽水蓄能电站资源普查的基础上进行。这是因为抽水蓄能电站的站址，不受天然水源和自然落差的限制，因而其资源普查范围，不是像常规水电站那样局限于沿河流一条狭长地带，而是电力系统覆盖的整个地区，需要普查的面很广，可供选择的站址较多，而不同站址由于建设条件的差别引起的电站规模、投资、作用和效益的差异可能是相当大的。因此，选择站址必须首先开展区域性资源普查工作，只有通过资源普查，摸清所有可能开发站址的基本建设条件，才有可能经过比较，从中选出较好站址；否则，如果只看到局部地区的个别站址，就急于开展前期工作，便会白白浪费了时间和经费。在实际工作中，这方面经验教训也不少，所以一定要在资源普查基础上选择抽水蓄能电站的站址。

抽水蓄能电站站址的选择，至今尚未制订统一的程序，大致可分为以下几个步骤。

（一）室内作业

室内作业主要是在 1∶50 000 或 1∶10 000 的地图上找出地形较好、落差较大、工程布置较集中，并有一定水源条件的可能开发的站点，在图上量测其库容、水头等主要指标，进而估算可能的装机规模，经定性分析和初步筛选后，留下较好的站点作为现场调查的对象。

在室内作业中，应充分利用航天和航空遥感资料进行选点定位工作，使外业调查对象更明确、更具体。

（二）外业调查

外业调查主要是对已选定的较好的站点收集或实测地质、地形、地势、地貌、水文、交通以及社会经济、环境等各方面必要的原始资料与数据。在外业调查过程中，特别要注意查明那些对站点具有颠覆性的因素，如地质条件差、区域地质不稳定、地震烈度高、坐落在自然保护区内等。具有这些不良因素的站点，在现场即可加以排除，没有必要再作深入一步的调查与研究。现将各工程部位在规划阶段的查勘重点内容说明如下：

(1)库区。上水库的查勘重点是水库蓄水后的可能渗漏情况及由于渗漏可能引起的库岸和山体的失稳、输水道和厂房等地下建筑物外水压力的提高，已有建筑物的失事和低凹地区的浸没等对生态环境的影响。下水库的查勘重点是水库蓄水后可能引起的库岸坍滑、淹没、淤积和生态等问题。

(2)坝址。查勘重点是初步查明坝址区的覆盖情况和地质构造、建坝蓄水后坝基和坝肩的渗漏及稳定等问题。

(3)地下厂房和输水道。对初步拟定的厂房和输水道等地下洞室群的工程地质条件作一般性的了解，初步查明洞室的覆盖厚度、地质构造、地下水动态、施工中可能遇到的问题(如坍方、岩爆、断层、溶洞、地应力、地下水等)、洞室轴线的合理方向等。

(三)规划选点

在普查的基础上，经筛选保留下来较好的站点，可以初步拟定工程布置方案，初估工程量、投资和工期，重新计算各主要参数和主要指标，其中包括装机容量，年发电量，年抽水耗电量，上、下水库正常蓄水位，死水位和蓄能库容，发电水头，抽水扬程等，并对各站点的主要优、缺点加以评述，以备进一步比选。其具体内容如下。

1. 确定抽水蓄能电站的总装机容量

抽水蓄能电站的装机容量根据设计负荷水平年的日负荷图用能量平衡法确定。如抽水蓄能电站同时具有周调节和季调节的功能，则尚须周负荷图和年负荷图。抽水蓄能电站总装机容量的大小取决于系统负荷的大小、负荷图的形状和系统中是否有可调节的水电站等因素。

由于在一个抽发循环中有能量损失(总效率约为 0.7)，抽水所吸收的电能总是大于发电时所提供的电能。抽水所需的装机容量与发电所需的装机容量之比(抽发比)还与负荷图的形状有关，但一般均大于 1.0。由于抽水工况只承担抽水蓄能的功能，而发电工况除向系统提供电能外还能担负旋转备用和调频等任务，故水泵工况装机容量选得过大是不经济的。近代的抽水蓄能电站多采用可逆式机组，抽水工况的装机容量与发电工况的装机容量之比基本上都接近 1.0。

2. 初步选择抽水蓄能电站站址

根据上述的抽水蓄能电站总装机容量，在小比例尺的地形图上初步选择一个或几个抽水蓄能电站站址。站址的位置应接近大的负荷中心和大的基荷电站(如核电站或大火电站)以及系统的主要输电线路。站址应具有较大的落差，有已建水库和天然湖泊可以利用或有合适的地形可建造水库。

若有几个站址，可根据水头与库容初步确定各电站的装机容量，进行枢纽布置，根据初步确定的建筑物尺寸，估算工程量和投资，通过技术经济比较，选择第一期开发的工程。由于系统负荷是逐步增长的，且实际的增长过程可能和规划的增长过程有很大的出入，故抽水蓄能电站应根据系统负荷的实际增长过程逐个加以开发。

3. 选择抽水蓄能电站的特性参数

根据电力系统的要求和选定站址的自然条件,通过技术经济比较,最后选定抽水蓄能电站的特性参数。在各特性参数中,最主要的是装机容量。在水头已定的条件下,装机容量的大小取决于库容的大小,亦即取决于挡水建筑物的高低。对于利用已有水库和天然湖泊的情况,有的还可根据需要与可能考虑加高建筑物以增加调蓄库容。这些都应通过全面的技术经济比较来确定。

(四)推荐近期开发站址

从已经选定的、具有较好建设条件的站址中,根据电网调峰的需求和各站址的具体建设条件,遵照站址选择的基本原则,通过进一步的比较、分析、论证工作,好中择优,推荐出具有近期开发价值的抽水蓄能电站的站址,进行电站规划设计的前期工作。

第四节　抽水蓄能电站的建设与环境问题

一、抽水蓄能电站的建设与环境问题

抽水蓄能电站的水头一般较高,上、下水库的容积较小,输水系统和厂房又常置于地下,故从总体来讲,抽水蓄能电站建设对自然环境的影响比多数的常规水电站要小。抽水蓄能电站对环境的影响可能有以下几个方面:

(1)水库的建造破坏了原有的自然景观,可能要淹没一些农田、房舍、森林、风景点和旅游点等。由淹没所带来的问题下水库一般比上水库突出。

(2)水库的蓄水会引起附近地区地下水位的提高,可能危及山体的稳定。已有建筑物的安全及低洼地区农作物和植被的生存,可能使某些地区盐碱化。这些问题对上水库尤需注意。

(3)库水位的大幅度急剧升降可能引起库岸坍滑,危及进出水口和挡水、泄水等建筑物的安全,破坏自然景观。

(4)挡水、泄水建筑物和进出水建筑物的形式和色彩可能与周围自然环境不协调。抽水蓄能电站的开关站面积较大,有时布置在离厂房不远的山坡上,对环境影响较大。

(5)施工过程中开挖废渣的堆放和道路的开挖对原有的自然景观可能有较大的破坏。

(6)对利用海湾为下水库或利用咸水湖为水库的抽水蓄能电站,水质的污染是一个不容忽视的问题。日本将在冲绳岛建造两个利用海水的抽水蓄能试验电站(装机容量为30 MW),对将下水库的海水抽至上水库所带来的环境影响进行专门的试验研究。

抽水蓄能电站的建设对自然环境的影响虽然较一般的常规水电站小些,但由于抽水蓄能电站多建在用电集中的大城市附近,可能位于风景区,其对周围环境的影响仍需极为重视。如果处理得好,不但可使对自然环境的不利影响减小到最低限度,而且可使环境得到改善。例如,上、下水库及其周围可建成新的休养和旅游景点,水库的建成可能改善附近地区的气候和供水条件,为电站而建造的公路可为旅游提供方便等。

二、美化环境的措施

为了减小抽水蓄能电站的建设对自然环境的不利影响并尽量地美化环境,可采用以下措施:

(1)将尽量多的建筑物置于地下,使其在地面不显露或减少显露。开关站如采用先进的六氟化硫成套配电设备,需要的空间较小,亦可置于地下。例如,英国的迪诺威克抽水蓄能电站地处优美的风景区,英国中央发电局为了满足当地居民和旅游的需要,在电站的建设过程中极力保护和美化自然环境,将尽可能多的建筑物置于地下是其主要措施之一。

(2)挡水建筑物尽量用土石坝。这样,一方面可以充分利用开挖的土石料以解决废渣堆放问题,另一方面可在坝坡铺以草皮等使之与当地的自然环境相协调。迪诺威克上、下水库的坝用碎石堆,上游为沥青混凝土防渗面板,下游坝坡覆以土层并植以草皮和当地的常绿灌木加以美化,当然,在对环境要求不太高的地区,为了经济上的原因,采用混凝土坝的抽水蓄能电站也不乏实例。

(3)当库床地质的渗透性较大时,用透水性小的材料,如黏土和沥青混凝土等,在库坡和库底做防渗层,防渗层后设置排水设施,以降低水库边坡和附近地区的地下水位。

(4)地面建筑物采用合理的形式、建筑材料和色彩与周围的自然环境相协调。这些建筑物,除前述的挡水建筑物外,还可能有泄水建筑物、进出水口、开关站和办公楼等。

迪诺威克电站的管理楼就是采用当地石料建成的,在许多方面都保存着原老采石场(附近有老采石场)房屋的建筑风貌。

(5)加强施工管理,减少施工期对自然环境的破坏。如施工道路的开挖、废渣和建筑材料的堆放、临时工房的建筑、施工机械的管理等都要预先进行深入研究,作出严格的计划并认真执行。

三、抽水蓄能电站的建设与地区经济发展的关系

抽水蓄能电站的建设将促进当地的经济和社会的发展,但也可能带来以下一些不利影响:

(1)水库的建造可能淹没农田、工厂、道路和居民点等,带来居民的迁移和安置、工厂和道路的搬迁及重建等问题。由于抽水蓄能电站的水库容积相对较小,上述的问题比一般的常规水电站要小得多。

(2)水库的建造可能淹没原有的旅游景点,影响旅游收入和当地居民的经济生活;水库的建设也可能起到美化环境的作用,使库区成为新的旅游和休养胜地,从而促进当地经济的发展和居民生活水平的提高。

(3)抽水蓄能电站的运行人员及其家属需要住房、商店、医院和学校等生活配套设施并有一定生活费用投放市场,故能够促进当地商业、运输业和教育的发展而形成一个小集镇。

(4)抽水蓄能电站可以向附近地区提供电力,有助于当地工业和农业的发展。

总之,抽水蓄能电站的建造会在一定范围内对自然、经济和社会等环境造成影响。这

些影响有好的方面，也有不利的方面。但如在电站的设计、施工和运行等各个阶段都能予以重视，变不利影响为有利影响，则在一般情况下都可使有利影响占主导地位，使抽水蓄能电站不但能起提高电力系统的经济效益和供电质量的作用，而且对促进附近地区的经济和社会发展也是一个重要因素。

思考题

1. 抽水蓄能电站选点规划的原则是什么？
2. 抽水蓄能电站是否需要天然水源？
3. 什么是抽水蓄能电站的距高比？其值是否越小越好？
4. 抽水蓄能电站的建设条件有哪些？
5. 在站址选择中要注意哪些关键问题？
6. 我国需要哪些措施才能使抽水蓄能电站技术得到更大发展？

第四章　抽水蓄能电站的动能规划

第一节　抽水蓄能电站的主要参数

一、主要参数

抽水蓄能电站的主要参数通常是指对决定电站规模、投资、建设期、效益等有重大影响的那些参数。根据抽水蓄能电站的特点，它的主要参数有装机容量，上、下水库正常蓄水位、死水位以及机组形式和台数。

抽水蓄能电站的装机容量是指发电工况下电站上各机组铭牌出力的总和，包括工作容量和备用容量两部分。工作容量是指承担电力系统中计划负荷的那部分容量（在日负荷图上有具体的工作位置）；备用容量是为承担计划外负荷（负荷备用）或替代事故机组承担负荷（事故备用）而设置的。抽水蓄能电站的机组形式选择对电站的投资有较大影响，所以把机组形式和台数也作为抽水蓄能电站的主要参数。

抽水蓄能电站的组成建筑物中，总是有上水库和下水库的。上水库的特征水位是正常蓄水位和死水位，前者指正常运行情况下，上水库中蓄水达到的最高水位；后者指正常运行条件下，水库水位消落的极限值。正常蓄水位与死水位之间的高程差称为水库工作深度。两水位间包含的库容就是蓄能库容。一般情况下，抽水蓄能电站下水库的特征水位也有正常蓄水位和死水位。有时下水库利用很大的湖泊，其水位变幅甚小，这种情况下，可认为抽水蓄能电站下游侧的水位是一个常数，没有正常蓄水位和死水位之分。

二、主要参数关系分析

（一）纯抽水蓄能电站的水头特性

对于日调节纯抽水蓄能电站来说，抽水工况开始时，下水库是蓄满的，应是正常蓄水位，上水库是放空的，水位为死水位；到抽水工况结束时，上水库水位已蓄至正常蓄水位，即蓄能库容全部蓄满，下水库的蓄能库容已经放空，水库消落至死水位。发电工况开始时，上水库从正常蓄水位开始下降，下水库则从放空状况开始蓄水，随着发电时间增加，上水库逐渐放空，而下水库逐渐蓄满，以一昼夜作为一个调节周期。在一昼夜内，上水库从空（死水位）到满（正常蓄水位），再从满到空；而下水库正好相反，从满到空，再从空到满。周调节抽水蓄能电站的调节周期为一周。在一周时间内，以抽水工况运行时，上水库从空到满，而以发电工况运行时，上水库从满到空，完成一个周期。

值得注意的是，如果下水库为具有综合利用任务的已建水库，则下水库的特征水位的选取，要进行具体分析研究。在确定蓄能库容的容积时宜用小一些的水头值，亦即用高一些的下水库水位，这时可根据综合利用库容蓄满情况来定下水库的最低水位；在设计水泵水轮机时，要考虑水头较高情况，这时可研究综合利用库容放空的情况。切不可照搬原来的正常蓄水位和死水位值，对原有各用水部门的用水要求（数量、保证率和时间上的变化）要进行复核，看对其有无不利影响，若有则要设法消除，并妥善解决出现的新问题。

根据以上水头特性，可以求出蓄能水库的能量特性，即蓄能库容中蓄水量和所蓄能量之间的关系曲线，可参阅有关文献。

（二）抽水蓄能电站装机容量极限值

上面分析了日调节纯抽水蓄能电站上、下水库特征水位之间的关系以及水头的变化规律。弄清这些关系和规律对装机容量选择和机组、机型选择是很有用处的，而且对纯抽水蓄能电站的运行也有参考价值。

应该指出的是，根据抽水蓄能电站的特点，电力系统中抽水蓄能电站的装机容量总量是有其极限值的，是根据电力系统中可提供用来抽水的电能数量确定的，可以称该极限值为电力系统中抽水蓄能电站的可能最大装机容量值，其值的确定方法分以下两种情况。

1. 抽水电能不受限制

最简单的情况是电力系统由火电（或核电）和抽水蓄能电站联合供电，抽水蓄能电站担负着调峰任务。这时，根据充分利用系统负荷低谷处火电站可能提供的电能来抽水蓄能的原则，经过计算分析，即可定出抽水蓄能电站的可能最大装机容量值（见图 4-1 中 ab 表示）。正确的结果要符合以下条件：

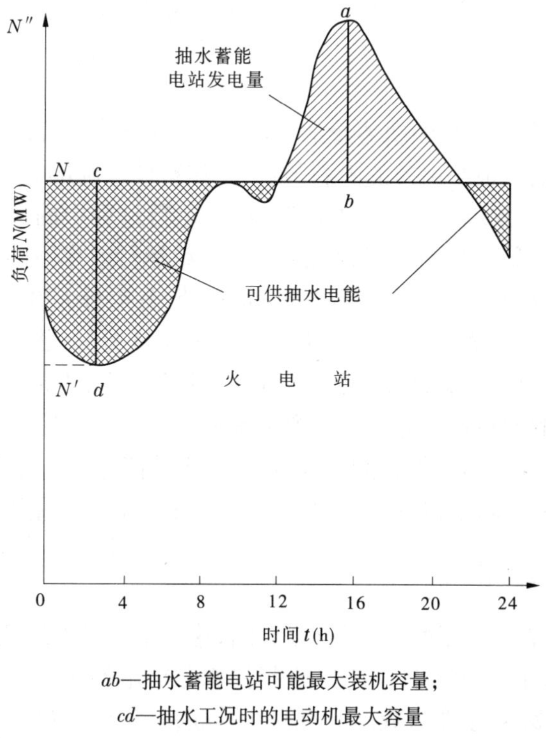

ab—抽水蓄能电站可能最大装机容量；

cd—抽水工况时的电动机最大容量

图 4-1 抽水蓄能电站的可能最大装机容量求定（抽水电能不受限制情况）

（1）电力系统负荷低谷处的总可供抽水电能（见图 4-1 中网线表示）乘以抽水蓄能电站综合效率（根据实际情况假定）所得的电能值，应等于抽水蓄能电站的发电量（图上的峰荷电能)。

(2)蓄能库容要有保证,以便蓄水发电。这一点在选择站址时要特别留意。

(3)抽水蓄能电站采用可逆式机组时,要满足发电机容量与电动机容量之间的比例关系。因为发电机的功率因数一般为 $\cos\varphi_T = 0.85$,电动机的功率因数 $\cos\varphi_P = 1.0$,故抽水工况时的电动机容量 N_P 与发电工况的发电机容量 N_T 之间有如下关系:

$$N_P = (N_T/\cos\varphi_T) \times 0.95 = 1.12N_T \tag{4-1}$$

式中0.95指保留了5%的富裕量。根据这个条件,图4-1中 N_{ab} 和 N_{cd} 之间应有以下关系:

$$N_{cd} = 1.12N_{ab} \tag{4-2}$$

$$N_{ab} + N_{cd} = N'' - N'(\text{日负荷图上的峰谷差})$$

即:

$$N_{ab} + 1.12N_{ab} = N'' - N'$$

可以解出:

$$N_{ab} = 0.47(N'' - N')$$

如果 N_{ab} 为峰谷差的47%,而电力系统日负荷图上负荷低谷处的总可供抽水电能和综合效率的乘积刚好等于抽水蓄能电站发电量,则 N_{ab} 就是要求的抽水蓄能电站可能最大装机容量值。如果再加大这个值,则抽水工况时的抽水容量有保证,但抽水电量不足。

如果 $N_{ab} < 0.47(N'' - N')$,则说明系统负荷低谷处即使有足够的电能可供抽水,但受到可逆机组电动机容量的限制无法充分利用。如要充分利用这些电能来抽水,则要在厂房中装设专门的水泵,这种做法是不经济的,如果在实际工作中遇到这种情况,N_{ab} 需试算求定。

2. 抽水电能受到限制

电力系统中抽水蓄能电站装机容量的最小值,称为最小必需装机容量值。这是根据“凝汽式火电机组有技术最小出力的限制”这个工作特性来确定的。

凝汽式火电机组有技术最小出力的限制,即其运行过程中的最小出力不能低于其额定出力的70%左右。低于这个技术最小出力时,机组运行效率下降,煤耗增加,而且机组运行不稳定,影响机组寿命。在日负荷图低谷负荷处,各运行火电机组的技术最小出力总和很可能大于当时的负荷值(见图4-2中网格线表示的3处)。图上网格线所表示出的面积,就是应该得到充分利用的火电站的待供电能,利用这部分电能来抽水蓄能是极为经济合理的,根据它定出的抽水蓄能电站装机容量就是最小必需装机容量。

考虑的方法是先计算出待供电能,然后考虑抽水蓄能电站的综合效率定出可蓄电能,计算出可蓄电能后确定装机容量的方法与确定可能最大装机容量的方法相同。

三、主要参数选择程序

关于站址选择问题,已在第三章里作过介绍,这里主要讨论站址已初步选定情况下进行主要参数选择的程序。应该指出的是,选择抽水蓄能电站主要参数是一个相当复杂的问题,涉及的因素甚多,各主要参数间又有密切的联系,很难排好一定的程序依次机械地进行选择,而往往要先假定一些条件或拟定一些参数进行,然后修正假定或把拟定参数本身作为比较方案进行进一步的比较。往往要先粗后细,反复进行,不断修改,才能最后合理选定各主要参数。

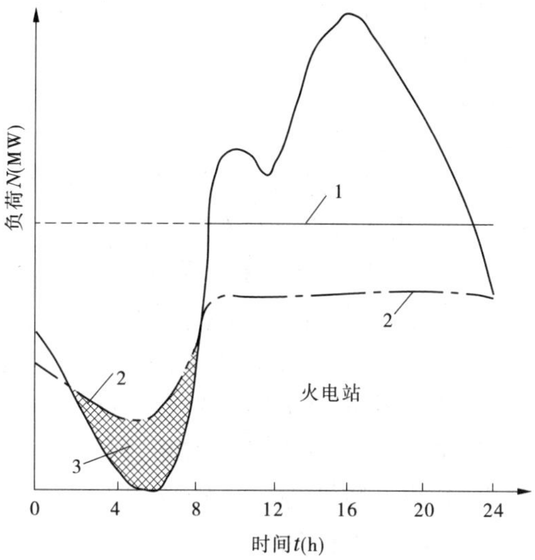

1—火电站量高工作位置线;2—火电机组技术最小出力线;3—由技术最小出力定出的待供电能

图4-2　火电机组技术最小出力决定的待供电能

(一)参数选择程序

先看一个比较简单的情况。上水库修建在山谷中,靠筑坝形成水库;下水库是新建的人工水库。假定电站的总体布置已初步选定,这种情况下,电站参数选择的程序如下:

(1)考虑地形、地质、建筑物布置、工期和技术经济等条件,确定上水库正常蓄水位和死水位的变化范围,即要确定极限死水位和极限正常蓄水位。确定极限死水位时要保证有必要的死库容。两个水位定下后,也就定出了最大可能的蓄能库容值。决定这些极限值时要考虑的问题,与建设常规水电站要考虑的问题相同。另外,要确定下水库的极限死水位和极限正常蓄水位,这两个特征水位确定后,先要协调一下上、下水库的蓄能库容值。显然,要以上、下水库最大可能蓄能库容值中小者作为应选定的最大可能蓄能库容值,然后调整上、下水库的极限正常蓄水位值,使得上、下水库的最大可能蓄能库容值相等。一般是适当降低两个极限正常蓄水位中的一个。

(2)计算抽水蓄能电站的特征水头值(也是极限值)。如最大毛水头(极限值)为上水库极限正常蓄水位与下水库极限死水位之差;最小毛水头(极限值)为上水库极限死水位与下水库极限正常蓄水位之差。有了这两个特征值就可计算出需要的平均水头等其他特征水头。

(3)有了平均水头和蓄能库容值可以计算出最大可能蓄能量 E_S''。假定一个综合效率,求出需要的抽水能量。应该根据电力系统日负荷图和已有火电站、核电站情况,校核一下抽水电能能否保证。若无保证,则要对 E_S''值等进行修正(适当减少)。在有保证的情况下,再从日负荷图低谷处找出抽水蓄能时所需的最大抽水容量值 N_P''。应该指出的是,在比较大的电力系统中,仅修建一个抽水蓄能电站是不会遇到这种情况的。

(4)如果上级部门下达任务,已经规定了抽水蓄能电站的日工作小时数 h_d,则很快就能求出抽水蓄能电站的最大装机容量 $N_S''\left(\dfrac{E_S''}{h_d}\right)$;若没有规定,但已掌握了系统设计水平年冬季典型日负荷图,而且明确了抽水蓄能电站的具体工作位置,则可以在日负荷图上借助于日负荷分析曲线确定装机容量值 N_S''。如果上面求出的 $N_P'' < 1.12N_S''$,就认为这个 N_S''是可行的,否则需进行调整。

以上步骤(1) ~ (4)求出的都是控制值。这些控制值对规划人员是很有参考价值的。它能使规划人员做到心中有数,清楚地知道各主要参数可能在什么范围里变动,便于拟定方案。对正确确定数学模型的约束条件也是很有帮助的。

(5)根据上、下水库正常蓄水位和死水位的极限值,装机容量的极限值等,参照前面介绍的各主要参数间的关系,就可以拟定比较方案的组合方案了。如果有三组特征水位方案(为便于工作,可先将上水库和下水库的死水位经考虑必要的因素后初步确定下来)、三个装机容量值,就可以有 9 个组合方案。先要对这些方案作初步分析论证,淘汰掉一些方案,以减少计算工作量。例如,先对装机容量进行论证,对每一组水位方案只初步选出一个较优装机容量方案,或者装机容量用 E_S 除以 h_d 的简化方法确定,先不作深入论证,待特征水位方案确定后,再对装机容量值作进一步的论证。

(6)对每一组水位方案选择装机容量时,其工作步骤和论证方法在下一节中再作介绍。

(7)对不同的特征水位方案(各方案的装机容量值已初步确定或经论证选定),要分别计算各方案的投资、年运行费以及效益等经济指标,然后进行技术经济比较选出较优方案。

(二)几点说明

(1)以上程序是对一定的坝址(形成上、下水库的)进行参数选择的。如果上水库或下水库有不同的坝址方案,则要分别拟定方案进行比较。也可先用代表性参数进行坝址方案的比较,待选定坝址后再进一步研究主要参数选择,以节省工作量。

(2)如果上水库是在山顶上筑堤坝围建,则上水库的特征水位选择就复杂一些。要研究围建的库面积大小,还要研究水库的修建方式,总的指导思想是用较少的工程量获得尽可能大的蓄能库容。

(3)如果下水库是已建综合利用水库,则研究的问题也要多一些。要研究对综合利用部门的不利影响以及消除这些不利影响的措施,还要分别研究综合利用库容蓄满情况和放空情况来分析下水库的特征水位值和抽水蓄能电站的特征水头值。

(4)如果蓄能机组采用现成的机组(或称套用机组),单机容量是已知的,则优选抽水蓄能电站的装机容量时,要以不同的台数作为比较方案,优选出合理的机组台数。

(5)如果系统范围内有好几个优良站址,电力系统也要求修建几个抽水蓄能电站,则这种情况的主要参数选择工作就复杂得多了。

所有上面的讨论对解决这种问题是有帮助的,因为总是先要对各个站址进行研究,确定每个站址抽水蓄能电站的主要参数的变化范围。然后,建立数学模型(明确目标函数和各种约束条件),用数学规划的有关方法来解决问题,求出最优的组合方案,满足电力系统的要求。

综上所述,抽水蓄能电站各主要参数选择中装机容量选择是特别重要的,而且也有其特点,所以在后叙内容中对装机容量选择进行重点讨论。各特征水位方案的装机容量选定后,从费用与效益方面来论证水位方案和常规水电站情况相似。

第二节　上、下水库参数的计算与选择

一、水位和库容选择

抽水蓄能电站的库容，往往是根据电力系统所要求的蓄能电量和形成上、下水库的自然条件，进行技术经济比较分析后确定的。无论是纯抽水蓄能电站还是混合式抽水蓄能电站，如果库容量不能满足电力系统的要求，那只好根据可能获得的库容来论证该电站的规模。

（一）水位选择

抽水蓄能电站上、下水库的特征水位包括以下几部分：

（1）死水位。是指水库的最低工作水位；根据进出口的水深要求、机组特征值及电站在电力系统中的任务来确定。

（2）正常蓄水位。即正常运用情况下，为满足发电及系统备用要求所应蓄到的最高水位。

（3）上水库正常发电消落水位。即为满足系统正常发电需要（不包括系统备用）上水库消落的最低水位。

（4）下水库正常发电高水位。即为满足系统正常发电需要（不包括系统备用及供水需求）下水库蓄到的最高水位。

（5）设计洪水位。即遭遇设计标准洪水时的水库最高水位。

（6）校核洪水位。即遭遇校核标准洪水时的水库最高水位。

水库的正常蓄水位与死水位之间的库容即为蓄能库容。任何一个水库免不了有蒸发和渗漏；遇到电力系统发生突然事故，应有应付事故的备用要求，所以除满足正常运用情况下调峰容量所需的库容外，还需适当留一些备用库容。

（二）库容计算

（1）蓄能库容。是指水库正常蓄水位与死水位之间的库容。对于日调节水库来说，这部分库容每天都要动用。

（2）死库容。是指水库在死水位以下的库容，包括事故库容，而事故库容不是非常情况是不动用的。

（3）总库容。是指水库在正常蓄水位以下的全部容积，它是蓄能库容和死库容的总和。总库容的大小和发电时间关系很大，而发电时间是由电力系统根据调峰要求决定的。

对于纯抽水蓄能电站，如其上水库由人工开挖而成，则计算库容通常采用的公式为：

$$V = 3\,600hQ_{\mathrm{m}} \cdot K \tag{4-3}$$

式中　V——库容，m^3；

h——发电小时数；

K——系数，考虑布置进出口要求、库面蒸发、水库渗漏和事故库容等不同工作条件后确定；

Q_{m}——水电站全部机组的过水流量，m^3/s。

当 Q_m 未知时，可由下式估算：

$$Q_m = \frac{N}{8\bar{H}} \tag{4-4}$$

式中　N——装机容量；

$\bar{H}$——平均水头。

抽水蓄能电站有两个水库（上、下水库），选择参数时，要同时考虑两个水库。如果上、下水库都是新建的，它们的蓄能库容是相等的；如果有一个水库是利用现有水库，则只对新建水库进行计算，对已建水库进行复核即可。

对于混合式抽水蓄能电站，多数上水库是由综合利用要求选定的。下水库的容积是由抽水蓄能机组容量所需的发电水量确定的。无论是纯抽水蓄能电站还是混合式抽水蓄能电站，库容选择的原则是要尽可能满足电力系统需要的调峰容量，如果由于机组机型和地质等条件的限制，库容不能满足要求，则根据可以获得库容来确定其装机容量，但必须经过技术经济比较后选定方案。

二、选择特征水位应考虑的主要因素

（一）承担电力系统的运行任务

抽水蓄能电站在电力系统中可以承担调峰、调频、调相和旋转备用等任务，但对于一个具体的抽水蓄能电站来说，承担什么任务是由电站的自身条件和电力系统需要所决定的。抽水蓄能电站在电力系统中承担不同的任务，对上、下水库的库容要求是不同的。一般在设计阶段都要考虑承担电力系统的调峰任务和紧急事故备用任务。在这种情况下，需要根据系统要求抽水蓄能电站承担调峰容量的大小、顶峰时间的长短、系统内最大机组的单机容量以及顶事故运行时间等来计算需要的调节库容及备用库容的大小，据此拟定上、下水库的特征水位。

（二）水库地形、地质条件

上、下水库的地形条件主要体现在库周山脊高低、起伏程度、垭口的高低、分水岭山体厚薄等关系到蓄水位高低的地形因素方面。地质条件主要体现在库岸的基岩岩性、地质构造、风化程度以及覆盖层厚度等关系到水库渗漏、边坡稳定的地质因素方面。往往由于地形、地质条件的限制，水库的蓄水位不宜超过某一高程，超过了则不仅工程量大，而且工程难度增大，因而是不合适的。

（三）水库淹没和环境影响

若水库的蓄水位超过某一高程，将淹没大片农田、居民点、名胜古迹或重要设施，造成严重的生态环境问题，这个高程便成为水库蓄水位不宜逾越的高程。

（四）水库水源条件

当上、下水库的流域面积很小又无其他引水条件时，水库的正常蓄水位需考虑水源条件的影响。

（五）水泵水轮机允许工作水头变化幅度

水泵水轮机工作水头的变化幅度是有限度的，超过了允许范围，机组运行将出现异常，如超限度的震动、噪声，转速不同步无法并网等。抽水蓄能电站水头变化的最大幅度是最大抽水扬程与最小发电水头之差,要控制这个数值不能太大。抽水蓄能电站特征水位示意图见图 4-3。

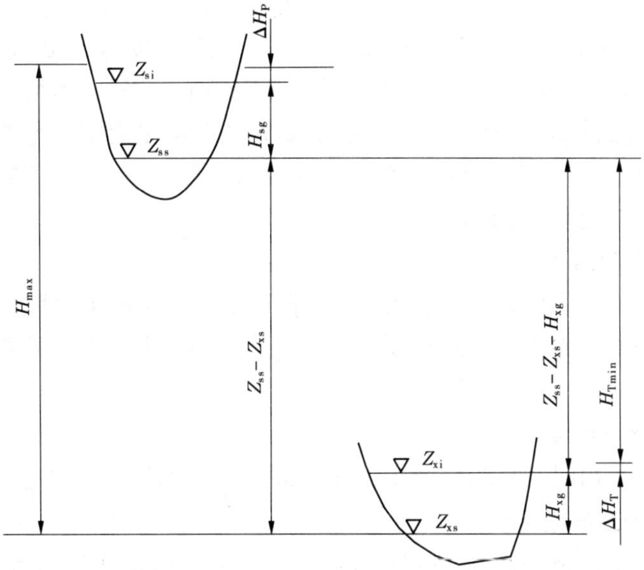

图 4-3　抽水蓄能电站特征水位示意图

由图 4-3 可知,最大抽水扬程为:

$$H_{Pmax} = Z_{si} - Z_{xs} + \Delta H_p = Z_{ss} - Z_{xs} + H_{sg} + \Delta H_p \tag{4-5}$$

最小抽水扬程为:

$$H_{Pmin} = Z_{ss} - Z_{xi} + \Delta H_p = Z_{ss} - Z_{xs} - H_{xg} + \Delta H_p \tag{4-6}$$

最小发电水头为:

$$H_{Tmin} = Z_{ss} - Z_{xi} - \Delta H_T = Z_{ss} - Z_{xs} - H_{xg} - \Delta H_T \tag{4-7}$$

最大发电水头为:

$$H_{Tmax} = Z_{si} - Z_{xs} - \Delta H_T = Z_{ss} - Z_{xs} + H_{sg} - \Delta H_T \tag{4-8}$$

式中　H_{Pmax}——抽水工况的最大扬程;

H_{Pmin}——抽水工况的最小扬程;

H_{Tmin}——发电工况的最小水头;

H_{Tmax}——发电工况的最大水头;

Z_{si}——上水库正常蓄水位;

Z_{xi}——下水库正常蓄水位;

Z_{ss}——上水库死水位;

Z_{xs}——下水库死水位;

H_{sg}——上水库工作深度;

H_{xg}——下水库工作深度;

ΔH_p——抽水工况水头损失;

ΔH_T——发电工况水头损失。

最大抽水扬程与最小发电水头之差为:

$$H_{Pmax} - H_{Tmin} = H_{sg} + H_{xg} + \Delta H_P + \Delta H_T \quad (4\text{-}9)$$

这是抽水蓄能电站水头变化的最大值,式中 ΔH_P 和 ΔH_T 主要与抽水流量、发电流量及输水道断面尺寸有关,与水库水位没有关系。由于单位水深所对应的水库库容与水库水位成正比,在调节库容一定的条件下,死水位越高,工作深度越小,因此要减小水头变化幅度,抬高死水位效果最好。但死水位不是可以无限制地抬高的,因为死水位抬高后,死库容增加,在水源条件偏紧的地方,需考虑初期蓄水能否满足要求。另外,死水位抬高后水头又将发生变化,调节库容也将随之改变,能量指标可能变得与电站装机容量不一致,因此需要作多次调整,直至满足要求。

(六)水库综合利用要求

当利用具有综合利用任务的已建水库作为抽水蓄能电站的上水库或下水库时,需要考虑综合利用项目对水库蓄水位的要求。为了减少矛盾,最好不要占用综合利用库容,另设蓄能库容。

(七)水库蓄水排沙要求

当泥沙问题较突出时,要充分考虑泥沙淤积的影响和布置排沙设施的要求。

(八)进水口水工布置要求

为了改善取水水流条件,要求进水口前沿有足够的水面宽度和死水位以下有一定的淹没深度。确定死水位时必须满足这些要求。

(九)寒冷地区冬季结冰影响

严重的结冰会占据一定的有效库容,影响运行效益。因此,严寒地区抽水蓄能电站水库特征水位的确定需要考虑结冰的影响。

三、上、下水库特征水位选择方法和步骤

(1)按照选定的装机容量进行各月典型日(或夏、冬季典型日)电力电量平衡,求出发电出力过程及抽水入力过程。

(2)根据进(出)水口水工布置要求,泥沙淤积及上、下水库地形条件拟定若干死水位方案。

(3)根据发电出力过程及抽水入力过程,进行能量转换计算,结合地形、地质条件,推求与各死水位方案相应的上、下水库正常蓄水位。

(4)进行洪水调节计算,确定各方案上、下水库设计洪水位和校核洪水位。

(5)进行各方案工程枢纽布置、机电设备及金属结构选择、施工组织规划、工程投资估算。

(6)进行经济比较。由于各水位方案的装机容量是相同的,故各方案的工程效益是相同的,只需比较各方案的投资和运行费即可得出结论。

四、发电工况的水头和抽水工况的扬程计算

(一)发电工况的水头

计算水头可用下式计算:

$$H_{T计} = \frac{H_{Tmax} + H_{Tmin}}{2} \tag{4-10}$$

它的理论值应是：

$$H_{T计} = \frac{\sum (NH_i)}{\sum N} \tag{4-11}$$

一般在规划选点或可行性研究阶段，理论值的计算比较困难，主要原因是资料的精度比较低。为此，目前我国机组额定水头的选定通常采用两种方法：一是套用机组的额定水头；二是采用比最大水头和最小水头的平均值略低，或者用下式计算：

$$H_{T计} = H_{Tmin} + \frac{1}{3}(H_{xg} + H_{sg}) \tag{4-12}$$

（二）抽水工况的扬程

抽水工况的扬程可用下式计算：

$$H_{P计} = \frac{H_{Pmax} + H_{Pmin}}{2} \tag{4-13}$$

抽水蓄能电站发电工况和抽水工况的最终特征水头，还需根据机组机型的特性和制造条件等因素最终确定。

第三节　输水道直径选择

一、概述

由于水泵水轮机的吸出高度负值较大，抽水蓄能电站常采用地下厂房和埋藏式输水道，并且均为有压水道。抽水蓄能电站的输水道包括从上水库进（出）水口到厂房前进水球阀和从尾水管到下水库（出）进水口的输水建筑物。

抽水蓄能电站输水道中的水流方向随着运行工况的改变而变化，发电工况时，由上向下流；抽水工况时，由下向上流。一次循环运行产生双向水头损失，长期运行所造成出力和电能损失是不可忽视的。而输水道的直径是决定水头损失大小的直接因素，当装机容量，上、下水库特征水位，水泵水轮机参数，输水道布置等选定之后，输水道中的引用流量是确定的，在这种情况下输水道直径就是确定水头损失的唯一因素（当然地质条件、施工条件及水工布置也有影响，但也都是已确定的）。输水道直径小，工程量和投资小，但电站出力和电量损失大，经济效益小；相反，输水道直径大，工程量和投资大，但电站出力和电量损失小，经济效益大。因此，输水道直径选择实际是一个动能经济比较问题。

二、比较方案拟定

在实际工作中，一般先按经验公式估算一个输水道直径，然后在此基础上根据地质条件、水工布置及施工要求拟定若干比较方案。经验公式如下：

$$D = \sqrt{\frac{4Q_{max}}{\pi v_{经}}} \tag{4-14}$$

式中　Q_{max}——输水道最大引用流量；

$v_{经}$——经济流速，一般取 4 ~ 5 m/s。

三、水头损失计算

（一）计算范围

抽水蓄能电站输水道的水头损失需分别计算发电工况和抽水工况水头损失，而每种工况的水头损失又包括局部水头损失和沿程水头损失。需根据输水道平面和立面布置逐点、逐段计算。

引水洞局部水头损失一般包括上水库拦污栅、闸门槽、进口渐变段（矩形变圆形断面）、上弯段、下弯段、分岔管、支管弯段、钢管—球阀等处损失。尾水洞局部水头损失包括尾水管渐变段、下弯管、上弯管、门槽、出口渐变段、下水库拦污栅等处损失。

引水洞沿程水头损失一般包括进水口—闸门井段、闸门井岔管段、岔管—钢衬起点段、钢衬起点—终点段、钢衬终点—球阀段等处损失。尾水洞沿程水头损失一般包括厂房—尾水闸门段、尾水闸门—出口段等处损失。

（二）计算公式

（1）局部水头损失：

$$\Delta H_{ju} = \xi \frac{Q_X^2}{2gA^2} \tag{4-15}$$

式中　ΔH_{ju}——计算点的局部水头损失；

ξ——局部水头损失系数，随计算点的断面变化情况及运行工况不同（发电工况—进水，抽水工况—出水）分别采用相应数值；

Q_X——计算流量；

A——计算点输水道过水断面面积；

g——重力加速度。

将各点局部损失累计，即得输水道方案的局部水头损失。

（2）沿程水头损失：

$$\Delta H_{ya} = \frac{n^2 l Q_X^2}{A^2 R^{\frac{4}{3}}} \tag{4-16}$$

式中　ΔH_{ya}——计算段沿程水头损失；

n——计算段糙率系数；

l——计算段长度；

Q_X——计算流量；

A——计算段过水断面面积；

R——计算段过水断面水力半径。

将各计算段的沿程水头损失累计，即得输水道方案的沿程水头损失。

对于具体计算方案来说，各计算点和计算段的 ξ、n、A、R、l 等均为已知值，唯有计算流量 Q_X 需根据计算点和计算段所处位置及电站运行方式来确定。现举例说明如下。

假设某抽水蓄能电站装设 3 台 30 万 kW 水泵水轮发电电动机组，输水道各点、各段的计算流量见表4-1。

表4-1　某抽水蓄能电站输水道各点、各段计算流量

电站运行方式	图示	各计算点、计算段流量
600 MW < $\|N\|$ ≤900 MW，三台机运行	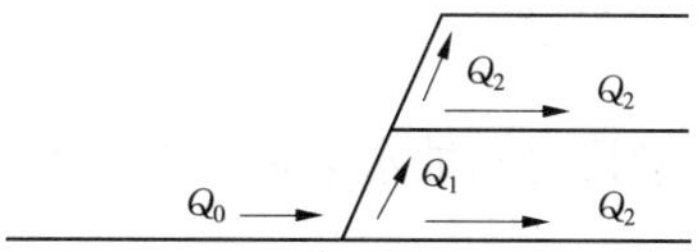	$Q_1=2Q_0/3$ $Q_2=Q_0/3$
300 MW < $\|N\|$ ≤600 MW，两台机运行	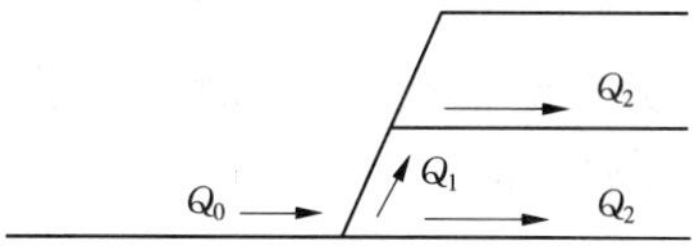	$Q_1=Q_0/2$ $Q_2=Q_0/2$
$\|N\|$ ≤300 MW，一台机运行	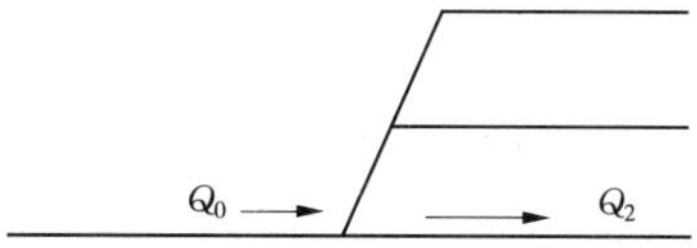	$Q_2=Q_0$

注：1. $|N|$ 为发电出力或抽水入力，由系统运行方式电力平衡确定，正值为发电出力，负值为抽水入力。

2. 发电时 $Q_0=N/9.81\eta_T H_T$，抽水时 $Q_0=\eta_P N/9.81H_P$。

将各计算点、计算段的计算流量代入式(4-15)、式(4-16)，可综合成不同运行方式下整个输水道的水头损失计算公式为：

$$\Delta H_T = K_T Q_{0T}^2 \tag{4-17}$$

$$\Delta H_P = K_P Q_{0P}^2 \tag{4-18}$$

式中　ΔH_T——发电工况综合水头损失；

ΔH_P——抽水工况综合水头损失；

K_T——发电工况综合水头损失系数；

K_P——抽水工况综合水头损失系数；

Q_{0T}——发电工况主管过流量；

Q_{0P}——抽水工况主管过流量。

按下列方法推求发电工况主管过流量和抽水工况主管过流量：

(1)进行典型日电力平衡求得电站24 h出力过程(包括发电出力和抽水入力)。

(2)根据电站24 h出力过程进行能量转换计算，按下式计算发电流量和抽水流量：

发电流量　$Q_0=N/9.81\eta_T H_T$

抽水流量　$Q_0=\eta_P N/9.81H_P$

即可得各时段通过主管的发电流量和抽水流量。

四、出力和电量损失计算

(一)出力损失计算

水头损失引起电站发电出力损失按下式计算：

$$\Delta N_i = 9.81\eta_T Q_{0i}\Delta H_i \tag{4-19}$$

式中 ΔN_i——i 时段的出力损失；

η_T——水轮发电机机组效率；

Q_{0i}——i 时段的发电流量；

ΔH_i——i 时段的水头损失。

(二)电量损失计算

水头损失引起电站发电量损失和抽水电量损失按下式计算：

$$\Delta E_N = \sum_{m=1}^{12}\left[\sum_{i=1}^{24}(\Delta N_i \Delta T_i)\rho_M T_M\right] \tag{4-20}$$

式中 ΔE_N——年电量损失(分发电量损失和抽水电量损失)；

ΔT_i——时段长度，通常取 1 h；

ρ_M——负荷月不均衡系数；

T_M——M 月的天数。

五、方案比较

将各洞径方案的出力损失及电量损失以替代电站补充容量来弥补，计算各洞径方案的输水道投资和运行费用及补充容量的建设投资和运行费用进行比较。

六、输水道直径选择方法和步骤

对各洞径方案进行下列计算。

(1)综合水头损失系数计算。

①确定局部水头损失计算点和沿程水头损失计算段。

局部水头损失计算点：凡输水道断面形状、尺寸有变化的地方都应定为局部水头损失计算点，如图 4-4 所示。

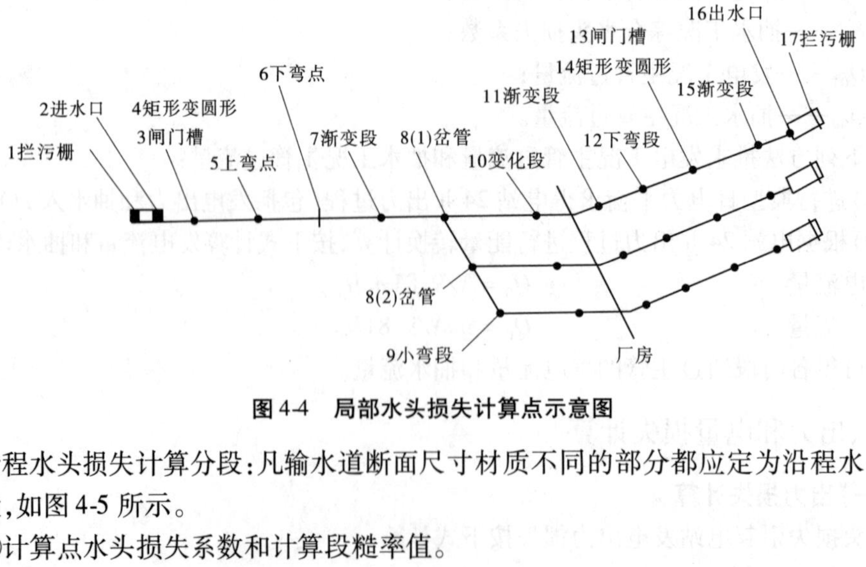

图 4-4　局部水头损失计算点示意图

沿程水头损失计算分段：凡输水道断面尺寸材质不同的部分都应定为沿程水头损失计算段，如图 4-5 所示。

②计算点水头损失系数和计算段糙率值。

③根据电站装机台数及输水道布置，确定不同运行方式各计算点及计算段的计算流

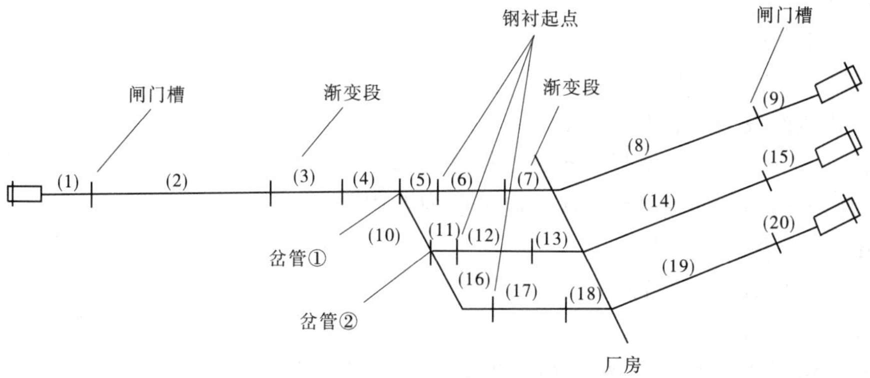

图 4-5　沿程水头损失计算分段示意图

量(即支管与主管的流量关系系数)。

④按式(4-15)和式(4-16)逐点、逐段分别计算不同运行方式发电和抽水两种工况局部水头损失系数和沿程水头损失系数,累计后分别得出发电工况和抽水工况的综合水头损失系数,即 K_T 和 K_P。

(2)对于水火混合电力系统,由于水电出力受来水影响,不同水文年水电在负荷图上的工作位置不同,进而影响抽水蓄能电站在负荷图上的工作位置。因此,需进行丰、平、枯3个水文代表年的各月典型日电力平衡,确定抽水蓄能电站3个水文代表年各月典型日发电出力过程和抽水入力过程。

(3)进行各水文代表年各月典型日能量转换计算,推求各典型日发电流量过程和抽水流量过程。

(4)分别以式(4-19)计算各典型日发电出力损失及抽水入力损失,进而用式(4-20)计算年发电量损失和年抽水电量损失。

(5)取3个水文代表年年发电量损失的平均值和年抽水电量损失平均值,作为年发电量损失和年抽水电量损失。

(6)计算输水道投资及运行费。

(7)计算补充容量建设投资及运行费。

以火电站来弥补出力损失和电量损失,按下式计算补充容量(又称替代电站)的投资和运行费:

$$\text{替代电站投资} = kk \cdot \Delta N \cdot \Delta Y \tag{4-21}$$

式中　kk——容量当量系数,替代火电可取为1.10;

ΔN——出力损失,取各月典型日各小时出力损失中最大者;

ΔY——替代电站单位千瓦的投资。

$$\text{替代电站运行费} = \text{替代电站投资} \times Y_{UN} \tag{4-22}$$

式中　Y_{UN}——替代电站运行费率。

(8)计算年费用现值。分别列出下列各项费用序列:

①输水道投资序列及运行费序列,年运行费中的部分费用各洞径方案基本是相同的,

故可只计算大修理费；

②替代电站投资序列；

③替代电站运行费序列；

④替代电站发电燃料费序列；

$$替代电站发电燃料费 = KD \cdot \Delta E_{t} \cdot F_{R} \cdot M_{J} \tag{4-23}$$

式中　KD——电量当量系数，替代火电可取为 1.065；

ΔE_{t}——发电量损失；

F_{R}——峰荷燃料消耗率；

M_{J}——标煤单价。

⑤抽水电量损失费序列，抽水电量损失费按下式计算：

$$抽水电量损失费 = \Delta E_{P} \times j_{r} \times M_{J} \tag{4-24}$$

式中　ΔE_{P}——抽水电量损失；

j_{r}——基荷燃料消耗率。

⑥将各项费用序列叠加形成年费用系列，按下式计算年费用现值：

$$P = \sum_{t=1}^{n} \frac{A_{t}}{(1+i)^{t}} \tag{4-25}$$

式中　A_{t}——第 t 年的年费用；

i——社会折现率。

(9)将各个洞径方案的年费用现值列入同一张表中进行比较，以年费用现值最小为原则，并结合水工布置及施工要求优选方案。

第四节　水泵水轮机额定水头选择

一、概述

水泵水轮机额定水头的高低影响机组尺寸、重量、受阻容量的大小，进而影响电站工程投资及经济效益运行效率，额定水头应通过技术经济比较来确定。

抽水蓄能电站在电力系统中主要起调峰作用，同时起调频、调相、旋转备用等作用，其运行方式取决于在负荷图上的工作位置。对于日调节抽水蓄能电站而言，要考虑电网运行要求抽水蓄能电站出力不受阻的时间长短。要求不受阻时间长，额定水头需定得低一些，反之，则高一些。

二、额定水头比较方案拟定

在装机容量确定之后，可以通过电力电量平衡，在满足设计水平年负荷需求的条件下，初步定出抽水蓄能电站的出力过程，从中分析电网运行对抽水蓄能电站的要求，按不同受阻时间拟定若干额定水头方案。

三、各方案受阻出力和受阻电量计算

(一)典型日受阻出力及受阻电量计算

各方案典型日受阻出力和受阻电量按下列方法计算：

(1)根据选定的装机容量进行电力系统典型日电力电量平衡计算，确定抽水蓄能电站发电出力过程和抽水入力过程。

(2)根据水机专业提供的各额定水头方案与最大水头、额定水头及最小水头相对应的单机流量(包括水轮机及水泵两种工况)，按照典型日发电出力过程和抽水入力过程进行能量转换计算，推求各额定水头方案上、下水库日运行水位过程及工作水头过程。

(3)分析发电工况末尾时段的工作水头(发电工况最小水头)与额定水头的对比关系，如果最小水头大于额定水头，则无受阻出力，否则有受阻出力。此受阻出力等于系统要求该时段应发出力与实发出力之差，令其值为 ΔN。相应受阻电量按下述方法计算。

在发电工况末尾时段内用直线插值法试算(向时段初方向倒算)，求出达到系统负荷要求应发出力的时刻，该时刻与发电工况末尾时刻之差为受阻时间，该时刻与发电工况末尾时刻的电量差即为受阻电量，按下式简化计算：

$$\Delta E = \Delta N \cdot \Delta T \tag{4-26}$$

式中　ΔE——典型日受阻电量；

ΔN——典型日受阻容量；

ΔT——典型日受阻时间。

(二)年受阻电量计算

各方案年受阻电量按下列方法计算：

(1)进行设计水平年各月典型日电力电量平衡计算，推求各月典型日抽水蓄能电站发电出力和抽水入力过程。

(2)进行设计水平年各月典型日能量转换计算，推求各月典型日受阻出力和受阻电量。

(3)根据月负荷率将各月典型日受阻电量换算成月受阻电量，进而求出年受阻电量。年受阻出力取各月典型日受阻出力最大值。

四、方案比选

(一)抽水蓄能电站工程投资和运行费用

1. 机组设备投资

计算不同额定水头方案的机组直径、相应机组重量及设备投资。

2. 建筑物投资

由于机组直径不同，机组过流量不同，输水道直径亦有差别，厂房尺寸亦不相同，相应工程量和投资亦不相同。分别计算各额定水头方案的不同部分的工程投资。

3. 抽水蓄能电站运行费用

计算不同额定水头方案的抽水蓄能电站的运行费用。

（二）替代电站工程投资和运行费用

（1）根据出力受阻方案的年最大受阻容量，拟定相应替代火电装机容量，并按单位千瓦投资估算替代火电投资。

（2）按替代火电运行费率计算替代火电运行费用。

（三）各额定水头方案经济比较

根据各额定水头方案的工程投资流程、运行费流程及选定的社会折现率分别计算年费用现值。以年费用现值最小优选方案。

第五节　装机容量选择

一、装机容量的意义及组成

（一）装机容量的意义

抽水蓄能电站的主要任务是承担调峰和旋转备用，同时起调频、调相和跟踪负荷变化等作用，装机容量是抽水蓄能电站的主要指标，主要包括工作容量、事故备用容量、负载备用容量和检修备用容量。电站的总装机容量根据可能的抽水蓄能电量和系统要求的工作小时数来确定，单机大小是根据电网运行灵活性和机组制造能力等综合因素确定的。装机规模确定后，才能进行其他建筑物的相应设计。

抽水蓄能电站的工作容量是由其在日负荷图上工作位置所对应的顶峰容量或填谷容量确定的。顶峰容量可以替代其他电源的工作容量，而填谷容量只起提高低谷负荷率作用，不起替代系统其他电源的工作容量的作用。从这个意义上说，抽水蓄能电站的工作容量应由顶峰容量来确定。但是，在特殊情况下，当系统低谷负荷小于火电机组技术最小出力时，迫使部分火电机组停机，使这部分停机机组次日无法跟上负荷需要，要求抽水蓄能电站以填谷容量来提高低谷负荷率，系统对填谷容量的需求比对顶峰容量的需求更为迫切时，就有可能使填谷容量在确定抽水蓄能电站工作容量中的分量加重。笔者曾接触到某省电网的统计资料，在20世纪90年代后期，因受东南亚金融危机的影响，电力负荷一度出现负增长，低谷负荷降到全部火电机组技术最小出力以下，迫使部分火电机组低谷时停机，而因火电机组增负荷较慢，次日开机后跟不上负荷增长，于是出现了各家火电厂争抢低谷发电权的局面，因为有了低谷发电权，才能在次日高峰时段带负荷，才能维持全天发电运行。在这种情况下，如果有抽水蓄能电站投入运行，低谷时段抽水就不至于发生低谷发电危机。此时，抽水蓄能电站的填谷容量在装机容量中的分量就很重了。当然，这种情况是在电网处于不正常状态下发生的，不具有代表性。

可逆电机的容量参数由发电机的输出功率和电动机的轴功率来表示，在一般情况下，为了充分发挥可逆电机两种工况的效益，在机组选型时应尽量使发电机的输出功率与电动机的轴功率相接近。但在特殊情况下，也可按系统需要，以一种工况为主，另一种工况为辅来选择可逆电机的容量参数。

由于抽水蓄能电站的发电利用小时数较少（一般日满发5 h），除满发时间外，其余时间（包括抽水时间）均可承担事故备用和负荷备用，在抽水工况下，随时可向系统提供备用容量。因此,一般不需专门设置备用容量,只要在发电所需调节库容之外再增加一部分库容,即可承担上述备用任务。但是,在特殊情况下,当系统在其他电站设置旋转备用容量不如在抽水蓄能电站设置旋转备用容量经济合理时,就需要考虑在抽水蓄能电站另设备用容量的问题。

(二)装机容量的组成

装机容量的组成为:

$$N = N_{工作} + N_{事故} + N_{负载} + N_{检修} \tag{4-27}$$

式中　N——装机容量;

$N_{工作}$——经电力平衡后工作容量,即为电力系统需要的调峰容量;

$N_{事故}$——事故备用容量;

$N_{负载}$——负载备用容量,应付突增负荷之用;

$N_{检修}$——检修备用容量。

$N_{事故}$的选定可按该电站在电力系统中所占最大负荷的比重选定。但对抽水蓄能电站,尤其是纯抽水蓄能电站,一般不另设事故备用,因为抽水蓄能比火电厂和常规水电站年发电小时都少,如果再留事故容量,设备利用率太低,很可能使电站造价增加。

电力系统中各电站的机组都要定期检修,一般检修安排在负荷较低的月份,因为一年四季各月的负荷不一样,如果各季负荷相差不大,光靠负荷低时来安排机组检修,满足不了检修所需的容量,就需设检修备用容量。检修备用容量由哪些电站担负,须经电力电量平衡和根据各电站的性能分析后比较确定。

二、装机容量选择的基本依据与主要因素分析

抽水蓄能电站的装机容量是抽水蓄能电站最主要的设计参数,它直接决定电站的规模、投资、作用和效益,必须慎重对待。

抽水蓄能电站装机容量的选择是一个复杂的技术经济问题,它涉及面广、考虑因素多,必须收集大量的基础资料,进行广泛而深入地分析、计算与论证,才有可能选出经济合理的装机容量。

选择抽水蓄能电站装机容量所依据的资料、所考虑的因素,其中很多与常规水电站是相同的,不再在这里赘述。下面针对抽水蓄能电站的特点,就直接影响装机容量选择的一些最基本的依据和最主要的因素作必要的分析。

(一)系统负荷的大小与峰谷形态

电力系统负荷的大小与特性是选择抽水蓄能电站装机容量的基本依据之一。国外研究认为,在电力系统中抽水蓄能电站容量的合理比重是10%左右。这就是说,水量系统能容纳抽水蓄能电站容量是有一定限度的,抽水蓄能电站投入系统的容量应与系统负荷增长保持一定的合理比例,投入多了,不能充分发挥抽水蓄能电站应有的作用;投入少了,系统的调峰填谷问题不能解决,在具体选择装机容量时,应根据电站投产年份和设计负荷水平年(第一台机组投产后的5年或10年)的最大日负荷图,通过系统电力电量平衡的结果来确定装机容量的初值。

抽水蓄能电站是在系统日负荷的高峰和低谷负荷区域工作的,因此系统日负荷图的

峰谷形态及峰谷差大小对装机容量的选择会产生较大影响。日平均负荷率γ和日最小负荷率β愈小,日负荷曲线峰谷形态愈尖瘦,峰谷差愈大,则要求抽水蓄能电站提供的调峰和填谷的容量也就愈大(在转换电量给定的条件下)。所以,在选择装机容量时对系统日负荷图应进行峰谷分析,其内容包括峰、谷负荷出现的次数、时间、大小、差值和负荷升降坡度等。

(二)系统电源结构与调峰能力

电力系统中各类电站的调峰能力是不等的。一般而言,核电机组无调峰能力,只能按额定出力在基荷稳定运行;火电机组有一定的调峰能力,可以在额定出力的70%～100%范围内运行,即可调能力为30%,燃气轮机机组可调能力扩大到50%;具有调节水库的水电机组有较强的调峰能力,最大时可达100%,但在汛期为了充分利用水能在基荷工作,失去调峰能力。所以,系统电源结构不同,其调峰能力也不相等。以火电、核电为主的系统,都严重缺乏调峰容量,迫切需要兴建抽水蓄能电站,扩大装机容量以解决系统调峰问题;必要时尚须补充其他调峰措施,例如,从网外输入尖峰电力,才能满足调峰要求。水电占一定比重的混合系统常采用抽水蓄能电站与常规水电站联合调峰的方式,就可解决系统调峰问题。

由此可见,在选择抽水蓄能电站的装机容量时,必须对系统原有调峰能力进行分析研究,组成多种调峰方案,在系统调峰能力平衡的基础上来确定抽水蓄能电站装机容量。

(三)抽水能源

抽水能源是指系统在低谷负荷时可供抽水电能的数量、类型(水电、火电或核电)、出力过程以及这部分低谷电能的发电成本及保证率。

在抽水蓄能电站上、下水库蓄能库容不受限制的条件下,抽水电能的数量与出力过程是直接制约装机容量大小的关键因素,抽水电能的类型与发电成本影响最优装机的选择,而抽水电能保证率直接决定着抽水蓄能电站的工作保证率。因此,在选择抽水蓄能电站的装机容量时,对抽水电能进行适当的研究是十分必要的。

一般而言,抽水蓄能电站的抽水能源有以下三种类型:

(1)以火电为抽水能源。这是最常见的一种抽水能源。随着电力系统不断扩大和负荷不断增长,高温、高压、高效的大容量火电机组大量投入。由于这些机组宜在基荷工作,因而迫使系统原有效率较低火电机组的工作位置不断上移,进入腰荷区工作,提供抽水电能。由于这种火电发电比水电、核电贵,因而这种抽水电能成本也比较高。

(2)以核电为抽水能源。可以保证核电机组按额定出力在基荷稳定运行,降低发电成本,同时为抽水蓄能电站提供比火电更廉价的抽水电能,所以核电站常与抽水蓄能电站配套兴建。

(3)以水电为抽水能源。在汛期若水电站在基荷工作,其出力大于系统最小负荷,则在负荷低谷时必须将发生无益弃水(径流式水电站或有调节能力的水电站在水库蓄满情况下),这部分强迫弃水电能,是最廉价的抽水电能,因水电站发电成本远低于核电站和火电站发电成本。如果抽水电能由水电站提供,则将提高抽水蓄能电站在调峰电源选择中的竞争能力。但是以水电为抽水能源,其保证率低于火电和核电提供能源,同时失去了改善腰荷火电运行条件而产生的填谷节煤效益。

总之，以哪一种电能作为抽水蓄能电站的抽水能源，主要取决于系统电源的组成和系统运行方式。在一个水、火电混合系统的实际运行中，抽水能源的类型常随运行方式和季节而改变，例如，夏、秋季汛期可以水电为抽水能源，冬春枯水期必然以火电为抽水能源。

（四）替代电站

抽水蓄能电站装机容量的选择，应与替代方案作比较后才能确定。因此，替代电站（或其他替代措施）选择是否正确，以及相关资料是否可靠，常常决定着抽水蓄能电站装机容量方案的取舍问题。所谓替代电站，是指在技术上能起到与拟建抽水蓄能电站相同的作用。具体地说，所选替代电站在以下方面应与抽水蓄能电站是等效的：

（1）对电力系统能提供同样大小的电力与电量。

（2）能调节同样大小的峰谷差。

（3）具有同等的灵活性和可靠性。

具有以上这些条件的替代电站，我们称为等效替代电站。

在与抽水蓄能电站作比较时可选用的替代电站有：

（1）水电站是较理想的替代电源，除没有填谷作用外，其他在开停机迅速、运行灵活性、调峰、调频、调相、事故备用等方面都具有与抽水蓄能电站同等的功能。但在水能资源开发程度较高的电力系统内，选用水电站作为替代电站的现实性已不存在。

（2）燃气轮机电站也是比较好的替代电站，运行灵活可靠，调峰能力强。但在我国由于对方的成本高、容量小，目前限制使用燃气轮机。

（3）燃煤火电站也可选做替代电站，但调峰方式随机组类型而不同，高温高压大容量的调峰火电机组，常以压负荷方式调峰；系统中现存的中低压燃煤机组，常以开停机方式调峰。在论证抽水蓄能电站装机容量的经济性时，今后应以选用调峰火电机组的替代方案为主。

（五）地形、地质条件

在选择装机容量时，抽水蓄能电站的站址、类型（纯抽水蓄能电站或混合式抽水蓄能电站）和调节性能（日调节、周调节或季调节）均已基本确定，因而对装机容量选择有直接影响的自然资料只有上、下水库区的地形、地质条件，它决定上、下水库的极限正常高水位和极限死水位，因而也决定上、下水库的最大蓄能库容和最大水头。可以说在抽水能源不受限制的条件下，上、下水库的蓄能库容的大小和水头的高低将是直接制约装机容量大、小的又一关键因素。在以下的叙述中，我们将会知道，纯抽水蓄能电站的装机规模和上下水库的特征水位是密切相关的，经常是同时选定的。这一点与常规水电站不同，常规水电站的装机容量一般是在水库的正常蓄水位和死水位基本确定的条件下选择的。

综上所述，由于抽水蓄能电站自身的工作特点，其装机容量选择的基本依据、所考虑的主要因素，与常规水电站有所不同，掌握这些不同特点，对确定抽水蓄能电站的装机容量是十分必要的。

三、装机容量选择的方法和步骤

抽水蓄能电站装机容量选择关系到电站的建设规模、工程投资和经济效益，并且决定着抽水蓄能电站在电力系统中的作用，是一个十分重要的基本工程参数，需要通过认真的技术经济比较来确定。比较的原则是在同等程度满足设计水平年电力系统静态需求和动态需求的前提下,系统年费用现值最小。具体方法和步骤如下。

(一)比较方案拟定

根据电站自身具备的地形、地质条件和水工布置要求,初步拟定上、下水库的正常蓄水位和死水位,计算电站日调节发电出力和电量,按照日发电小时数(一般按满发5 h)估算电站可能提供的工作容量。在此基础上考虑电力系统的备用需要,拟定若干个抽水蓄能电站装机容量方案。

(二)各比较方案的抽水蓄能电站上、下水库特征水位推求

对每个比较方案进行各月典型日(或夏、冬季典型日)电力电量平衡,求出发电出力过程及抽水入力过程;并进行能量转换计算,确定与各比较方案相应的上、下水库特征水位。

(三)进行各比较方案的抽水蓄能电站工程投资估算

进行各比较方案的抽水蓄能电站工程枢纽布置、机电设备及金属结构选择、施工组织规划、工程投资估算。

(四)推求各比较方案的补充电源装机容量

根据电力发展规划确定的设计水平年负荷水平、负荷特性及电源结构,对每个装机容量比较方案进行设计水平年各月典型日(或夏、冬季典型日)电力电量平衡,确定在同等程度满足设计水平年电力系统需求的条件下各方案系统各类电源的装机容量,推求各方案补充电源装机容量。

(五)进行各比较方案的补充电源投资计算

根据各比较方案补充电源的装机容量,计算各方案各类电源新增装机的工程总投资及施工期投资分配。

(六)进行各方案的电力系统生产模拟计算,推求各比较方案年运行费及燃料费

根据电力电量平衡求得的各方案各类电源的工作容量,进行电力系统生产模拟计算,推求各方案各类电源逐时发电量及相应燃料消耗量,并计算相应的年运行费。

(七)进行经济比较和综合分析

根据各比较方案各类电源的投资流程及年运行费流程,按照选定的折现率计算各方案年费用现值。

比较各方案年费用现值,分析各方案优缺点,通过综合分析选定装机容量。

四、纯抽水蓄能电站的最大可能装机容量

抽水蓄能电站的装机容量是指发电工况下电厂内所安装各机组铭牌出力(额定出力)的总和。在一般条件下,纯抽水蓄能电站的装机容量就是工作容量,不再专设备用容量。但这并不是说纯抽水蓄能电站不能担负备用和事故备用,而是说正在发电的工作容量不承担备用,发电之余工作容量仍可承担各种备用。抽水蓄能电站不专设备用容量的理由是其机组每天发电仅数小时,年发电利用小时数很低,如再增设备用容量,设备利用率更低,太不经济。但在少数情况下,也有考虑增设负荷备用和事故备用容量(当然应有一定事故备用库容)。这样,装机容量是由工作容量和备用容量两部分组成的。抽水蓄能电站都不专设检修备用容量,机组检修时调用系统内其他电站的机组顶替工作。

混合式抽水蓄能电站的装机容量组成有其自身的特点，一般由常规机组和蓄能机组这两部分容量组成。但在特殊情况下，即当要求抽水容量大于蓄能机组发电容量时，为了使抽水容量有保证，可将本来是电站常规部分某些机组改用可逆机组。这部分机组容量在抽水工况时，作为抽水容量的一部分，在发电工况时，又做常规机组容量的一部分，故称之为共用容量。

根据抽水蓄能电站能量转换的工作特点，在一定负荷水平条件下其装机容量有一定极限值，称为最大可能装机容量（实质上是最大工作容量），其值通过抽水工况与发电工况的容量与电量平衡及水量平衡来确定。

（一）电力电量平衡

1. 抽水与发电工况的电量平衡

假定抽水蓄能电站上、下水库的蓄能库容不受限制，则最大可能主要取决于电力系统在负荷低谷时所能提供的抽水电量和在负荷高峰时所要求的调峰电量，即抽水与发电两工况下电量应达到平衡，其式为

$$E_{\mathrm{T}} = \eta E_{\mathrm{P}} \tag{4-28}$$

式中　E_{T}——调峰电能，即抽水蓄能电站的日发电量，kW·h；

E_{P}——抽水电量，即被抽水蓄能电站利用的低谷剩余电量，kW·h；

η——抽水蓄能电站的综合效率。

由于日负荷曲线各小时的负荷是不同的，故式（4-28）应改写成：

$$\sum_{h=1}^{m} N_{\mathrm{T}h} = \eta \sum_{h=1}^{n} N_{\mathrm{P}h} \tag{4-29}$$

式中　$N_{\mathrm{T}h}$——第 h 小时的发电出力，kW；

$N_{\mathrm{P}h}$——第 h 小时的抽水功率，kW；

m、n——发电与抽水累计小时数，h。

在电量平衡的计算中，应注意到系统负荷低谷处的剩余电量经常是不可能全部被利用的实际情况。例如，当某小时的低谷剩余出力（指日负荷图上基荷火电最高工作位置水平线与其下相对应的该小时负荷之差）过大，大于该电站电动机最大功率时，作为抽水功率只能按电动机最大功率计算，余下的处理不能计入 E_{P} 内（见图 4-6）。又如，当某小时的低谷剩余出力过小，小到工作的电动机效率很低，抽水流量很小，抽水时间太长，运行很不经济，这样小的低谷剩余出力当然也不能加以利用。

2. 抽水与发电工况的容量平衡

现代的抽水蓄能电站当采用可逆式机组时，抽水工况时的电动机容量 N_{P} 与发电工况时发电机容量 N_{T} 之间关系见式（4-1），可逆式电动机容量与发电机容量比值为 1.12 才能达到容量平衡的要求。

3. 最大可能之间容量的确定

根据上述抽水与发电两种工况下的容量与电量平衡原理，日调节纯抽水蓄能电站的最大可能之间容量可在设计负荷水平年负荷最大月份的典型日负荷图上求得，其步骤如下：

（1）通过系统的电力电量平衡，已知火电站在日负荷图上最高工作位置，见图 4-7 中 AB 水平线，则负荷低谷处火电站剩余电量 E_{P} 也同时确定，如图 4-6 中阴影水平线面积所示。

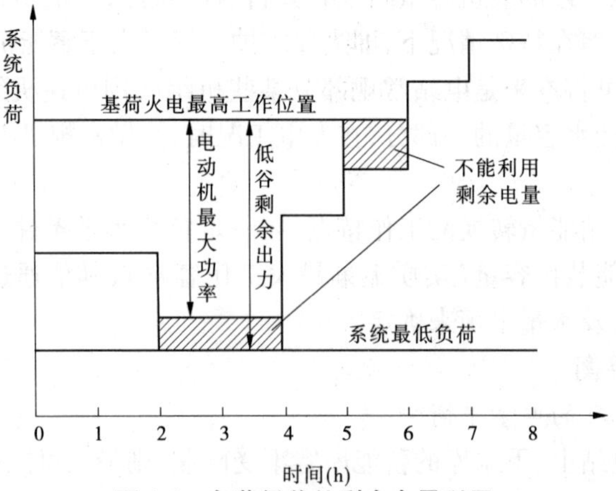

图 4-6　负荷低谷处剩余电量利用

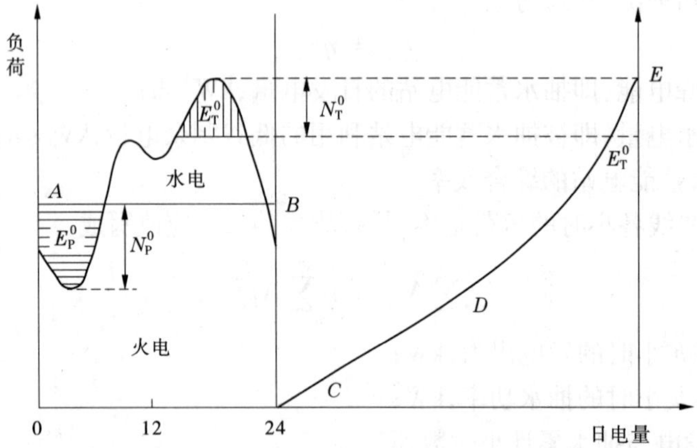

图 4-7　抽水蓄能电站最大可能装机容量的确定

(2)假定剩余电量 E_P^0 全部被利用,按式(4-28)可求得抽水蓄能电站的调峰电量 $E_T^0=\eta E_P^0$,则电站最大发电容量可通过日负荷分析(累计)曲线 CDE 求得,如图 4-7 中的 N_T^0。

(3)根据 N_T^0,按式(4-1)可求得电动机最大抽水功率 $N_P^1=1.12N_T^0$,且 $N_P^1 \leqslant N_P^0$。

(4)按抽水功率 N_P^1 逐小时计算抽水耗电量。当低谷剩余出力大于 N_P^1 时,按 N_P^1 计算;当低谷剩余出力小于某一值时(例如小于 50% 的 N_P^1 时),则停止抽水。这样逐小时累加抽水耗电量之总和为 E_P^1,有可能小于原来的 E_P^0,部分剩余电量没有被利用。

(5)根据新的 E_P^1,可求得 $E_T^1=\eta N_P^1$,又可在负荷分析曲线上求得最大发电容量 N_T^1,且 $N_T^1 \leqslant N_T^0$。

(6)根据新的 N_T^1,可求得最大抽水功率 $N_P^2=1.12N_T^1$,再计算抽水耗电量 E_P^2。

(7)如此循环迭代计算,直至抽水蓄能电站低谷时抽水耗电量与高峰时发出调峰电量满足电量平衡式(4-28),以及抽水工况时电动机功率与发电工况时发电机容量满足容量平衡式(4-1)。

按照上述步骤所求得的最大发电容量就是日调节纯抽水蓄能电站的最大可能装机容

量(不考虑备用电量)。这是根据充分利用午夜负荷低谷处的剩余电量的原则求得的,因而是有抽水能源保证的。在进行抽水蓄能电站装机容量的经济比较时,所拟定的比较方案中的装机容量值,均不能大于此最大可能装机容量值(备用容量例外),否则,无抽水能源保证,装机再大,也是虚假的。

一般而论,随着系统负荷的增长,峰谷形态会发生变化,峰谷差绝对值也会增大,因而负荷低谷处能提供抽水剩余能力增多,负荷高峰时所需调峰峰谷容量也增大,所以随着系统负荷增长,抽水蓄能电站装机容量会不断扩大。所谓最大可能装机容量,是指在系统的设计负荷水平条件下而达到的最大可能装机容量。

若抽水蓄能电站上、下水库的蓄能库容,由于受地形、地质条件的限制,不能贮存按容量和电量平衡计算所得的能量,那只能按上、下水库中蓄能库容最小的一个水库能贮存的最大能量来确定最大可能装机容量。电力电量平衡的具体计算可参考附录中相关例题。

(二)水量平衡

在经过电力电量平衡初步选定出抽水蓄能电站的工作容量和运行方式后,就可选择抽水蓄能电站的机组机型,接下来进行水量平衡,以最后确定容量规模。水量平衡就是计算发电放到下水库的水量通过多长时间抽到上水库。表达式为:

$$W_T = W_P \tag{4-30}$$

$$W_T = \sum^{i} Q_i t_i \tag{4-31}$$

$$W_P = \sum^{i} Q'_i t'_i \tag{4-32}$$

式中　W_T、W_P——发电总水量、抽水总水量;

Q_i、Q'_i——发电时段内各小时水轮机流量、抽水时段内各小时水泵流量;

t_i、t'_i——发电、抽水时间。

由于可逆机组在水头相等情况下,水泵运行工况比水轮机运行效率要低些,因此发电流量大于抽水流量,这样抽水时间要比发电时间长些才能达到水量平衡。

水量平衡中应先计算电站的综合效率。综合效率是指发电和抽水两种运行工况效率值的乘积(一般计算到变压器为止)。计算公式为:

$$\eta_P = \eta_{输}\eta_{水轮机}\eta_{发电机}\eta_{变} \tag{4-33}$$

$$\eta_T = \eta_{变}\eta_{电动机}\eta_{水泵}\eta_{输} \tag{4-34}$$

$$\eta_{综} = \eta_T\eta_P \tag{4-35}$$

以上式中的各种效率,查可逆机组的工作特性曲线及水头损失曲线即可求得。水量平衡的具体计算方法可参考附录中相关例题。

(三)装机容量选择的经济比较

以上论述了纯抽水蓄能电站最大可能装机容量确定的方法,给出了装机容量的极值。一个地址的装机规模不一定越大越好,达到极值最好,而是应在极值范围内通过不同规模装机容量方案经济比较,才能最终确定。因为装机容量选择的本身就是一个复杂的经济比较问题。

抽水蓄能电站是在电力系统中工作的,因此抽水蓄能电站的经济比较,并不能孤立地将一个抽水蓄能电站与某一个替代电站作比较，而必须拟定一个包含拟建的抽水蓄能电站在内的设计(系统)作整体比较，以决定取舍。这是抽水蓄能电站的经济比较与一般常规水电站经济比较不同之处。

设计系统(方案)除拟建的抽水蓄能电站之外，还必须有一个基荷电源，作为抽水能源。在以火电为主的电力系统中，基荷电源一般采用基荷火电，在某些条件下也可采用核电或水电。替代系统(方案)必须在电力、电量、调节峰谷差能力以及灵活性、可靠性等方面与设计系统(方案)是等效的，才有共同的比较基础。作为等效替代电站可选用水电站、燃气轮机电站或燃煤火电站。应该指出的是，替代系统(方案)中替代电站不仅是现实可行的，而且应是各种替代措施中最经济合理的一种等效替代措施。这样不仅经济而且有意义，才能做到好中选优。

五、混合式抽水蓄能电站的装机容量

上面主要讨论了纯抽水蓄能电站装机容量选择问题，其思路、原则、方法、步骤基本上也适用于混合式抽水蓄能电站的蓄能部分装机容量的选择。但混合式抽水蓄能电站的装机容量组成有其自身特点，具体如下：

(1)混合式抽水蓄能电站的装机容量由两部分组成：常规部分装常规水电机组，蓄能部分装可逆蓄能机组。有时为了保证有足够的抽水能量，可将常规部分的某些机组改装为可逆机组，成为共同容量。

(2)混合式抽水蓄能电站改装容量大小的保证电能也由两部分组成：常规部分的保证电能是经上水库长期水能调节计算确定的；蓄能部分的日发电量由下水库的蓄能库容或系统负荷低谷处所提供的抽水电源两者之中小者确定。

(3)从增加单位容量所需投资而言，蓄能部分往往大于常规部分，这是因为蓄能机组本身造价较高，以及下水库扩容费用的增加而造成的。所以在系统电力电量平衡中，常规部分改装容量的位置往往在日负荷图峰荷较上部位，而蓄能部分改装容量位置在峰荷较下部位。

(4)常规部分工作容量可按常规水电站水能设计方法求定其值大小和在日负荷图上改装位置，紧接其下是蓄能部分改装容量的位置。蓄能部分工作值大小仍应通过抽水与发电两工况下容量与电量平衡的方法求定。不过在混合式抽水蓄能电站条件下，若按电量平衡条件求出的抽水容量N_P'大于按容量平衡条件求出的抽水容量N_P，即$N_P' > N_P$，此时为了充分利用系统负荷低谷处剩余电量，可设置共用容量，以满足抽水的要求。不必像纯抽水蓄能电站那样，必须保持$N_P' = N_P = 1.12N_T$。

(5)混合式抽水蓄能电站的上水库，一般都具有较深的水库消落深度，为了在电力电量平衡时能正确计算出电站在水库消落期内能发生的保证出力和保证电量，必须查明由于上水库水位消落而引起的电站水头变化幅度。一种情况是水头变化幅度在蓄能机组允许范围内，蓄能机组在整个水库消落期内能保持正常运行，这是理想情况。另一种情况是水头变化幅度超出蓄能机组允许的范围，此时有两种处理方法：一是采用双转速电机，适应水头变化，但造价较高，优点不明显，一般较少采用。二是当水库消落未超出允许范围时，蓄能机组以抽水、发电两种工况运行；一旦水库消落超出允许范围，蓄能机组停止抽水工况运行,像常规机组那样,只限发电工况运行,与常规部分工作容量一同承担调峰任务。

总之,混合式抽水蓄能电站装机容量选择至今尚无定型的好方法,通常是结合电站具体情况,考虑上述基本特点,通过设计枯水年、设计负荷水平的系统电力电量平衡求定。

思考题

1. 输水道直径计算的特点有哪些?
2. 何谓水库的正常蓄水位、死水位、工作库容和死库容?
3. 如何进行发电和抽水两种工况下的水头特征值的计算?
4. 抽水蓄能电站装机容量的选择有何特点?
5. 抽水蓄能电站的主要参数有哪些?
6. 如何进行电力电量平衡和水量平衡计算?

第五章　水泵水轮机

第一节　水泵水轮机概述

一、抽水蓄能机组的类型及特点

抽水蓄能电站的主要设备是抽水蓄能机组。

最早使用的抽水蓄能机组由单独的抽水机组和发电机组组合而成，这种形式的机组曾被称为四机式机组。以后发展到将一台泵和一台水轮机分别连接在可以兼作电动机和发电机的电动发电机的一端或两端，形成一个三机式机组，又称组合式机组。随着技术的进步，后来出现了可以双向运行的水力机组，它向一个方向旋转抽水，向另一方向旋转发电，这样的机组称为可逆式水泵水轮机。它和可逆式电动发电机组合成的抽水蓄能机组又称为二机式机组。由于可逆式抽水蓄能机组具有结构简单、造价低、土建工程量小等优点，已成为现代抽水蓄能电站的主要机型。

按照水泵水轮机的结构，抽水蓄能电站厂房内安装的抽水蓄能机组可以划分为以下几种：

- 抽水蓄能机组
  - 组合式
    - 四机式
    - 三机式
  - 可逆式
    - 混流式(单级与多级)
    - 轴流式
    - 斜流式
    - 贯流式

四机式机组最大的优点是水泵和水轮机可分别按电站抽水和发电的要求进行专门设计，运行时可达到各自的最优效率，发电机和电动机也是如此。按主轴的布置形式可分为卧式机组和立式机组两种类型。尤其对于抽水蓄能电站在两个以上水库之间工作的场合(如在欧洲有些国家的多山地区)，这种机组具有明显的优越性。由于这种形式机组存在设备多、制造工作量大、成本高、占地面积大、厂房土建投资多、运行维护费用高等主要问题，目前很少采用。但是，当抽水扬程和发电水头相差悬殊时，只能采用这种结构形式，这时抽水机组和发电机组分别布置在不同的厂房中。

三机式机组的主要优点是水泵和水轮机可分别按电站抽水和发电的要求进行专门设计，保证高效率工作，结构比四机式简单。按主轴的布置形式可分为卧式机组和立式机组。但是，卧式机组在电站厂房布置上可能会出现困难；立式机组是现代组合式机组发展的趋势，它适应了水泵和水轮机两种工况对安装高度的不同要求，将水泵安装在水轮机的下面，以获取更多的淹没深度，同时也可以减小电站厂房的平面尺寸，但这给水泵工况的运行和维护带来了一些不便。

可逆式抽水蓄能机组把水泵和水轮机合并成一台机组，因而轴向尺寸可以大大缩小，其主要特点是可逆式水泵水轮机的转轮能适应两种工况的水力特性要求，机组结构更为简单，节省了材料，降低了成本，并使安装、运行、维护都变得简单和方便。但是，也存在明显的缺点，即可逆式水泵水轮机转轮在相同转速下不能使抽水和发电两种工况都在最优效率区运行。当效率差别较大时，通常采用水泵和水轮机两种工况为不同的额定转速，这给电动发电机的设计和制造带来一些困难，同时也增加了成本。可逆式水泵水轮机组通常采用立式布置，小型机组也可以采用卧式布置。由于水泵工况要求安装高程很低，因此一般可逆式机组电站厂房的水下部分较多，也有很多为地下厂房。

二、组合式水泵水轮机

在抽水蓄能电站发展的初期，组合式水泵水轮机是主要的机型，但由于主机设备多，近年来在中低水头范围内逐渐被可逆式水泵水轮机所取代。不过在高水头范围（如600～800 m或更高）内，组合式仍具有较强的竞争力。

组合式与可逆式相比较，有以下几个方面的优点：

（1）水轮机和水泵都是按各自的工况分别设计的，能最大限度地保证两种工况都在高效率区工作，特别是在两种工况条件相差比较大的场合。

（2）两种工况的旋转方向是一致的，切换工况时无需停机，大大缩短了操作时间，提高了调节能力。

（3）机组的旋转方向不变，在电气设备上可以节省倒换相序的开关组。

（4）机组由静止启动抽水时，可以用水轮机来启动泵，而无需其他电气启动设备。

但是，组合式也存在以下几点不足：

（1）水轮机和水泵都是独立的设备，机组设备多、尺寸大、造价高。

（2）水轮机和水泵都需要单独的蜗壳、尾水管和进水阀，增加了机械设备以及电站水工部分的投资。

（3）立式机组的主轴要穿过水轮机尾水管与下面的水泵相连接，一定程度上影响了水轮机的性能。

（4）在水泵上要装一个联轴器（机械式、液压式或混合式），立式机组在水泵下面还需装设一个推力轴承，增加了机械设备的投资。

（5）空转的水泵或水轮机，即使通入了压缩空气，仍存在一定的能量损耗，影响了整个机组的效率。

组合式机组的水轮机和水泵在电站内都各有一条管路，但在上游侧和下游侧是连通的。因为水泵没有调节能力，在其所需功率超过电网所能供给的功率时，可以打开水轮机的进水阀使一部分水流返回来驱动水轮机，也就是短路了一部分水泵抽出的水，因而就减少了对电网的功率需求。这是一种新的操作方式，被称为“水力回流”，我国在羊卓雍湖抽水蓄能电站上首次使用这种操作方式。在抽水时有控制地打开水轮机的进水阀也可以缓冲水泵的起动、停机等过渡工况时发生的水力振动。

组合式水泵水轮机主要有以下几种组合方式：

(1)混流式水轮机配单级或多级水泵。

(2)冲击式水轮机配多级离心泵。

(3)把电动发电机装在水泵的上方,水轮机倒放在电机的上方,而尾水管由最上方引出。这是一种结构上有所创新的组合方式,它可以大大缩短主轴的尺寸,同时避免了驱动轴需穿过尾水管的缺点。但是,由于电机在中间,使得空间狭小,检修条件较差;同时,为了减小运行时的阻力,水泵或水轮机在运行时需要往水轮机或水泵内通入空气。

(4)把水轮机和水泵的蜗壳合并到一起,把两个转轮背靠背地装在一根轴上。这是一种新的组合尝试,其在外观上颇似可逆式水泵水轮机,但由于具有两个独立的转轮,所以仍属于组合式水泵水轮机。

在以上组合方式中,使用最多的是第一种。

三、可逆式水泵水轮机的类型

可逆式水泵水轮机和常规水轮机一样,根据应用水头的不同,可以设计成混流、斜流、轴流、贯流等多种形式。图 5-1 是可逆式转轮形式和水头及比转速的大致关系图。

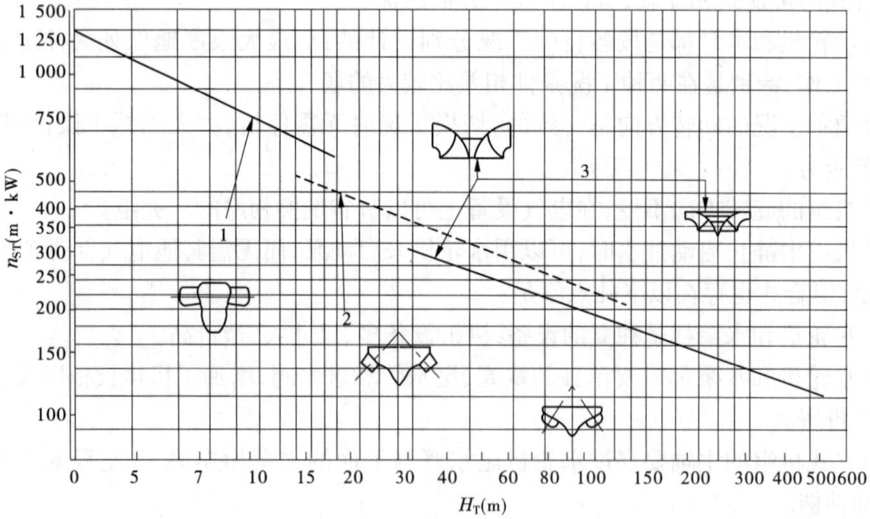

1—轴流式;2—斜流式;3—混流式

图 5-1　可逆式水泵水轮机水头应用范围

由于抽水蓄能电站的效益随水头的增大而明显增高,所以在各种形式的水泵水轮机中,混流可逆式水泵水轮机应用最为广泛,工作水头从 30 ~ 40 m 直到 600 ~ 700 m 范围内都能使用;斜流可逆式水泵水轮机在水头变化幅度较大的中、低水头抽水蓄能电站中得到一些应用,主要在 150 m 以下工作水头变化幅度较大的场合使用;轴流可逆式水泵水轮机由于适用水头太低,所以很少采用;贯流可逆式水泵水轮机适用于潮汐电站,工作水头一般不超过 15 ~ 20 m。

如何设计出一个性能全面的可逆式转轮是制造可逆式水泵水轮机的突出问题。转轮要在水泵工况和水轮机工况运转时都具有较高的效率,并且两种工况的流量(功率)都要能按电站的需要达到一定的比率。目前大型可逆式水泵水轮机两种工况时的最高效率均可达93%以上，中型机组也可以达到90%以上，因此近年来可逆式机组已大量取代了组合式机组。

(一)混流可逆式水泵水轮机

1. 低水头混流可逆式水泵水轮机

低水头混流可逆式水泵水轮机的所有构件都和常规低水头水轮机非常相似。如果水头变化幅度不大，选用单转速混流式水泵水轮机是完全可以的，其最大优点就是结构简单、造价低。

事实上，多数低水头抽水蓄能电站常遇到的困难恰好是水头变幅过大，此时就需要采用双转速的混流可逆式水泵水轮机了，比如安装在我国潘家口水电站(水头35~85 m)和响洪甸水电站(水头27~64 m)的混流式水泵水轮机都必须使用双转速。实际上，采用双转速主要是为了保证水泵工况的性能，在高水头范围使用高转速，在低水头范围使用低转速。水轮机工况的特性受水头变化的影响较小，一般只使用双转速的低档转速。与双转速水泵水轮机相配套的电机需采用双转速的变极电机(即将电机转子磁极的一部分做成可切除的，在水头低时，全部磁极都接通，电机以原设计转速运转；在高水头时将部分磁极切除，电机就以较高转速运转)。但是，双转速电机的造价高、损耗大，而且停机后才能改变转速，同时也不能完全解决水泵工况在低水头区功率过低的问题。

虽然高水头抽水蓄能电站的经济效益较高，但在地形条件已限定的地方仍需开发低水头抽水蓄能电站，特别是在一些已建水电站内增装抽水蓄能机组的场合。

2. 高水头混流可逆式水泵水轮机

低水头抽水蓄能电站的水位波动在机组工作水头中所占的比重较大，就造成水泵工况流量变化幅度很大，不易维持在高效率区运行。如果把应用水头提高，则流量变化范围会缩小，水力性能可以提高。同时在高水头下，机组转速可以提高，这不但可以使机组尺寸缩小，且一系列水工建筑物都可减小尺寸，节约很多投资。因此，抽水蓄能电站的效益随水头的增大而明显增高。

1)单级混流可逆式水泵水轮机

最早开始使用的是单级混流可逆式水泵水轮机，它在部分构件上和常规的水轮机有着明显的差别。

(1)转轮。可逆式水泵水轮机的转轮要适应两种工况的要求，其特征形状与离心泵更为相似。高水头转轮的外形十分扁平，其进口直径与出口直径的比率为2:1或更大，转轮进口宽度(导叶高度)在直径的10%以下；叶片数目少，但叶片薄而长，包角很大(能到180°或更高)。很多混流可逆式机组都使用6~7个叶片，为向更高水头发展，近年来使用到8~9片。因为可逆式机组的过流量相对较小，水轮机工况进口处叶片角度只有10°~12°，为了改善水轮机和水泵工况的稳定性，经常把叶片出口边做成有后倾角而不是在一个垂直面上的形式。

(2)导叶。为了适应双向水流的要求，活动导叶的叶型多近似为对称形，头尾都做成渐变圆头。为承受水泵工况水流的强烈撞击，使用数目较少但强度较高且厚度最小的导叶；为减小静态和动态水力矩，导叶长度不宜过大，通常选取 l/t 为1.1左右。

(3)蜗壳。在水轮机工况时，要求在结构条件和经济条件许可下采用较大的断面，以使水流能均匀地进入转轮四周；而水泵工况则希望蜗壳的扩散度不宜过大，以免水流产生脱流。通过国内的研究试验以及国外实践证明，高水头可逆式机组的蜗壳断面应介于水轮机和水泵两种工况要求之间，并要更多地满足水轮机工况。

(4)尾水管。可逆式水泵水轮机作水轮机运行时要求尾水管的断面为缓慢扩散型，在水泵工况时则要求吸水管为收缩型。因为两者流动方向是相反的，所以在断面规律上没有矛盾。不过，水泵工况要求在转轮进口前有更大程度的收缩，以保证进口水流流速分布均匀。

(5)座环。座环既是一个重要的固定过流部件，又是机组的基本结构部件。座环的高程和水平决定整个水泵水轮机的安装位置，顶盖和底环分别安装在座环的上方和下方。座环和蜗壳的连接部位主要采用蝶形边和平行式两种形式，平行式是现在使用较多的形式。

(6)顶盖和底环。高水头机组的顶盖和底环(底环常和泄水环做成整体)都要承受很大的水压力。为保证转轮密封和导轴承的稳定性，顶盖和底环都必须具有很大的刚度，以求最大程度地减小变形程度。现在这两个部件都采用厚度很大的箱形结构，其厚度可达到导叶高度的4~5倍。从结构角度看，底环做成和顶盖对称后，除转轮的轴向力外，底环和顶盖所承受的水压力相同，因而座环的受力条件十分明确，稳定性好，有不少国外机组采用明露式尾水锥管。同时，也有很多机组采用将底环和尾水锥管都埋在二期混凝土内的埋入式结构，以求减少振动和防止部件位移。

(7)导水机构。多数水泵水轮机都采用和常规水轮机一样的导水机构，即用一对直线接力器通过控制环来操作导叶。由于水泵水轮机在运行中增减负荷很急速，水力振动较大，水泵工况时水流对导叶的冲击也很大，所以导叶和调节机构的结构都要比常规水轮机更坚固些。

(8)转轮拆卸方式。大修时，需要将可逆式水泵水轮机的转轮吊出才能进行检修。立式机组转轮的拆卸则要涉及更多其他重大部件的拆卸，这实际上影响了整个水泵水轮机以至电动发电机的总体结构设计。目前，大型立式机组转轮的拆卸主要有下拆、中拆和上拆三种方式。下拆是将尾水锥管和底环以及转轮由下方取出；中拆是取出一段中间轴并拆卸顶盖后，将转轮由机井取出；上拆是用传统方式，吊出电机转子并拆除顶盖后由上方取出转轮。

使用下拆方式的优点是需拆卸的部件最少，操作方便。但是，为了将转轮运到上层，需要在水轮机层和发动机层都加大吊物孔尺寸。采用下拆方式允许水泵水轮机只使用一根轴，并可以将推力轴承放在顶盖上。

采用中拆方式时，需要在中间轴取出后拆除顶盖以上所有部件，包括部分导水机构。如果使用整体顶盖，那么发电机机墩处则需要有较大的开口。不过按这种设计，允许将尾水管全部埋设在混凝土中，这对于减轻振动和噪声有利。

采用上拆方式时，要先吊出电机转子，然后拆除分瓣顶盖及以上所有部件，转轮从定子的空间吊出，操作周期较长。不过与下拆方式一样，这可以简化主轴的设计，同时允许使用半伞式电机。使用上拆方式可能需适当加高厂房高度(具体尺寸由机组结构确定)。

2)多级混流可逆式水泵水轮机

多级混流可逆式水泵水轮机是为适应发展高水头抽水蓄能电站的需求而产生的。因电力系统对抽水蓄能的需求不断增加,抽水蓄能机组的应用水头逐步提高。在将单级混流式水泵水轮机应用于 500 ~600 m 水头时,发现水力效率偏低,转轮叶片压力偏高,同时叶片流道的宽度将变得很小,不利于加工。不过,因其结构简单,现在仍有不少工厂致力于提高单级水泵水轮机性能的研究,比如日本的日立公司多年来致力于研究应用于 800 ~900 m 水头的单级水泵水轮机。

当工作水头超过 800 ~900 m 时,转轮的结构强度难以保证;同时,如果水头过高,水泵水轮机的比转速将很低,转轮的水力损失和密封损失都会变得很大,从而导致转轮的效率太低。如果把这个水头改由几个转轮来分担,就可以提高单个转轮的水力性能并便于强度设计,同时还可以减少由于气蚀所要求的淹没深度。因此,从 20 世纪 80 年代起就出现了使用两级转轮的水泵水轮机。如果具有两级转轮的水泵水轮机都装设导水机构,那么机组的整体结构将变得十分复杂,所以有的抽水蓄能电站使用无导叶的两级水泵水轮机。国内外的经验表明,有、无导叶调节的两级可逆式水泵水轮机的区别主要有以下几点:

(1)二者在水泵工况时的性能基本没有区别,但在水轮机工况时,无调节机组对电网调节的效益要差得多。

(2)水轮机工况时,在同样条件下无调节比有调节机组要少 20% 左右的出力,而且有调节机组还有超出力的能力。

(3)无调节水泵水轮机作水泵启动时,因为所需空气量太大且充气困难,所以操作时振动得厉害;同时,无导叶机组不能压气,所以只能在水中启动,所需启动功率自然要高得多。

如果抽水蓄能电站的工作水头超过 800 ~1 000 m 或更高,两级水泵水轮机也不能满足要求。为了适应更高的应用水头,国外已使用超过两级的多级可逆式水泵水轮机。多级水泵水轮机每级叶轮的设计水头不超过 200 ~300 m,因此比转速得到了提高,由单级转轮常用的 25 ~30 提高到 40 ~50。虽然增加了两级之间的反导叶流道,但总的效率并不比单级水泵水轮机低。国外现在使用 4 ~6 级的多级水泵水轮机,应用水头可达 1 000 ~1 400 m。

在高水头情况下,采用单级可逆式水泵水轮机还是采用两级或者多级式,是很多制造厂和电站设计单位慎重考虑的问题。两座高水头抽水蓄能电站 A 和 B 采用单级和两级水泵水轮机的方案对比如表 5-1 所示。可见,单级水泵水轮机比两级水泵水轮机的转速高,重量轻 25% 左右,但是所要求的淹没深度比两级的要加深 30 m 左右。也可以将两级水泵水轮机的比转速再提高一些,则转速可以提高,重量可以减轻,但是淹没深度小的优点将消失。

某抽水蓄能电站 C 设计水头为 550 m,设计出力为 100 MW,采用单级和两级有导叶调节的混流可逆式水泵水轮机的方案比较如表 5-2 所示。

表 5-1　单级和两级水泵水轮机比较

参数		电站 A		电站 B	
水轮机工况	净水头(m)	608 ~ 654		753 ~ 799	
	最大出力(MW)	267		396	
水泵工况	全扬程(m)	676 ~ 720		823 ~ 873	
	最大出力(MW)	279		410	
级数		1	2	1	2
转速(r/min)		600	429	600	429
转轮直径(m)		3.8	3.7	4.2	4.0
淹没深度(m)		75	45	85	52
重量	水泵水轮机(t)	415	700	620	955
	电动发电机(t)	920	1 050	1 190	1 400
总重量(t)		1 335	1 750	1 810	2 355

表 5-2　单级和两级混流可逆式技术经济比较

转轮级数	转速(r/min)	最优效率时的比转速(r/min)	转轮进口直径(mm)	净正吸出高度(m)	效率差值(%)	价格差值(%)
单级	600	95	3 150	66	0	0
两级	600	145	2 400	34	+0.5	+25

(二)斜流可逆式水泵水轮机

斜流可逆式水泵水轮机突出的优点是除了导叶可以调节之外,转轮叶片也可以调节,所以可以适应水头变幅较大的场合。日本是设计和制造斜流式水泵水轮机最多的国家。斜流式水泵水轮机的结构较复杂,制造工艺要求较高,机组造价相对较高。

在变水头和变负荷工况下运行时,叶片转角和导叶开度协联动作,可以保持较高的机组效率。由于转轮叶片几乎能全关闭,在水泵工况下的启动转矩约为额定输入功率的10%左右,所以启动比较方便。在容量较大的电力系统中,转轮可以在叶片全关闭条件下带水启动;在容量较小的电力系统中,可以利用压缩空气把转轮周围的水面压低后再启动,机组达到额定转速后,再排气充水。因此,斜流式水泵水轮机的启动方式比较简单,不必设置专门的启动设备。

有些电站使用单转速斜流式水泵水轮机就可以满足水轮机和水泵两种工况的要求。但是,如果水头变化仍过大,则还需要使用双转速,比如我国早年安装在岗南水电站(H = 31 ~ 59 m)和密云水电站(H = 27 ~ 65 m)上的斜流可逆式水泵水轮机都使用了双转速。

斜流可逆式水泵水轮机在水力特性上有以下几个方面的优点:

(1)轴面流道变化平缓,在两个方向的水流流速分布都比较均匀,水力效率较高;

(2)和斜流式水轮机一样,转轮叶片是可调的,能随工况变动而适应不同的水流角

度,可以减小水流的撞击和脱流,因而扩大了高效率范围;

(3)斜流可逆式机组的水泵工况进口一般比相同转轮直径的混流可逆式机组要小,能形成进口处更均匀的水流,有助于改进水泵工况的空化性能。

与混流式水泵水轮机相比,斜流式水泵水轮机在结构上有以下几个特点:

(1)斜流式水泵水轮机在转轮体内要安放转桨机构,高水头斜流式水泵水轮机叶片数可达 11 ~ 12 片,转桨机构的设计相当复杂。

(2)对于同一转轮直径而言,斜流式水泵水轮机的导叶分布圆要比混流式水泵水轮机的大,一般来说 $D_0 = (1.35 \sim 1.4) D_1$,这就使得底环和蜗壳的尺寸全面加大。

(3)斜流式转轮体有很多加工面是在锥面上,给机械加工带来难度,增加造价。

(4)为使斜流式有较高的水力效率,需要保证转轮叶片顶部与转轮室之间有固定的间隙,为此需装设专用的监视设备。

(三)贯流可逆式水泵水轮机

贯流可逆式水泵水轮机是潮汐电站中使用的一种特殊机型。它的应用水头较低,通常用于潮汐能开发,形成低水头潮汐抽水蓄能电站。它不但在海潮涨落时两个方向都能发电,必要时还可以向两个方向抽水,故又称为双向可逆式水泵水轮机。贯流可逆式水泵水轮机按照电动发电机的布置形式可以分为全贯流式和半贯流式两种。

全贯流式机组的电动发电机直接安装在水泵水轮机转轮的外缘上,不用设置电动发电机轴,所以水流流态较好,机组转动惯量较大且运行稳定,结构布置紧凑,土建工程量小,但是结构复杂,电动发电机密封困难,因此没有获得广泛应用。

半贯流式机组可以分为竖井式和轴伸式两种。竖井式是把水泵水轮机布置在过水流道内,电动发电机布置在竖井内;轴伸式是把水泵水轮机布置在过水流道内,电动发电机布置在过水流道外,水泵水轮机和电动发电机通过水平或倾斜的轴相连,电动发电机可以布置在上游侧,也可以布置在下游侧。

贯流可逆式水泵水轮机主要有以下四种工作方式:

(1)涨潮时,海洋水位高于海湾水位,机组以"海→湾"的方向发电,此时机组是正向正转发电。

(2)退潮时,海洋水位低于海湾水位,机组以"湾→海"的方向发电,此时机组是反向逆转发电。

(3)在电力系统有多余电能时,机组可作水泵运行,把海湾里的水抽到海洋中来降低海湾水位,以便下一次涨潮发电时有更高的使用水头,此时机组是正向逆转抽水。

(4)如果涨潮时间和负荷高峰时间不一致,也可以在负荷低谷时把海水抽到海湾里蓄起来,以备下次"湾→海"发电时使用,此时机组是反向正转抽水。

根据潮汐电站的海水潮汐特点及海湾库容与流量关系,可以取"海→湾"为正向发电,这时贯流式机组的灯泡体一般放在海洋一侧。有的潮汐电站设计成以"湾→海"为正向发电,则贯流式机组就要放在海湾一侧。通过试验和实践证明,贯流式机组的灯泡体应放在水泵水轮机的高压侧,即水轮机工况的上游侧或水泵工况的下游侧。贯流式水泵水轮机还应具有一个功能,就是在海和湾的水位相差很少而不利于发电或抽水时,可以把叶片开到近于轴向位置,让海水通过。

只有贯流式水泵水轮机才能适应潮汐电站如此复杂的运行方式。有的贯流式转轮设计采用稠密度很小的叶片，在反向工作（发电或抽水）时，叶片能转到轴心线的另一边去。有的设计因使用较长的叶片不能转过轴心线，则把叶片设计成"S"形，这样可以较好地适应双向工作的要求。我国的江厦潮汐电站就成功地采用了这种形式的贯流式水泵水轮机。

贯流式水泵水轮机除转轮叶片和导叶叶片设计有特殊要求外，其他部分的结构和常规贯流式水轮机没有多少差别。

四、水泵水轮机的发展趋势

自 1882 年在瑞士的苏黎世兴建世界上第一座抽水蓄能电站开始，随着抽水蓄能发电技术的发展，尤其是 20 世纪 70、80 年代以来抽水蓄能电站的大规模兴建，水泵水轮机呈现出以下几个方面的发展趋势。

（一）高水头化

随着纯抽水蓄能电站的开发，电站在选址时可以采用更高的工作水头，以求提高抽水蓄能电站的效益。采用高水头具有以下一系列的优点：

（1）随着工作水头的提高，由于上下水库水位波动而形成机组水头的变化幅度相对减小，使水泵水轮机可以经常在较优的效率区工作，抽水蓄能机组的效益得以提高。

（2）在同样功率条件下，通过高水头机组的流量要小些，这会使上下水库容积、厂房尺寸和压力管道直径减小，从而减少土建工程部分的造价，机组本身尺寸也会随之减小，这都有助于降低电站造价。另外，机组单位千瓦造价通常随水头的增加而降低。

（3）可以使用较高的机组转速，可以减小机组尺寸，或在尺寸不变条件下增大单机容量，进而降低主机设备造价，对提高电动发电机的效率也大有好处。

（4）水泵水轮机的工作水头提高后，在同样的加工难度下，可以生产更大容量的机组，增加电站的功率。

（5）纯抽水蓄能电站可以在具有适当地形的高地上人工修建水库，因此更有条件选择接近电网负荷中心的高水头站址，而不像常规水电站那样受河流和地形的限制。

提高水泵水轮机的工作水头，会使转轮圆周速度加大、流速增大、内压力增大，就需要解决转轮效率、气蚀、压力脉动、机械强度、轴系振动、临界转速和水力过渡过程稳定性等一系列问题，这致使设计复杂化、投资增加。但从总体上看，高水头开发的经济性还是十分显著的。

提高应用水头带来的问题主要有：

（1）高水头单级水泵水轮机的水力效率必然要比中、低水头机组的效率低些。

（2）水泵水轮机的空化性能将随水头提高而下降，因此要求机组有更大的淹没深度，这会增加电站设计的复杂性和投资。

（3）水泵水轮机过流部件所承受的水压力增大，要求使用强度更高的材料，或者改变某些部件的结构形式。

（4）在高水头条件下，机组内水压脉动的趋势增大，机组在某些工作范围内会产生由水力原因引起的振动。

（5）引水系统承压增大，管道结构也要相应增强，过渡工况的不稳定性也会增加，为此可能需要增设上游调压室或尾水调压室。

随着水电工程和机械制造业的技术进步，这些问题会不断被克服，成功运用的高水头抽水蓄能电站将会越来越多。

（二）大容量化

随着社会和经济的发展，电力系统的总容量在日益增大，电力负荷的峰谷差也在不断增长，电网对调峰、备用的要求日益提高，系统内所需的抽水蓄能容量也随之增加。为了提高调节效果和抽水蓄能电站的经济效益，减少装机台数，简化运行操作，降低单位千瓦造价，抽水蓄能电站需要装设更大单机容量的蓄能机组。事实上，对相同的电站装机容量来说，机组的单机容量增大，所需用的金属材料和机械加工量是降低的。也就是说，水电机组所需用的金属材料和机械加工量并不随容量增大而成比例上升；相反，随着单机容量的增大，机组台数的减少，机电设备的制造成本反而可以降低。另外，使用数目较少的机组可以简化抽水蓄能电站的控制系统，降低电站的造价和运行费用，所以在一定范围内，单机容量的增长能带来直接的经济效益。

水泵水轮机单机容量的增大也带来一些技术困难，比如有些大尺寸部件（如转轮、顶盖、底环等）可能受到运输条件限制而不得不做成分瓣结构，这就降低了其结构刚性并增加了制造工作量；电动发电机的极限容量受额定转速、冷却方式、转子结构等限制，因此只有在一定的范围内，单机容量的扩大才会带来可观的经济效益。机组单机容量与电站造价的关系如图 5-2 所示。

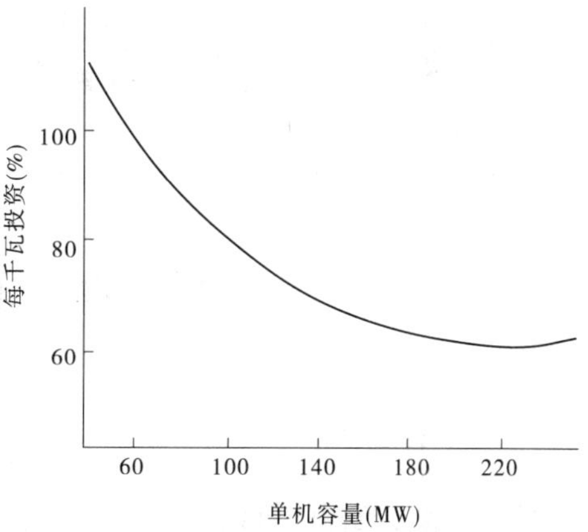

图 5-2　抽水蓄能机组单机容量与电站造价的关系曲线

（三）高速化

水泵水轮机的工作水头大小取决于转轮的线速度。为了达到与水泵水轮机工作水头相应的转轮线速度，可以采用较大的转轮直径或较高的转速。与此同时，科学技术的不断发展使加工工艺得到了持续的提高，现代的设计趋势是将转轮直径保持在一定范围内而尽量提高转速。对水力特性而言，就是采用尽量高的比转速。在机组工作水头提高的同时，其比转速的降低会导致转轮的摩擦损失增加，运行效率下降，因此要尽可能不降低转轮的比转速。随着时间的推移，机组同时向高水头和高比转速发展的趋势是必然的。

根据目前的国际制造水平，水泵工况比转速 n_s 选在 110～180（n_q = 30～50）范围内可以得到最高的水力效率，低于此比转速范围水力效率就有下降趋势。目前 500 m 级的可逆式水泵水轮机所用比转速在 100（n_q = 27）左右，设计者希望比转速绝不要低于 90（n_q = 25）。两级或多级水泵水轮机的优点就在于能把每级的水头降低，以使比转速提高。

比转速过小，意味着转轮流道相对加长，宽度相对减小，流道内摩擦阻力及转轮外壁圆盘损失增加，从而使水力效率下降。另外，叶片流道的净空太小也不利于加工制造。

提高比转速会引起水泵水轮机的气蚀特性恶化，因而要求在电站中有更大的淹没深度。主要的解决办法是利用地下厂房来达到较大的淹没深度，有不少高水头抽水蓄能机组采用的淹没深度为 50～60 m，最大的已达 70 m 左右。

五、水泵水轮机的制造难度

随着水泵水轮机的使用水头越来越高，机组容量越来越大，机组的制造难度也相应增加。为了表示机械制造的难度，现在习惯使用的表示方法为

$$K_{TP} = H_{max}D_1^2/1\,000 \tag{5-1}$$

式中 K_{TP}——水泵水轮机制造难度系数；

H_{max}——最高工作水头，m；

D_1——转轮最大直径，m。

国内外几种大型水轮机和水泵水轮机的制造难度系数如表 5-3 所示。可见，水泵水轮机的制造难度系数超过或不低于巨型水轮机，是水力机械制造业中一种要求很高的产品。

表 5-3　水泵水轮机制造难度系数

机组	常规水轮机				水泵水轮机		
	二滩	伊泰普	大古力	舒申斯克	天荒坪	巴斯塔	巴斯康蒂
难度系数	8.49	9.05	9.3	10.1	10.1	14.8	15.8

第二节　水泵水轮机特性

一、工作原理

（一）水力机械的可逆性

叶片式水力机械具有可逆性，既可以在一种情况下作水泵运行，又可以在另一种情况下作水轮机运行。也就是说，叶片式水力机械可以双向运行，水泵或水轮机都可以反方向旋转，以相反的方式工作。从理论分析上可以证明叶片式水力机械的可逆性。

水力机械在工作时，转轮叶片对水流中任一流体微元所产生的力矩可以用下式表达，即

$$M = \rho\left[\int_{A_2} v_m(v_u r)\,dA - \int_{A_1} v_m(v_u r)\,dA\right] \pm \frac{d\omega}{dt}\int_V r^2\rho dV \pm \int_V r\frac{\partial w_u}{\partial t}dV \tag{5-2}$$

式中 M——力矩，N · m；

ρ——水密度，kg/m³；

v_m——绝对速度轴面分量，m/s；

v_u——绝对速度切向分量，m/s；

w_u——相对速度切向分量，m/s；

A——微元断面面积，m²；

ω——角速度，rad/s；

t——时间,s;

V——微元体积,m^3;

r——距旋转轴半径,m;

下标"1"和"2"分别代表进口和出口的参数,各物理量均为统一的国际单位。

通常情况下水泵水轮机可以看作是稳定运行的,所以有

$$d\omega/dt = \partial w_u/\partial t = 0 \tag{5-3}$$

那么,由水流惯性引起的力矩$\frac{d\omega}{dt}\int_V r^2\rho dV = 0$,由水流流量变化引起的水流相对流速改变的力矩$\int_V r\frac{\partial w_u}{\partial t}dV = 0$。

不难得出流量 Q 的表达式

$$Q = \int v_m dA \tag{5-4}$$

因此,式(5-2)可以化简为

$$M = \rho Q[(v_u r)_2 - (v_u r)_1] \tag{5-5}$$

可以看出,在水泵工况下,转轮将由电机输入的机械能转换为水流能量,水泵出口能量高于进口能量,即$(v_u r)_2 > (v_u r)_1$,故 $M > 0$,说明转轮对水流做功;在水轮机工况下,转轮将水流能量转换为机械能,水轮机进口能量高于出口能量,即$(v_u r)_1 > (v_u r)_2$,故 $M < 0$,说明水流对转轮做功。

水力机械的可逆性也可以从图 5-3 和图 5-4 所示的特性曲线中得到证明。

某混流式水轮机和某离心泵的双向运行效率特性曲线如图 5-3 和图 5-4 所示,图中参数的下标"T"表示水轮机工况的参数,下标"P"表示水泵工况的参数。

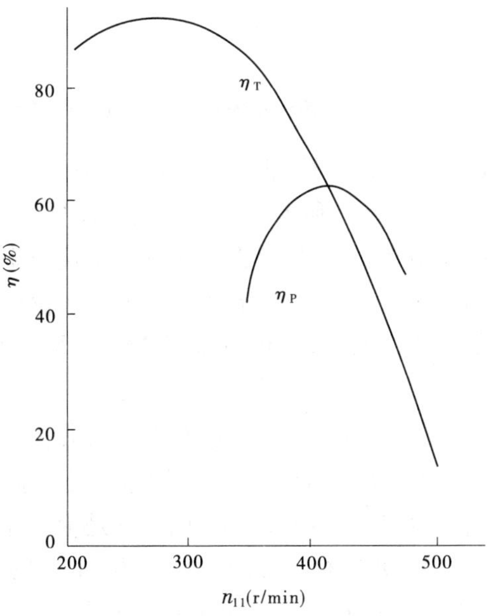

图 5-3　混流式水轮机的双向运行效率特性曲线

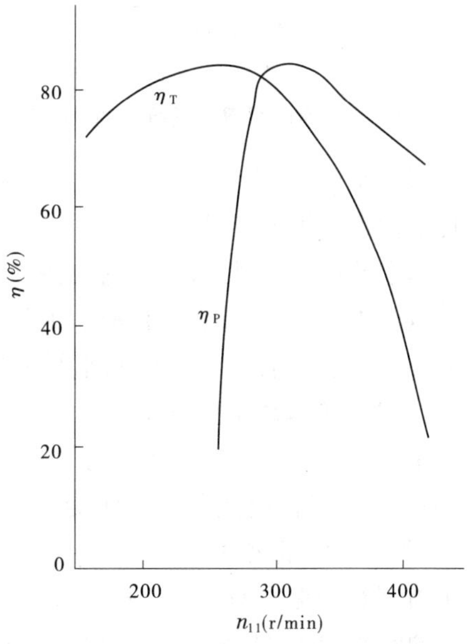

图 5-4　离心泵的双向运行效率特性曲线

从图 5-3 和图 5-4 可以看出，常规的混流式水轮机反向运行（即作水泵运行）时的性能是不理想的，主要是作水泵运行时在转速有较大幅度提升的情况下效率还很低；常规的离心泵反向运行（即作水轮机运行）时的性能相当好，与作水泵运行时的效率差别很小，并且转速也得以较大幅度的下降。可见，离心泵叶轮的可逆性能优于水轮机叶轮的可逆性能。

某离心泵作水轮机和水泵两种工况运行的特性曲线如图 5-5 所示。离心泵在作水轮机时是一个没有活动导叶的水轮机，在水头和转速已定的条件下，其特性曲线只有一条，即开机后只能满负荷运行，不具备调节能力。由图 5-5 可以看出，在 $n_P = n_T$ 的条件下，离心泵作水轮机运行时的流量 Q_T 要比作水泵运行的最优点流量 Q_P 大，并且随着水头的提高，水轮机工况的出力还将继续增大，耗水量也会不断增加。

某高比转速水轮机作水泵运行的特性曲线如图 5-6 所示。可以看出，作水泵运行的效率要比作水轮机运行低很多，很不理想；扬程曲线 $H \sim Q$ 上出现了两个大的驼峰，这表明运行时存在不稳定现象。所以，高比转速水轮机作水泵运行时不是一个理想的可逆式水力机械。

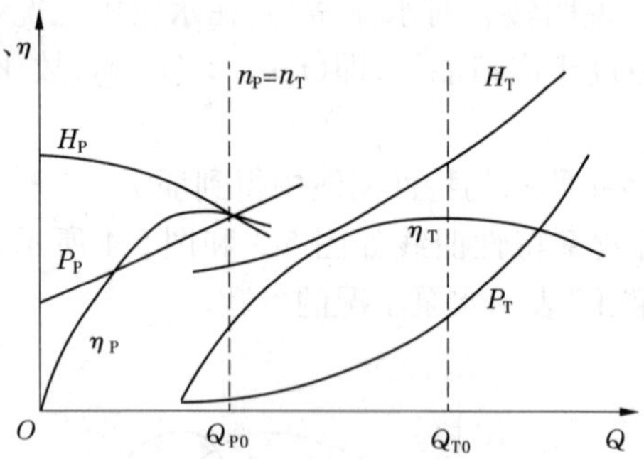

图 5-5　离心泵双向运行时的特性曲线

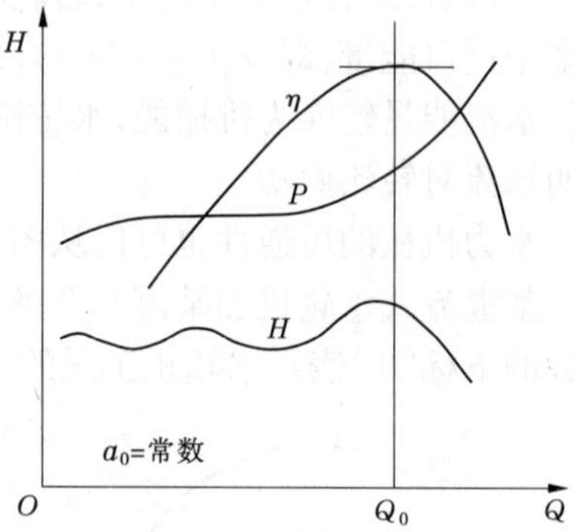

图 5-6　高比转速水轮机作水泵运行时的特性曲线

综上所述，常规水泵和常规水轮机虽然都可以双向运行，但离心泵的可逆性反映在外特性上比水轮机要好得多。如果在离心泵叶轮四周装上和水轮机一样的活动导叶，则离心泵作水轮机运行时的耗水量就会降低，效率还会有所提高，且两种工况在最优效率点的水头也会更接近些。因此，目前抽水蓄能电站中广泛使用的混流可逆式水泵水轮机就是以离心泵或混流泵的叶轮为基础，再配以近似水轮机的活动导叶和固定导叶而形成的。

（二）水流运动速度三角形

水流质点在转轮叶片流道内的流动是一种复合运动，即一方面水流质点沿着叶片流动，另一方面又同时随着转轮作旋转运动，可以用该质点的速度三角形来描述其流动状况。图 5-7 表示混流可逆式水泵水轮机的转轮进、出口速度三角形。图中 v 是绝对速度，u 是圆周速度，ω 是相对速度，图中参数的下标“T”表示水轮机工况的参数，下标“P”表示水泵工况的参数，下标“1”和“2”分别表示转轮进、出口的参数，β 是 ω 和 u 反方向的夹角。根据速度合成原理，任一质点的绝对速度 v 是圆周速度 u 和相对速度 ω 的矢量合成，即

$$\vec{v} = \vec{u} + \vec{\omega} \tag{5-6}$$

也可以将绝对速度分解为沿圆周切线方向的分量 v_u 和垂直于圆周切线方向的轴面分量 v_m，即

$$\vec{v} = \vec{v_u} + \vec{v_m} \tag{5-7}$$

常规混流式水轮机转轮叶片较短，流道断面面积变化较大，叶片进口角 β_{1T} 也较大（通常为 70°～90°），在水轮机工况运行时可以产生较大的 v_{u1T}，这对水轮机的运行性能是十分有利的。但是，在水泵工况运行时，由于出口角 β_{2P} 较大，致使 v_{2P} 很大，这就导致在叶轮出口处和蜗壳中的水力损失过大，使得效率不高。同时，流道扩散度过大会引起水流脱流，这对泵的运行也十分不利，所以常规水轮机不适宜用作可逆式水泵水轮机。

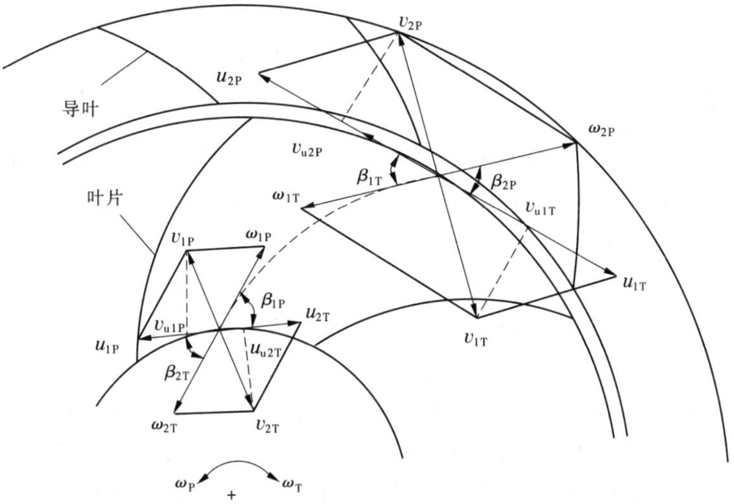

图 5-7　混流可逆式水泵水轮机转轮进、出口速度三角形

为了能够较好地满足两种工况运行的要求，可以把水泵水轮机的叶轮做成离心泵形式的。由于离心泵型叶轮叶片流道狭长且断面变化平缓，所以叶片出口角 β_{2P} 较小，能够较好地适应叶轮出口和蜗壳中的运动，从而获得较好的水力性能；在水轮机工况运行时，虽然叶片进口角 β_{1T} 较小，会产生一定的水力撞击，但因离心泵型叶轮叶片流道狭长且断面变化平缓，使水流有足够的空间进行调整，所以在水轮机工况运行时仍能保持较高的效率。这又一次证明了目前常用的可逆式水泵水轮机是在离心泵型叶轮的基础上制造出来的。由图 5-7 可见，这种叶轮在水轮机工况的进口绝对流速小，其 v_{u1} 值比常规水轮机的小，因而为了利用同样的水头，叶轮直径必须做得比水轮机直径大才能满足要求。

（三）可逆式水泵水轮机的工作原理

水泵水轮机在稳定运行时，对于理想的无黏性流体来说，水流对转轮所做的功 N_1 为

$$N_1 = \rho g Q H \tag{5-8}$$

转轮叶片作用在水流上的力矩 M 为

$$M = \rho Q[(v_u r)_1 - (v_u r)_2] \tag{5-9}$$

此力矩对水流所做的功 N_2 为

$$N_2 = M\omega = \rho Q[(v_u u)_1 - (v_u u)_2] \tag{5-10}$$

由 $N_1 = N_2$，可得

$$H = \frac{1}{g}[(v_u u)_1 - (v_u u)_2] \tag{5-11}$$

考虑水轮机工况的水力效率 η_{hT} 之后，可以得出常规水轮机的基本方程式

$$H_T \eta_{hT} = \frac{1}{g}(u_1 v_{u1} - u_2 v_{u2})_T \tag{5-12}$$

对于水泵工况，由于叶轮流道为扩散型，要考虑流动旋转的影响，即需对扬程作有限叶片数的修正。在考虑水力效率 η_{hT} 和有限叶片数修正系数 K 之后，可以得出水泵的基本方程式

$$\frac{H_P}{\eta_{hP}} = \frac{K}{g}(u_2 v_{u\infty 2} - u_1 v_{u\infty 1})_P \tag{5-13}$$

式中，下标"∞"表示叶片无限多时的参数。

以上两个基本方程式，实际上是水流能量与机械能之间相互转换的能量平衡方程式。同时也表明了，为了充分进行能量转换，必须正确设计转轮、叶片的形状，进、出口角度以及流道的几何参数。方程式从理论上表明了水泵水轮机的工作原理。

二、基本参数

可逆式水泵水轮机的基本参数是用来表示水泵水轮机本身的性能、特点及所处的工作状态的特征值的。与常规水轮机或水泵一样，可逆式水泵水轮机的基本参数也包括性能参数（即水头或扬程、流量、转速、出力或功率、转轮直径、效率等）和单位参数（即单位流量、单位转速、单位飞逸转速、比转速等）。对基本参数之间的关系进行分析将有助于理解水泵水轮机的工作特性，下面简要讨论并分析它们与常规参数之间的关系。

（一）水头 H_T 或扬程 H_P

作用在水轮机上的水头 H_T 是指水轮机进、出口处单位重量水流的能量差，根据伯努利方程可以表示为

$$H_T = \left(Z_1 + \frac{p_1}{\rho g} + \frac{v_1^2}{2g}\right) - \left(Z_2 + \frac{p_2}{\rho g} + \frac{v_2^2}{2g}\right) \tag{5-14}$$

式中　Z_1、Z_2——水轮机进、出口处的高程，m；

p_1、p_2——水轮机进、出口处的压力，Pa；

v_1、v_2——水轮机进、出口处的水流速度，m/s。

水泵的扬程 H_P 是指单位重量水流通过水泵时的能量增加值，即

$$H_P = \left(Z_2 + \frac{p_2}{\rho g} + \frac{v_2^2}{2g}\right) - \left(Z_1 + \frac{p_1}{\rho g} + \frac{v_1^2}{2g}\right) \tag{5-15}$$

式中　Z_1、Z_2——水泵进、出口处的高程，m；

p_1、p_2——水泵进、出口处的压力，Pa；

v_1、v_2——水泵进、出口处的水流速度，m/s。

水轮机的水头 H_T 和水泵的扬程 H_P 的单位均为 m。

抽水蓄能机组常以电站静水头 H_0 为分析性能的基准，但水泵的理论扬程和水轮机的理论水头都是按转轮内水流运动条件确定的，并且过流部分存在水力损失。可逆式转轮

在水泵工况时产生的理论扬程为

$$H_{PT} = H_0 + \sum h_P \tag{5-16}$$

水轮机工况的理论水头为

$$H_{TT} = H_0 - \sum h_T \tag{5-17}$$

式中　$\sum h_P$、$\sum h_T$——水泵和水轮机两种工况下过流部分(包括水泵水轮机的引水部分、转轮和排水部分)的总水力损失。

由式(5-16)、(5-17)可得

$$H_{PT} = H_{TT} + \sum (h_P + h_T) \tag{5-18}$$

这说明在相同流量下,水泵的理论扬程比水轮机的理论水头大$\sum(h_P + h_T)$。

水泵水轮机的有效扬程 H_P 和有效水头 H_T 的关系由以下两式确定,即

$$H_P = H_{PT} K \eta_{hP} \tag{5-19}$$

$$H_T = H_{TT} / \eta_{hT} \tag{5-20}$$

如果水泵水轮机在同一转速下运行,也即 $u_P = u_T$,并且假设转轮两种工况水流运动相似时,水泵的理论扬程和水轮机的理论水头应是相等的,因此可以得到

$$H_P / H_T = K \eta_{hP} \eta_{hT} \tag{5-21}$$

设 $\eta_{hT} = \eta_{hP} = 0.95$,$K = 0.8$,代入得

$$H_P / H_T = K \eta_{hP} \eta_{hT} = 0.8 \times 0.95 \times 0.95 = 0.722 \tag{5-22}$$

即水泵工况最优点的扬程只有水轮机水头的72%,也就是说在水泵工况下转速必须更高一些才能达到和水轮机工况同样的水头。

(二)流量 Q

单位时间内通过水泵或水轮机的水流总量叫做流量,国际单位为 m^3/s。

在选择和设计抽水蓄能机组时,既要求在设计条件下能使水力性能优化,同时也希望能充分利用电动发电机的容量。对电机设计来说,即希望双向运行时的视在功率 S(kV · A)相等。

假定水泵工况时电动机的视在功率为 S_M,电动机效率为 η_M,功率因数为 $\cos\theta_M$;水轮机工况时发电机的视在功率为 S_G,发电机效率为 η_G,功率因数为 $\cos\theta_G$,则两种工况下电机的视在功率分别为

水泵工况
$$S_M = \frac{\rho g Q_P H_P}{\eta_P \eta_M \cos\theta_M} \tag{5-23}$$

水轮机工况
$$S_G = \frac{\rho g Q_T H_T \eta_T \eta_G}{\cos\theta_G} \tag{5-24}$$

假设水泵工况时电动机端电压比水轮机工况时发电机端电压低5%,在 $S_G = S_M$ 时其能量关系为

$$\frac{Q_P H_P}{Q_T H_T} = 0.95 \eta_P \eta_M \eta_T \eta_G \frac{\cos\theta_M}{\cos\theta_G} \tag{5-25}$$

取代表性数值 $\eta_M = \eta_G = 0.97$,$\eta_P = \eta_T = 0.90$,$\cos\theta_M = 1.0$,$\cos\theta_G = 0.85$,则有

$$\frac{Q_P H_P}{Q_T H_T} = 0.85 \tag{5-26}$$

在扬程和水头相等($H_P = H_T$)的特殊情况下,水泵工况和水轮机工况的流量关系为

$$Q_P/Q_T = 0.85 \tag{5-27}$$

这说明在扬程、水头相等及充分发挥电机作用的条件下,水泵流量约比水轮机流量低15%左右。实际上,抽水蓄能电站两种工况的能量关系可能还得取决于其他因素,如抽水和发电时间的限制、抽水和发电功率的限制、电力系统的某些特殊要求以及不同季节抽水和发电的不同要求等,因此式(5-27)是近似的。

(三)转速 n

水泵或水轮机主轴在单位时间内的旋转次数称为转速,国际单位为 r/min。

在混流可逆式水泵水轮机转轮水流速度三角形的基础上,假设水泵的进口水流速度三角形和水轮机的出口水流速度三角形是相似的,则有

$$\left(\frac{v_{u\infty 2}}{u_2}\right)_P = \left(\frac{v_{u1}}{u_1}\right)_T \tag{5-28}$$

同时,假设在低压边上水泵进口水流和水轮机出口水流都是法向的,那么就可以得到在相同水头($H_P = H_T$)条件下两种工况最优点的转速比值为

$$\frac{n_P}{n_T} = \frac{u_P}{u_T} = \sqrt{1/K\eta_{hT}\eta_{hP}} \tag{5-29}$$

仍取 $\eta_{hT} = \eta_{hP} = 0.95$ 及 $K = 0.8$,所以有

$$n_P/n_T = 1.18 \tag{5-30}$$

这说明如果要达到和水轮机同样的水头,水泵工况的转速应该是水轮机工况转速的1.18倍。因此,有些水泵水轮机不能使用同一转速来满足两种工况的性能要求,只得使用两种不同转速,即水泵工况用高转速,水轮机工况用低转速。转速关系及其反映在两种工况效率下的变化趋势已在图5-3和图5-4中明显地显示出来。

以上关于转速和水头特点的分析中,都用了转轮高压边两种工况水流速度三角形是相似的假定,实际上两种工况的速度三角形并不完全相似,所以得到的结论有一定的近似性。

(四)出力(功率)P 和效率 η

单位时间内通过水轮机的水流所具有的能量叫作水轮机的水流出力

$$P_h = \rho g Q_T H_T \tag{5-31}$$

水轮机主轴轴端传递给发电机的输出功率称为水轮机的出力

$$P_T = \rho g Q_T H_T \eta_T \tag{5-32}$$

式中　η_T——水轮机的效率。

单位时间内通过水泵的水流所具有的能量称为水泵的有效功率

$$P_e = \rho g Q_P H_P \tag{5-33}$$

若水泵的效率为 η_P,那么电动机传递给水泵轴端的功率即轴功率为

$$P_P = \rho g Q_P H_P / \eta_P \tag{5-34}$$

以上各式中功率的国际单位均为 kW。

若 $Q_P/Q_T = 0.85$,$H_P/H_T = 0.722$,$\eta_P = \eta_T = 0.9$,由式(5-32)和式(5-34)可得 $P_T/P_P = 1.32$,这说明水轮机的出力应为水泵轴功率的1.32倍。

（五）转轮直径 D_1

假设混流可逆式水泵水轮机和常规水轮机的水头及转速分别相等，即 $H_P = H_T$ 和 $n_P = n_T$，且水泵进口、水轮机出口的水流均为法向时，那么这两种转轮的直径比值为

$$\frac{D_{1P}}{D_{1T}} = \frac{u_P}{u_T} = \frac{\sqrt{(v_{u1}/u_1)_T}}{\sqrt{(v_{u\infty 2}/u_2)_P K\eta_{hP}\eta_{hT}}} \tag{5-35}$$

在中低比转速范围内，混流式水轮机的 $(v_{u1}/u_1)_T$ 约为 0.9，离心泵的 $(v_{u\infty 2}/u_2)_P$ 约为 0.6，仍用前面设定的 η_{hT}、η_{hP} 及 K 的值，代入上式得到

$$D_{1P}/D_{1T} = 1.44 \tag{5-36}$$

这说明在同样的水头和转速下，可逆式水泵水轮机转轮直径约为常规水轮机转轮直径的 1.44 倍。

（六）单位转速 n_{11} 和单位流量 Q_{11}

在抽水蓄能电站机组的选择计算和水泵水轮机的设计计算中，都习惯使用水轮机专业中常用的单位转速 n_{11} 和单位流量 Q_{11} 来表达其水力特性参数，即

单位转速
$$n_{11} = nD_1/\sqrt{H} \tag{5-37}$$

单位流量
$$Q_{11} = Q/D_1^2\sqrt{H} \tag{5-38}$$

从上两式可知，所谓单位转速和单位流量，就是当转轮标称直径 D_1 为 1 m 和有效水头 H 为 1 m 时的实际转速和有效流量。

在相同的直径和水头条件下，不同系列转轮的单位转速或单位流量越大，则该系列转轮的实际转速就越高或过水能力就越强。因此，在选择机型时应尽可能选择单位转速或单位流量较大的转轮，以减小其直径，降低造价。

为了设计转轮和电站选型的需要，希望得到水泵水轮机两种工况下最高效率点的单位转速最优比值和单位流量最优比值。

由前面的分析可知，在水头相等条件下，水泵工况和水轮机工况最优转速是不相同的 $(n_P > n_T)$，两种工况的最优点流量也不相同 $(Q_T > Q_P)$。因此，在假定转轮低压边进、出水流都是法向的情况下，转轮高压边上两种工况的水流速度三角形既不相等也不相似，比较接近实际情况的水流速度三角形如图 5-8 所示。图中 $\triangle ABC$ 为水泵工况出口速度三角形。由于水泵的出口水流有偏转，所以出口水流角 β_{2P} 比叶片安放角 β 要小一些。$\triangle A'B'C'$ 为水轮机进口速度三角形，假定转轮进口无撞击，则水流角 β_{1T} 与叶片安放角 β 相等。另外，假定两种工况下绝对速度与切线方向的夹角 α 是不变的，也就是水泵工况的导叶进口角与水轮机工况的导叶出口角是相等的。

由图 5-8 可得

$$\frac{v_{m2P}}{v_{m1T}} = \frac{u_{2P} - v_{u\infty 2P}}{u_{1T} - v_{u1T}} = \frac{u_{2P} - v_{u2P}/K}{u_{1T} - v_{u1T}} \tag{5-39}$$

因为

$$\frac{v_{m2P}}{v_{u2P}} = \frac{v_{m1T}}{v_{u1T}} \text{或} \left(\frac{v_{m2P}}{v_{m1T}} = \frac{v_{u2P}}{v_{u1T}}\right) \tag{5-40}$$

所以

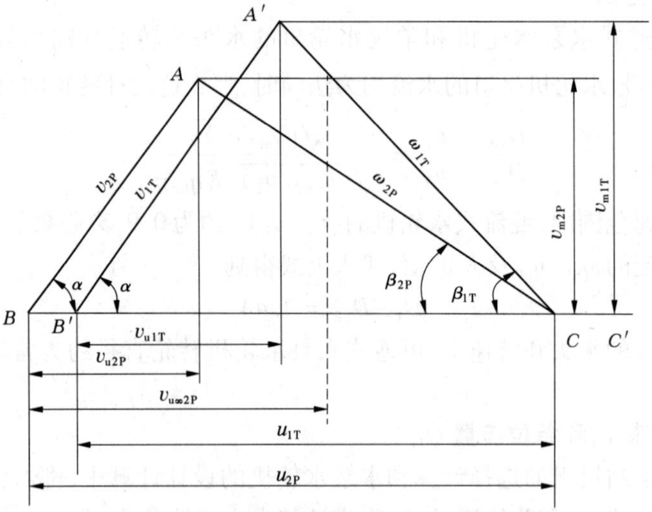

图 5-8　混流可逆式转轮高压边速度三角形

$$\frac{v_{u2P}}{v_{u1T}} = \frac{u_{2P} - v_{u2P}/K}{u_{1T} - v_{u1T}} \text{或} \left(\frac{u_{2P}}{v_{u2P}} - \frac{u_{1T}}{v_{u1T}} = \frac{1}{K} - 1 \right) \tag{5-41}$$

由 $v_{u2P} = Kv_{u\infty 2P}$，带入基本方程式可得

$$v_{u1T} = \frac{\eta_{hT} g H_T}{u_{1T}} \tag{5-42}$$

$$v_{u2P} = \frac{gH_P}{\eta_{hP} u_{2P}} \tag{5-43}$$

因为

$$u = \frac{\pi D_1 n}{60} = \frac{\pi n_{11} \sqrt{H}}{60} \tag{5-44}$$

所以有

$$\frac{n_{11P}}{n_{11T}} = \sqrt{\left(\frac{60}{\pi}\right)^2 \frac{(1-K)g}{\eta_{hP} K n_{11T}^2} + \frac{1}{\eta_{hP}\eta_{hT}}} \tag{5-45}$$

这就是水泵水轮机在水轮机和水泵两种工况下单位转速的最优比值。带入常用的数值，$n_{11T} = 75 \sim 80$ r/min，$\eta_{hT} = \eta_{hP} = 0.95$ 及 $K = 0.8$，可得 $n_{11P}/n_{11T} = 1.12 \sim 1.16$，可见水泵工况下的单位转速大于水轮机工况下的单位转速。

为了求得两种工况下单位流量的最优比值，可将式(5-42)、式(5-43)和式(5-44)代入式(5-41)，可得

$$\frac{v_{m2P}}{v_{m1T}} = \frac{n_{11T}}{n_{11P}} \sqrt{\frac{H_P}{H_T}} \frac{1}{\eta_{hP}\eta_{hT}} \tag{5-46}$$

由于 v_m 和 Q 是成正比的，因此上式可以写成

$$\frac{Q_{11P}}{Q_{11T}} = \frac{n_{11T}}{n_{11P}} \frac{1}{\eta_{hP}\eta_{hT}} \tag{5-47}$$

此式即为两种工况下最高效率点的单位流量比值。

将上述的常用数值代入后可得 $Q_{11P}/Q_{11T}=0.95\sim0.98$，这说明水泵工况的单位流量略小于水轮机工况的单位流量。

但是，目前生产中常使用的 n_{11P}/n_{11T} 比值在 1.1～1.2 之间，Q_{11P}/Q_{11T} 比值在 0.8～0.9 之间，和理论推算的比值相比较，单位转速比值比较接近，这与水力机械的转速特性和工作水头直接有关；而单位流量的比值相差较多，这是因为转轮的过流量与叶片设计中的许多其他因素有关，所以理论推算值就难以准确。

（七）比转速 n_s

比转速是现代水力机械专业中使用很广泛的一个综合性水力参数，它代表了水力机组的综合性能。但水泵和水轮机所使用的比转速表达方式有所不同。

水泵用
$$n_q=\frac{n\sqrt{Q_P}}{H^{3/4}}=n_{11}\sqrt{Q_{11}}\text{ 或 }n_s=3.65n_q \tag{5-48}$$

水轮机用
$$n_s=\frac{n\sqrt{P_T}}{H^{5/4}}=3.13n_{11}\sqrt{\eta Q_{11}} \tag{5-49}$$

为避免产生使用不一致单位的混乱，通常在水泵比转速 n_q 后注明（m，m^3/s），在水轮机比转速 n_s 后注明（m，kW）。显然，括号内的单位是一种说明，而不是比转速的量纲。

目前我国习惯对水泵水轮机的水泵工况和水轮机工况分别使用其专业中常用的比转速表达方式，而没有强求统一。但在国外有些研究者和制造厂则使用统一的公式来表示，即两种工况下都用下列公式计算

$$n_s=\frac{n\sqrt{Q}}{H^{3/4}}\text{ 或 }n_s=\frac{n\sqrt{P}}{H^{5/4}} \tag{5-50}$$

在参阅统计表和曲线时应十分注意所用比转速公式的定义。

由最优单位转速和单位流量的比值关系，同样可以得到两种工况下最优比转速的关系，即

$$\frac{n_{sP}}{n_{sT}}=1.17\frac{n_{11P}\sqrt{Q_{11P}}}{n_{11T}\sqrt{Q_{11T}\eta_T}} \tag{5-51}$$

将前述得到的常用数值 $n_{11P}/n_{11T}=1.14$，$Q_{11P}/Q_{11T}=0.96$，水轮机效率 $\eta_T=0.90$ 代入上式有

$$n_{sP}/n_{sT}=1.35\text{ 或 }n_q/n_{sT}=0.37 \tag{5-52}$$

上述比转速关系是水泵和水轮机两种工况在各自最高效率点的比转速比值。从理论上讲，水泵水轮机在满足了以上的比转速关系后，两种工况的效率应该是最高的，但实际上单一转速的水泵水轮机不可能同时满足两种工况最优转速的条件。这是因为两种工况的最高效率点并不发生在同一转速下，所以在机组选型或机械设计中如果决定使用单一转速的电机，则不可能选到能同时满足两种工况的转速。为了首先满足水泵工况的要求，必须把水轮机工况的转速提高，这就致使水轮机在运行时偏离了它的最优工况点。因此，对于单一转速的水泵水轮机来说，计算其水轮机工况的比转速没有很大的实际意义，只有在和其他机型方案进行比较时才有用途。如果使用单一转速所带来的水轮机工况效率损失太大，则必须考虑使用双转速电机，即水泵工况时使用高档转速，水轮机工况时使用低

档转速。

近年来,大容量的可逆式水泵水轮机正向高水头发展,所使用的比转速也不断下降,为选取最合适的比转速应综合考虑以下几个方面的影响。

1. 比转速对效率的影响

随着比转速的降低,转轮的特征形状将变得更扁平,流道变得狭长,因此流道内流速增高,水力损失增大,同时转轮外侧摩擦损失和迷宫损失也随之增加,机组的总效率将要下降。

根据近代制造经验,可逆式水泵水轮机比转速和最高效率的变化趋势如图 5-9 所示。图中最高效率范围的比转速为 $n_q = 35 \sim 50$($n_{sP} = 130 \sim 180$),比转速低于 $n_q = 35$ 效率将下降较多。但因为抽水蓄能电站采用高水头下的综合经济效益很高,所以不少抽水蓄能电站仍趋向于使用更低的比转速。根据目前的实践,$n_q = 25 \sim 27$($n_{sP} = 90 \sim 100$)可能是最低的使用限度。

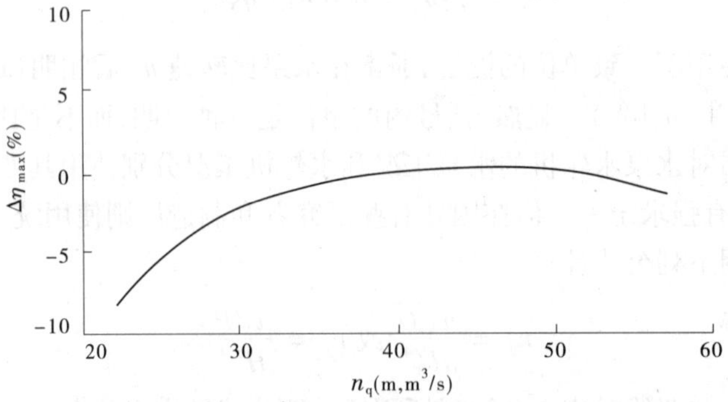

图 5-9　水泵水轮机水泵工况最高效率随比转速变化情况

2. 比转速与转轮尺寸和机组重量的关系

较高比转速的水泵水轮机组的控制尺寸和重量都比较低比转速机组的要小一些,因此较高比转速的水泵水轮机组可以降低机组造价和厂房部分的土建工程量。水泵水轮机的比转速越低,转轮高压侧的流道高度就越小,流道变窄,不但使水力损失增加,而且不利于铸造、焊接或打磨,使制造上发生困难。

3. 比转速和水头的关系

在提高水泵水轮机应用水头的同时,制造厂家也在千方百计改进设计来提高水轮机的比转速,以求获得更好的性能。为同时表征水头和比转速的特点,在水轮机专业里使用比转速系数 K_s 来衡量机组的高速性,即

$$K_s = n_s H^{1/2} \tag{5-53}$$

20 世纪 80 年代制造的水泵水轮机 K_s 值多在 2 100 ~ 2 300 范围,近年来多数机组都安装在地下电站内,淹没深度很大,则 K_s 可以达到较高数值,最高的达到 2 500 ~ 2 700。

日本的制造行业习惯于使用另一种表征水泵水轮机高速性的系数 K_q,其定义为

$$K_q = n_q H^{3/4} = nQ^{1/2} \tag{5-54}$$

20 世纪 60 年代日本生产的水泵水轮机,K_q 值在 2 500 以下;70 年代以来,设计制造

的500 m级水泵水轮机的 K_q 值提高到2 500 ~ 3 000(n_q = 25 ~ 28);80年代末设计的500 m级水泵水轮机的 K_q 值达到3 600 ~ 3 800,今后高水头机组的 K_q 值可能超过4 000。

4. 比转速和电站淹没深度的关系

由于水泵水轮机的水泵工况比水轮机工况容易出现气蚀,所以水泵工况的淹没深度要大于水轮机工况的淹没深度。

提高水泵水轮机比转速的直接途径就是提高其转速。但随着转速的提高,水泵水轮机的空化性能将恶化,为了保证机组的运行安全,需要有很大的淹没深度。淹没深度越大,电站土建部分的投资也就越大,所以电站土建部分的投资在一定程度上限制了水泵水轮机转速的提高。我国的广州抽水蓄能电站的水泵水轮机是现在高水头机组中比转速较高的一个,其水泵工况最高水头为550 m,比转速 n_q 值为32,K_q 值为3 630,机组的淹没深度为70 m。

(八)单位飞逸转速 n_{11r}

水轮机的飞逸转速是指当机组突然甩掉全部负荷而导水机构又不能及时关闭,输入的水流能量全部用来提高机组的转速,当输入的水流能量与由于转速升高所产生的损失能量平衡时,机组的转速保持某一个定值,此时的转速即为飞逸转速。

飞逸转速的数值与工作水头、导叶开度及转轮的安放角度等相关,在最大工作水头、最大导叶开度和较小叶片安放角度下的飞逸转速为最大飞逸转速,用它来代表该水轮机系列的飞逸转速。

设计水轮机时,通常使用单位飞逸转速来描述水轮机的飞逸特性,即

$$n_{11r} = n_r D_1 / \sqrt{H} \tag{5-55}$$

虽然水泵水轮机的飞逸转速绝对值比较低,但是因其转轮直径比相同水头下水轮机的直径大,所以计算所得的单位飞逸转速数值和常规水轮机的飞逸转速数值仍然很接近。

三、能量特性

水泵水轮机的工作性能常用其工作参数之间的相互变化关系来表示,但这些参数之间的变化关系比较复杂,不能用函数形式来表达,只能用曲线来表示,这些曲线称为特性曲线。

水泵水轮机两种工况的特性参数是通过模型试验得到的。为了了解水泵水轮机的工作性能,应通过模型转轮的模型试验,将试验得到的参数分别绘成水泵工况和水轮机工况下的两种曲线,以供水泵水轮机的性能分析和选型计算时使用。

(一)水轮机工况综合特性曲线

水泵水轮机的水轮机工况特性曲线采用和常规水轮机特性曲线同样的表达方式,即将模型试验数据根据相似定律换算成 $D = 1$ m 和 $H = 1$ m 的相似水轮机特性,然后绘制在以 n_{11}、Q_{11} 为纵、横坐标的图上,形成如图5-10所示的综合特性曲线。混流可逆式水泵水轮机在特性曲线上的效率圈要比常规水轮机的显得扁平,效率圈在大流量区收缩得很慢,和小流量区的效率圈接近于对称,因此出力限制线距离效率最高区很远。效率图右边大的原因一般认为是尾水管损失较小,因为对于同样直径的转轮,可逆式水泵水轮机的流量要比常规水轮机的小。

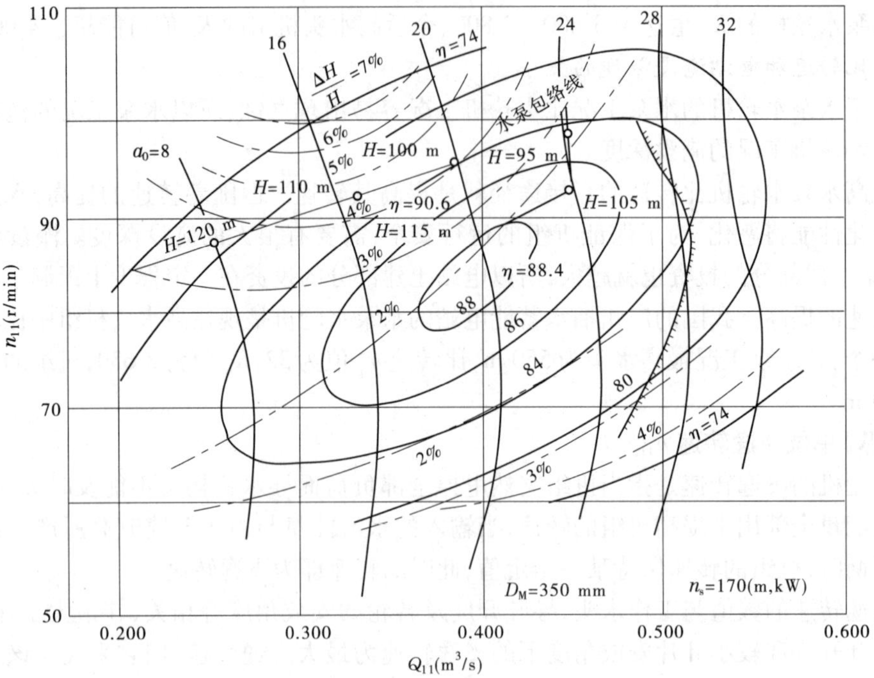

图 5-10　可逆式水泵水轮机的水轮机工况特性曲线

(二)水泵工况综合特性曲线

关于水泵水轮机的水泵工况综合特性曲线,现在常用的表达方式仍然是在恒定转速下实测的不加任何转换的模型试验曲线,如图 5-11 所示。水力机械研究者多年以来希望能把水泵工况和水轮机工况的特性曲线绘制在一起,或采用相同的坐标以便进行比较。但是试图把水泵特性画在以 $n_{11}\sim Q_{11}$ 为坐标的图上并不成功,因为水泵工况的 $H\sim Q$ 和 $\eta\sim Q$ 两族曲线随导叶开度变化很少,同时在小流量区等开度线还有些交叉,因此不能像水轮机工况那样在 $n_{11}\sim Q_{11}$ 坐标上用等开度线来展开效率圈。为了对照水泵工况和水轮机工况的特性,现在实用的办法是把水泵工况的 $H\sim Q$ 曲线包络线换算成一条 $n_{11}\sim Q_{11}$ 关系,画到水轮机特性曲线上,如图 5-11 中的虚线(水泵包络线),并在线上注明相应最优工况点的效率值。

为了仍能把水泵工况的特性显示成等效率圈的形式,可以改用导叶开度 a_0 来代替纵坐标的单位转速 n_{11},这样在以 $a_0\sim Q_{11}$ 为坐标的图上就可以在等 n_{11} 线上绘出等效率圈来,如图 5-12 所示,图上同时还绘有等压力脉动 $\Delta H/H$ 曲线和等空化系数 σ 曲线。

四、效率换算

如前所述,水泵水轮机的水泵工况和水轮机工况的效率特性曲线是通过模型试验得到的,由于模型试验所采用的模型转轮和实际采用的原型(真机)转轮虽然几何形状相似,但是几何尺寸不同,因而流道中的流速分布也不可能严格相同,水力损失所占的比重也不相同,即存在所谓的“尺寸效应”。因此,如果要根据模型转轮效率特性曲线来求知

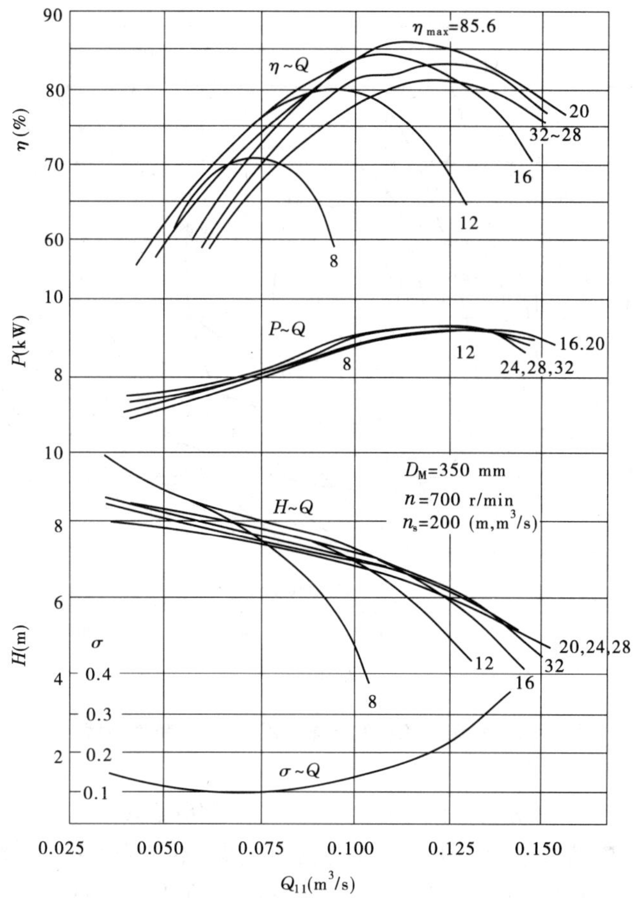

图 5-11　可逆式水泵水轮机的水泵工况特性曲线

真机的实际效率，必须进行效率的换算与修正。

常规水轮机的效率换算已经有一些公认的算法，然而对水泵水轮机来说，两种工况是否能用相同的换算公式，还有待进一步的研究，目前分别采用不同的公式来换算。

（一）水轮机效率换算

对于混流式水轮机来说，习惯上使用模型和真机直径比值作为主变数来体现模型和真机过流部分几何尺寸及表面粗糙度差异的公式进行效率换算，它是由美国工程师穆迪（Moody）提出的，即

$$1 - \eta_T = (1 - \eta_M)\sqrt[5]{D_{1M}/D_1} \tag{5-56}$$

式中　η_T、D_1——真机的效率和标称直径；

η_M、D_{1M}——模型的效率和标称直径。

公式中使用五次方根比值的依据是根据水轮机实测和模型试验的统计数据归纳而得，公式的主要作用是修正摩擦损失的不模拟程度。

但是，在反击式水轮机中和表面粗糙度基本无关的旋涡损失也占很大比重，这类损失可以认为在模型上和在真机上是相同的。据此，20 世纪 40 年代瑞士的阿克瑞（Ackeret）提出了针对轴流式水轮机的效率换算公式，即

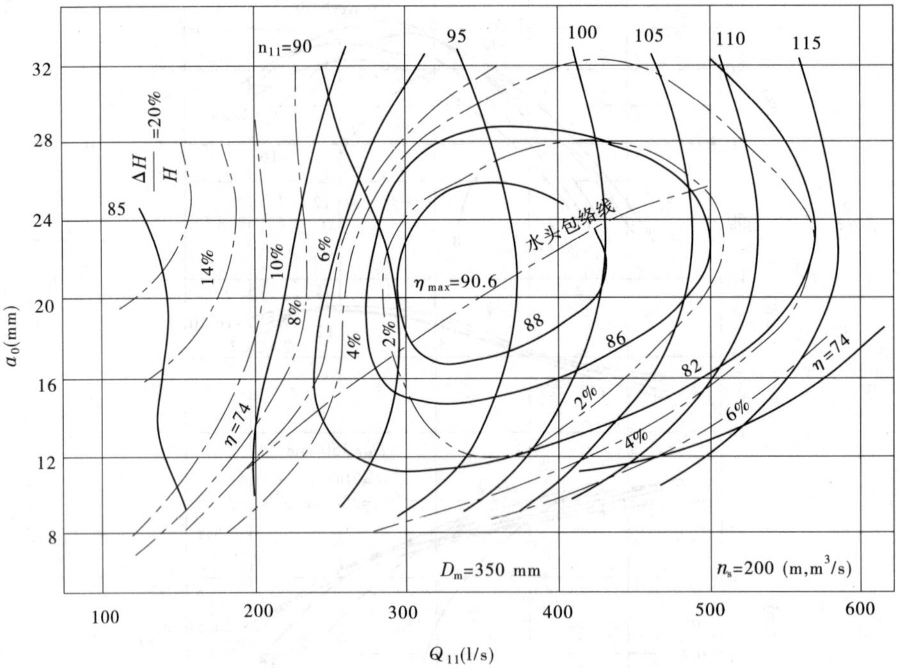

图 5-12　水泵水轮机的水泵工况 $a_0 \sim Q_{11}$ 特性曲线

$$1-\eta=(1-\eta_M)(0.5+0.5\sqrt[5]{Re_M/Re}) \quad (5\text{-}57)$$

公式中，假定在模型的水力损失中一半为旋涡损失，不作修正；另一半为摩擦损失，用雷诺数的五次方根来换算。使用雷诺数来代替直径比值体现了对水头效应的考虑。后来，英国工程师霍顿（Hutton）在此基础上做出了修改，即将旋涡损失的系数改为 0.3，摩擦损失的系数改为 0.7，成为了被广泛采用的轴流式水轮机效率换算公式，即

$$1-\eta_T=(1-\eta_M)(0.3+0.7\sqrt[5]{Re_M/Re}) \quad (5\text{-}58)$$

式中　Re_M、Re——模型和真机的雷诺数。

国际电工委员会（IEC）也提出了混流式和轴流式水轮机适用的效率修正公式，即

$$1-\eta_T=(1-\eta_M)\left[(1-\varepsilon)+\varepsilon\sqrt[5]{D_{1M}/D_1}\sqrt[10]{H_M/H}\right] \quad (5\text{-}59)$$

式中　ε——全部水力损失中摩擦损失所占的比例。

混流式和轴流式水轮机以及同一机型在不同工况下的 ε 值都是变化的，近年来许多研究者在用理论分析或统计的方法来探讨 ε 值的大小。图 5-13 所示为不同比转速水轮机在最优效率点所建议的 ε 值。可见，水泵水轮机因为直径相对较大，所以摩擦损失所占的比例也较大，ε=0.6～0.8，而常规水轮机的 ε=0.5～0.7。在相同比转速下，水泵水轮机在作水轮机运行时的 ε 值要大于常规水轮机的 ε 值。

（二）水泵效率换算

水泵叶片流道相对水轮机叶片流道来说较长，摩擦损失在全部损失中所占的比例要大于水轮机中的比例。可逆式水泵水轮机比常规水泵多了一套活动导叶和固定导叶，所

以增加了一部分撞击损失，摩擦损失所占比例要小于常规水泵。图 5-14 所示为不同比转速水泵和水泵水轮机在最优效率点建议的 ε 值。可见，水泵水轮机工况的 $\varepsilon = 0.45 \sim 0.5$，而常规水泵的 $\varepsilon = 0.6 \sim 0.75$。

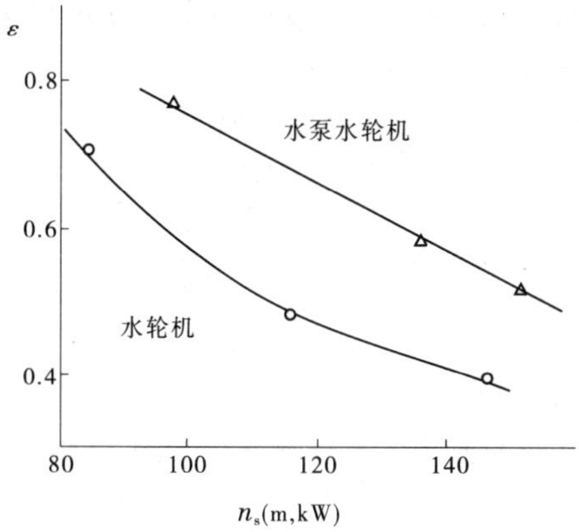

图 5-13　水泵水轮机在水轮机工况下的 $\varepsilon \sim n_s$ 关系

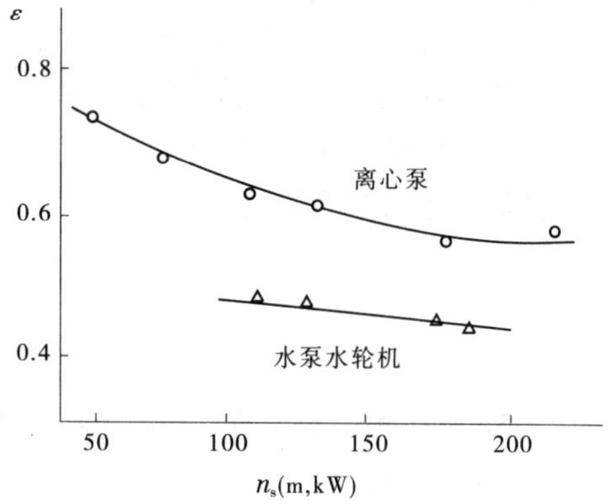

图 5-14　水泵水轮机在水泵工况下的 $\varepsilon \sim n_s$ 关系

国际电工委员会(IEC)推荐的计算真机效率的公式为

$$1 - \eta = (1 - \eta_M)\left[(1 - \varepsilon) + \varepsilon\left(\frac{Re_M}{Re}\right)^{0.16}\right] \tag{5-60}$$

式中，水轮机工况时 $\varepsilon = 0.7$，水泵工况时 $\varepsilon = 0.6$。

日本一些厂家建议水轮机和水泵均采用下式计算真机和模型之间的效率差，即

$$\Delta\eta = \frac{2}{3}(1 - \eta_M)(1 - \sqrt[5]{D_{1M}/D_1}) \tag{5-61}$$

瑞士的 E. W 公司建议用以下公式进行效率修正，即

水轮机工况　$$\Delta\eta = 0.6(1 - \eta_M)(1 - \sqrt[5]{D_{1M}/D_1}\sqrt[10]{H_M/H_P}) \tag{5-62}$$

式中　H_P——真机在最高效率点的水头，m。

水泵工况　$$\Delta\eta = 0.5(1 - \eta_M)[1 - \sqrt[5]{(D_{1M}/D_1)^2}\sqrt[5]{n_M/n_P}] \tag{5-63}$$

式中　n_P——真机的额定转速，r/min。

五、空化特性

(一) 空化现象

在水泵水轮机流道内运动的水流，当其流经速度增高的局部区域时，就会形成局部压力降低，或者水流在某些过流表面产生脱流、旋涡时也会导致局部压力下降。当压力降低到该温度下对应的汽化压力时，就会产生蒸汽微泡。这些微泡随水流运动，当微泡流经高流速区且微泡周围压力低于微泡内的压力时，微泡会瞬间扩大；相反，当微泡流经低流速区且微泡周围压力高于微泡内的压力时，微泡就会瞬间破灭，并对过流表面产生物理、化学等一系列作用的现象叫做空化。

(二) 水轮机工况和水泵工况空化特性比较

水力机械首先发生空化的部位一是沿叶片表面上的低压区，二是叶片头部和水流发

生撞击后的脱流区。水泵工况时，流量改变使水流在叶片进口处发生撞击（小流量时进口水流为正冲角，在叶片吸力面上产生气泡；大流量时进口水流为负冲角，在叶片压力面上产生气泡；只有在最优工况时，叶轮内部水流流动较好），同时流道内的低压区也在进口附近，这就造成动压降较大，空化性能较差；水轮机工况时，水流撞击发生在进口边上，叶片低压区发生在出口附近，所以动压降比较缓和，空化性能就好些。

水泵水轮机水泵工况的气蚀特性曲线如图 5-11 中的 $\sigma \sim Q$ 曲线所示。

从水力机械空化系数的定义上也可以分析出两种工况是有差别的。

水泵空化系数定义为

$$\sigma_P = \Delta h / H \tag{5-64}$$

而

$$\Delta h = \lambda_1 \frac{\omega_1^2}{2g} + \lambda_2 \frac{v_1^2}{2g} \tag{5-65}$$

式中 Δh——水泵进口的净正吸入水头，或称空化裕量，国外称为 NPSH（Net Positive Suction Head），m；

λ_1——水流绕流叶片的动压降系数，或称叶栅空化系数，离心泵的 λ_1 在0.2～0.4之间；

λ_2——水流进入叶片以前的综合损失系数，离心泵的 λ_2 在 1.0～1.4 之间。

水轮机空化系数一般写成

$$\sigma_T = \frac{1}{H}\left(\lambda \frac{\omega_2^2}{2g} + \eta_s \frac{v_2^2}{2g}\right) \tag{5-66}$$

式中 λ——叶栅空化系数，混流式水轮机的 λ 值在 0.05～0.15 之间；

η_s——尾水管恢复系数，混流式水轮机的 η_s 一般为 0.6～0.7。

对比式(5-64)和式(5-66)可以发现，如果水泵的进口相对流速 ω_1、绝对速度 v_1 与水轮机出口相对速度 ω_2、绝对速度 v_2 分别相等，那么水泵的空化系数基本是水轮机的空化系数的2 倍甚至更大。图 5-15 表示一台中高比转速模型混流式水泵水轮机两种工况空化试验的实测结果，可以看出水泵工况的空化系数比水轮机工况的空化系数大了很多，空化系数 σ 越大越易发生空化。

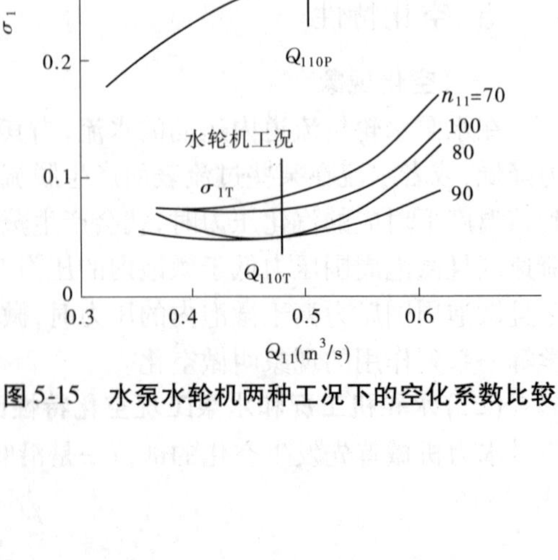

图 5-15　水泵水轮机两种工况下的空化系数比较

但是，对于低比转速（高水头）水泵水轮机，两种工况空化系数的差别一般要小些，在水轮机工况小流量区的空化系数有可能比水泵工况的还大，进行高水头水泵水轮机空化试验时对两种工况都进行全面的试验，才能判定每一个工作范围内最不利的条件。

有些研究者根据统计数据提出了水泵工况时空化系数的估算公式，将其表示为比转速的函数，即

$$\sigma_P = 10^{-3} K_\sigma n_q^{4/3} \tag{5-67}$$

式中　K_σ——比速系数，美国垦务局的斯蒂尔策（Steltzer）建议求临界空化系数时取 K_σ = 1.17，奥地利的克莱恩（Klein）则建议求电站空化系数时取 K_σ = 1.4。

国外一些水泵水轮机制造厂对正在运行中的各种抽水蓄能机组做了数据统计，提出了比速系数 K_q 值与电站吸出高度 H_s（负值表示淹没深度）的关系为

$$H_s = 10 - \left(1 + \frac{H_{Pmax}}{12\ 000}\right)\left(\frac{K_q^{4/3}}{1\ 000}\right) \tag{5-68}$$

式中　H_{Pmax}——水泵工况最大扬程，m。

由于机械设计和土建工程的限制，发展高水头水泵水轮机很可能以 K_q = 4 000 为极限。

美国对 3 台不同比转速的水泵水轮机两种工况下的临界空化系数进行了分析对比，结果如表 5-4 所示。

事实上，在水泵水轮机早期应用时就已发现水泵工况空化性能比水轮机工况空化性能差，在研究常规水泵和常规水轮机时就已经知道有这种差别。

综上所述，可逆式水泵水轮机水泵工况下的空化性能最差。所以，在进行可逆式水泵水轮机的气蚀特性试验、机组机型选择、确定机组吸出高度以及装置高程时，应该以水泵工况的空化特性作为水泵水轮机的空化特性（因为当水泵工况的空化能满足要求时，则水轮机工况的空化一定能满足要求）。

表 5-4　不同比转速的水泵水轮机两种工况下的空化系数对比

比转速 n_{sT}	空化系数	
	水泵工况 σ_P	水轮机工况 σ_T
100	0.10	0.05
168	0.13	0.07
185	0.17	0.08

（三）水头对空化的影响

一般认为，水力机械气蚀破坏的程度与流速的 6 次方成比例。这在非旋转模型的试验设备上已有过很多研究成果，但在旋转模型上由于设备条件的限制，长时间的空化试验不容易做得准确。但是，从另一方面来说，在已投入运行的机组上则有大量的实际观测资料可供分析水头对空化的影响。有一个实例可以提供数量上的概念：安装在南斯拉夫的巴斯塔（B. Basta）可逆式水泵水轮机（H = 554 m，P = 294 MW，n = 429 r/min）基本上是安装在日本的大平水泵水轮机的复制品（H = 490 m，P = 256 MW，n = 400 r/min）。两种机组是水力相似的，只是前者的转速比后者高 7%。大平机组在运行了数千小时后气蚀不严重，但是巴斯塔机组在运行同样时间后气蚀却相当厉害。如果按 1.07（429/400）的 6 次方计算，那么后者的气蚀损伤应该约为前者的 1.5 倍，实际观测大致证实了这种损伤的相对程度。不过影响空化和气蚀的因素很多，巴斯塔水泵水轮机的叶片进口边和出口根部的叶型在经过修整后，转轮局部压力降得以减小，其后机组的气蚀状况已有所改善。

六、吸出高度

(一)水轮机工况的吸出高度

吸出高度是指电站下游尾水至转轮叶片背面接近出口边压力最低点之间的距离。实际上,由于压力最低点难以准确确定,同时它也随工况而变化,通常情况下压力最低点一般在导水机构下环平面附近。工程上将混流式水轮机的吸出高度定义为电站下游尾水至导水机构下环平面之间的距离。因此,吸出高度与机型及安装高程相关。

混流可逆式水泵水轮机的水轮机工况吸出高度确定的方法和常规水泵水轮机相同,即

$$H_{sT} \leqslant 10 - \frac{\nabla_w}{900} - (\sigma_T + \Delta\sigma_T)H_T \tag{5-69}$$

式中　H_{sT}——水轮机工况的吸出高度,m;

∇_w——电站下游尾水高程,m;

σ_T——水轮机工况的模型空化系数;

$\Delta\sigma_T$——水轮机工况的模型空化系数修正值。

水泵水轮机在上、下两库之间工作时,水库的水位是变动的,因此吸出高度也是变化的,通过式(5-69)计算所得的最大值(指绝对值)叫做最大允许吸出高度。

机组的安装高程是指水泵水轮机导叶中心线的海拔高程,所以可得满足混流可逆式水泵水轮机空化要求的机组安装高程∇为

$$\nabla = \nabla_w + H_{sT} + \frac{b_0}{2} \tag{5-70}$$

式中　b_0——导叶高度,m。

(二)水泵工况的吸出高度

混流可逆式水泵水轮机在水泵工况下最容易发生翼型空化的部位在叶片低压区的进口边,这和水轮机工况下最容易发生翼型空化的部位基本上在同一区域,但是水泵工况下的空化程度比水轮机工况严重。水泵工况下吸出高度确定的方法和水轮机工况下吸出高度确定的方法是相同的,只是具体做法有差异。

如果已知机组安装高程(初步估算或借用水轮机工况下的安装高程)和电站四个极限水位之后,水泵工况的吸出高度定义为

$$H_{sP} \leqslant \nabla - Z_{下} \tag{5-71}$$

式中　$Z_{下}$——下水库极限水位(指正常蓄水位与死水位),m。

现在,一般认为水泵水轮机的空化破坏程度与水头的2.5~3.0次方成正比,因此高水头机组的空化趋势是非常强烈的。为了保证机组在运行过程中不发生空化,在设计时必须考虑留有一定的余量。

由于混流可逆式水泵水轮机的水泵工况比水轮机工况空化严重,所以按照水泵工况选定的机组安装高程通常比按水轮机工况选定的安装高程低。安装高程的降低,可以有效改善水泵水轮机的空化性能,但应该注意的是,与此同时厂房的开挖量和土建部分的投资在增大。因此,可逆式水泵水轮机的安装高程应在水泵工况和水轮机工况下初步确定

的安装高程范围内,列出多个方案,然后进行技术、经济比较,才能最终确定。

七、压力脉动

水流的压力脉动是引起水力机械振动的主要原因之一,特别是在大型机组中,其结构强度相对较低,水流的不稳定流动导致了机组产生振动,影响了机组的正常运行,严重时还能导致构件发生疲劳破坏。压力脉动特性是衡量大型水力机组性能的一个重要指标。

水泵水轮机上产生压力脉动的原因主要有以下几方面:

(1)水泵水轮机作为调峰和调频机组,是需频繁启动和停机的,而且也经常在低负荷下运行,所以实际上水轮机工况处于水流条件十分不利的状况下。

(2)水泵工况时,在小流量区将在进口产生回流,致使转轮叶片和水流的撞击加剧。

(3)水泵工况出口水流与活动导叶、固定导叶的撞击是产生压力脉动的主要原因,这种撞击可以直接引起机械部件的振动,或引起上游管道的共振。

(4)压力脉动还可以由水流的特殊流态引起,如水流绕流叶片产生的卡门涡列、水流自叶片上脱流后的旋涡和由水轮机尾水管涡带引起的水流振荡等。

判断压力脉动的程度主要有两个指标:

(1)压力脉动的振幅。通常用 ΔH 来代表高低峰之间的全振幅绝对值,有时也用 $\Delta H/H$ 或 A 来代表全振幅的相对值。

(2)压力脉动频率 f。在水流中存在着由不同振源引起的不同压力脉动频率 f,用频谱分析仪可以找出能量最强的一个或几个主要振动频率,并判断出其振型。

可逆式水泵水轮机的压力脉动特性,需通过全模拟的试验得到。在试验中要测定水泵水轮机若干关键部位的压力脉动数值。图 5-16 所示为模型装置上的各测点编号。试验表明,水泵工况时,总的压力脉动振幅分布是吸水管内(1、2、3 点)的振幅较小,蜗壳内(6、7、8 点)大一些,固定导叶内更大些,而活动导叶与转轮之间(5 点)最大;水轮机工况时,在尾水管上的 1、2、3 三个测点上的压力脉动全振幅值比其他部位都大,这说明水轮机工况的压力脉动主要是由尾水涡带引起的。因此,通常以尾水管上端(转轮低压侧)的压力脉动作为判断水轮机工况压力脉动特征的特征值。

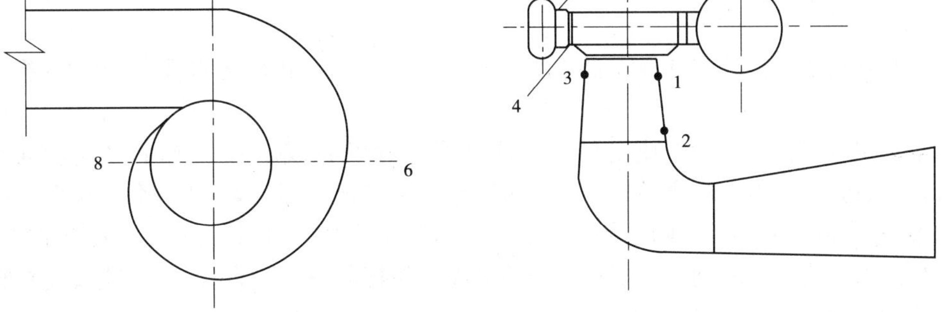

图 5-16　模型水泵水轮机压力脉动测点分布

水泵水轮机的水流压力脉动对机组运行的危害是很大的,其不利影响主要体现在以下几方面：

(1)压力脉动的波峰可能造成过流部件的瞬时超值载荷，形成过大机械应力。高水头水泵水轮机转轮与导叶之间由于压力脉动所形成的动力负荷很大，在过渡工况时，导叶的动力负荷可达正常工况的5～6倍。

(2)压力脉动的波谷可能导致转轮空化的提前发生。

(3)周期性的压力脉动在机组构件上形成交变应力，造成机组某些部件的疲劳破坏。

(4)如果周期性的压力脉动频率与机组构件的自振频率相重合，可能引起机械构件的共振；若与电动发电机电气自振频率重合时，则可引起电功率共振，严重影响机组和电力系统的稳定运行。

因此，降低压力脉动水平是现代研制水泵水轮机的一项重要指标。广州抽水蓄能电站二期的机组在这方面有很大的改善，在模型上各个测点的压力脉动数值都是较低的，如表5-5所示(其中尾水管的三个测点数值相差不多，可以使用某一个为代表性测点)。但是，有许多抽水蓄能机组的压力脉动振幅较高，多年来也在正常运行。所以，那些受压力脉动影响较大的机组可能是由于其某一部位或在某一运行工况产生特别大的振幅，而不一定是压力脉动振幅全面偏高。

表5-5　可逆式水泵水轮机不同工况下的压力脉动振幅(%)

工况	尾水管测点			转轮与导叶之间	
	锥管	肘管外侧	肘管内侧		
水泵最优点	0.25	0.21	0.42	水泵最优点	1.68
水泵零流量	2.1	2.1	2.1	水泵正常最高点	1.73
水轮机额定点	0.3	0.3	0.3	水泵零流量	17.8
水轮机最优点	0.18	0.16	0.15	水轮机额定点	2.9
水轮机部分负荷	1.7	1.5	2.1	水轮机50%负荷	3.9
水轮机空载	1.1	1.4	1.2	水轮机飞逸	33
水轮机飞逸	5.5	4.2	4.3		

八、力特性

水泵水轮机的设计或选择需要考虑三个方面的力特性，即轴向水推力、径向水推力和导叶水力矩。

水泵水轮机在作水轮机或水泵运行时，与常规水轮机或水泵一样，将产生轴向水推力；作水泵运行时，由于蜗壳中的压力分布比水轮机工况更不均匀，所以会产生较大的径向水推力，同时径向水推力随运行工况的不同而改变大小，并且具有一定的随机性；导叶水力矩的大小将直接影响水泵水轮机的结构和操作控制系统的设计，其变化规律对机组的稳定运行有一定影响。

(一)轴向水推力

轴向水推力的形成主要是由于转轮外侧高压面和低压面上的水压力存在差别。对于立式机组,在正常情况下水推力是向下的,此水推力加上转动部件的重量构成推力轴承的负荷。在变动工况下,转轮上、下两侧水压力的分布是变化的,所以轴向水推力也是变化的。

对可逆式水泵水轮机来说,轴向水推力目前还没有精确的计算方法。部分制造厂家经常根据某些模型试验中转轮上冠和下环外侧的压力测量值,进行一定的计算,作为水泵水轮机轴向水推力的估算方法。更多的是直接在模型机组上进行轴向水推力的测定,然后按真机水头换算并附加某些裕量来确定真机的水推力。

目前还很难把轴向力的模型试验结果准确地推算到真机上。这是因为模型转轮的外部尺寸和真机的尺寸常常是不相似的,并且决定水压力分布最关键的密封间隙(低雷诺数流动)很难模拟,所以水力条件的全面模拟十分困难,在设计制造中主要依靠在原型机组上的实测数据。

(二)径向水推力

径向水推力和轴向水推力的很大不同点在于它受四周压力场瞬时变化的影响比较明显,下面仅阐述静态径向水推力。

1. 静态径向水推力(平均径向力)

在机组的实际运行过程中发现,立式水轮机的径向水推力相对轴向水推力来说是很小的。多年来,在水轮机设计中使用相当简单的估算方法所设计的导轴承能符合实际运行的要求。

但在离心泵中,由于叶轮出口水流直接进入蜗壳,隔舌前后的旋涡和回流造成叶轮四周的水力不对称性很大,所以径向水推力在水泵设计中是个十分重要的因素。当水泵流量有变化时,蜗壳内的水压分布也随之改变,径向力的大小和方向也都在改变。在零流量时,径向力的方向指向隔舌,随流量的增大,径向力逐渐向蜗壳大断面方向转动,幅值可能超过 180°。

径向力系数定义为

$$K_r = \frac{9.8F_r}{H_P D_2 b_2} \tag{5-72}$$

式中　F_r——径向力,N;

H_P——扬程,m;

D_2——叶轮外径,cm;

b_2——包括前后盖板厚度的叶轮出口宽度,cm。

经过研究发现,在最优流量时径向水推力系数 K_r 最小。流量大于或小于最优点时,K_r 值都增大,其最大值发生在 $Q=0$ 时。

可逆式水泵水轮机多数装有固定导叶,导叶能使叶轮出口的水流趋于均匀,所以这种泵的径向水推力要比常规离心泵小很多。可逆式水泵水轮机的活动导叶数目较多,转轮四周水流因受导叶的引导而更趋均匀,故径向力进一步减小。

水泵水轮机和常规水轮机一样,在飞逸时水流扰动达到最大程度,径向力也在此时出现最大值。表 5-6 为可逆式水泵水轮机和常规水轮机在不同转速下的径向力系数比较情况。

表 5-6 水泵水轮机和常规水泵水轮机径向力系数比较

径向力系数	平均值 K_{rav}			最大值 K_{rmax}		
转速	n_r	$1.15n_r$	$1.3n_r$	n_r	$1.15n_r$	$1.3n_r$
水泵水轮机 $n_s=130$	0.035	0.06	0.17	0.085	0.11	0.23
水轮机 $n_s=100$	0.02	0.03	0.05	0.06	0.08	0.12

2. 径向水推力的估算

在水轮机设计中通常使用以下三种方法来估算径向水推力：

（1）取径向水推力为导叶圆周面上水压力的1%。

（2）取径向水推力为机组旋转力矩的2%。

（3）对于低比转速水轮机，取径向水推力为轴向水推力的8%～10%。

（三）导叶水力矩

可逆式水泵水轮机的导叶需要同时满足水轮机工况和水泵工况的水流条件，还得使导叶的水作用力和水力矩较小，并且希望两种工况下的水力矩值比较接近，因为这样有利于操作机构的设计。

在实践中发现，对于混流可逆式水泵水轮机来说，对称型导叶在水轮机工况下的水力矩比正曲率导叶小很多，但是对称型导叶的自关趋势小，为了提高自关趋势，可将叶型略向正曲率弯曲一些；水泵工况下，正曲率导叶比对称型导叶水力性能好，在相同的开度和流量下其水力矩小很多，与水轮机工况相比，两种叶型在水泵工况下的单位水力矩都很大，两种叶型在小开度时都有较强的自关趋势，但是随开度的增加逐渐变为自开趋势。

在正常的工作条件下，水泵水轮机不会出现导叶水力矩过大的情况，但是在某些特殊情况下会使导叶受到很大的水压力和水力矩。比如，机组试运行时向空着的压力钢管充水，在打开导叶以前，其内侧是水泵的零流量关闭扬程，而外侧只有很小的压力，这时导叶受到的水压力最大。为了避免这种情况出现，多数抽水蓄能电站采用其他方法使压力钢管先充水，然后再启动水泵水轮机。

有些抽水蓄能电站为了防止在低扬程时抽水功率过大，把导叶开度限制在最优开度的30%～40%，此时导叶上也会受到很大的水力矩。

（四）力特性对水泵水轮机组的影响

水泵水轮机的轴向水推力、径向水推力和导叶的水压力及水力矩对机组的设计和运行都会带来影响，归纳起来主要有以下几个方面：

（1）过大的轴向水推力给机组轴承设计带来困难。为了承受较大的轴向力，推力轴承的结构尺寸将会增大，这势必会增加机组设计和制造的难度及安装的复杂性；同时，轴承的润滑、冷却系统也会变得复杂并需增大容量。

为了减小轴向水推力，有些机组在转轮的上冠上开设减压孔（又称平衡孔），也有使用外部平衡管来控制轴向水推力的。但对高水头的可逆式水泵水轮机来说，因其低压边尺寸较小，泄水锥所占空间有限，其平衡孔的效果也不显著，而且还会影响叶片区的水流运动，引起性能变差。

水泵水轮机在启动和过渡过程时，有时还会产生向上的轴向水推力，较大的上推力对机组的操作和结构的安全均是不利的。

（2）径向水推力的大小直接影响机组导轴承的设计和机组的稳定运行。过大的径向力将使水泵水轮机的导轴承结构变得庞大。由于径向力随工况不断变化大小，而且具有一定的随机性，因而使机组在运行过程中的振动与摆度都发生改变，影响机组稳定运行。过大的径向力还将使导轴承间隙加大，致使水泵水轮机的密封止漏环间隙产生不均匀的水流运动，造成机组的“弓形”振动，进而对机组的临界转速带来影响。

（3）导叶的水压力和水力矩直接关系到导水机构的结构设计和操作控制系统的设计。导叶水力矩的变化规律对水泵水轮机的稳定运行和水泵工况的启动都会产生影响。

第三节　水泵水轮机选型

根据抽水蓄能电站的动能规划，在确定电站装机容量和电站上、下水库的正常蓄水位与死水位之后，就可以进行水泵水轮机的参数计算了，从而进一步选定水泵水轮机的型号、直径、转速和机组的安装高程等指标。

一、选型原则

（1）机型选择时应考虑水泵工况和水轮机工况下性能参数的协调。很明显，抽水蓄能电站两种工况下的性能参数是不相同的，有些电站具有特殊运行的要求，就可能使两种工况下的参数差别很大。因此，对水泵水轮机参数的选择要适应电站运行要求，使两种工况下的参数在最佳协调状态，保证水泵水轮机运行时均能具有良好的性能和最好的运行效果。

对可逆式水泵水轮机来说，很难达到上述要求，这是因为其转轮不可能同时使两种工况都在最优范围内运行，所以在参数选择时必须有所侧重。从抽水蓄能电站在电力系统中的运行方式考虑，因抽水工作时间通常大于发电时间，所以选型时应首先保证水泵工况下的工作区能在最优范围内运行，并适当兼顾水轮机工况下的工作区有较好的效率运行范围；另一方面，水泵工况下的工作条件比较难以满足，因此一般情况下也应该先保证水泵工况在最优范围内运行，而允许水轮机工况稍微偏离其最优工作范围。

（2）机型选择时应保证电站长期运行效率最佳。因此，要在提高电站平均运行效率上认真作机型分析比较。如果电站的水泵工况和水轮机工况运行参数相差很大，应该考虑选用三机串联式机组较有利；对于纯抽水蓄能电站，多数考虑选用二机可逆式机组；对高水头电站，应在充分比较单级或多级可逆式机组的优缺点后再做出选择。

（3）机型选择时还应充分考虑电站引水系统对机组运行的影响。电站调压室（井）布置（上、下游调压室）和压力管道布置与走线对机组稳定运行有直接影响，抽水蓄能电站机组工况变换频繁，应特别注意水泵水轮机在过渡工况时，一定要保证机组运行的稳定性。

如果抽水蓄能电站使用地下厂房，那么机组的安装高程不严格受挖深的限制，水泵水轮机参数可以选得更高些，这有助于提高电站运行效益。

二、选型依据

为了进行水泵水轮机的参数选择和选型设计，首先应该确定以下基本依据：

(1)根据电力系统的运行要求，确定单机容量、机组台数及发电和抽水两种工况下的功率因数。

(2)水轮机工况下的最大水头、最小水头和设计水头，水泵工况下的最大扬程、最小扬程和设计扬程。

(3)两种工况必须达到的最高效率值和允许的最低值。

(4)每天发电和抽水的工作时数，如果是周调节，则需一周内的时数分配。

(5)电站设计所允许的最大淹没深度。

(6)引水系统调节保证计算的限制参数。

(7)水泵水轮机设备产品技术资料，包括产品目录、各类型号水泵水轮机的应用范围图表，以及模型综合特性曲线等。

(8)运输与安装条件的相关资料，包括设备产地到电站的运输线路、运输工具、运输最大部件尺寸限制，电站现场加工组装的技术条件与技术力量等。

三、选型程序

在进行机型选择和参数计算时，要综合比较，合理地确定水泵水轮机的基本参数。一般来说，同一型号的机型选择时应按以下程序进行：

(1)根据电站水头参数和运行条件，参照水泵水轮机运行范围图，选择合适的水泵水轮机型号。

(2)根据电站水头和单机容量，参考统计曲线或估算公式，初步选定水泵水轮机的比转速。一般情况下同一型号的机型可选取2~3个合适的比转速，组成比较方案。

(3)根据初步选定比转速的模型综合特性曲线，进行水泵工况的参数计算、水轮机工况的参数校核，或者相反。从而可得与各比转速相对应时的转轮直径与转速，水泵工况时特征扬程下的流量、功率、效率和吸出高度，以及水轮机工况时特征水头下的流量、出力和效率。

(4)将上述各比转速方案计算所得的性能参数列表对比，必要时作方案经济比较，从而最终选定水泵水轮机的标称直径和标准转速。

(5)根据选定的直径、转速方案再增补几个水头参数，进行补充计算，绘制水泵水轮机运转综合特性曲线。

(6)根据选定方案的吸出高度，确定机组安装高程。

如果根据电站水头和运行条件，可以采用不同型号的水泵水轮机，那么应先在不同型号之间进行比较。

四、选型设计

(一)机型选择

根据抽水蓄能电站的工作水头和运行条件，参考图5-1选择最合适的基本机型。

如果电站运行水头比较低,应考虑选用斜流式机组或混流式机组,在比较两者的优缺点之后再做出选择。斜流式水泵水轮机的机械结构和运行维护相对复杂一些,但在工作水头变化幅度较大的情况下其平均效率要比混流式水泵水轮机高。

在中等水头范围内,多数情况下应选择混流式水泵水轮机。

当电网对抽水蓄能电站有特殊要求或在水泵工况和水轮机工况下的参数差别较大时,应考虑选择三机式机组。

在高水头范围内,应优先考虑单级混流式水泵水轮机。但是,当水头超过 600 ~ 700 m 时,单级水泵水轮机的水力效率已经较低,而且转轮结构应力很大,这给机械的加工、制造留下了一定的困难。因此,此时应该考虑选用二级及以上的多级可调节水泵水轮机,其运行效率是可以得到明显提高的。当然,机组的价格也是需要考虑的一个因素。此外,如果电站所在电网容量很大,并且电网对机组只有调峰的要求,而调频由其他抽水蓄能机组或常规水电机组承担,则应该考虑选用多级无调节的水泵水轮机。这样,水头应用范围将不受限制,所选用的机组也会有较好的经济效益。

(二)参数选择

在规划和可行性研究阶段,一般情况下还没有厂家提供的参数或曲线,只能根据统计曲线和估算公式或参考已建成的抽水蓄能机组资料,初步选定水泵水轮机的比转速、转轮直径、转速等主要的性能参数,待有了模型曲线后再进行修改计算。

近年来,国内外的研究者对水泵水轮机的特性参数作了很多统计和分析。图 5-17 所示为多种性能参数统计的综合。在水轮机工况(见图 5-17(a))和水泵工况(见图 5-17(b))上均标出了 1980 年意大利 DeSiervo 所统计的全世界已运行抽水蓄能机组的水头与比转速关系曲线。这一统计只反映了 80 年代以前的水平,但它是目前最全面的统计分析资料,仍很有参考价值。在两图上另标有 $K=2\ 200$ 和 $K=2\ 400$ 两组曲线,代表近年来的发展趋势,还标出了我国已建成的 7 个抽水蓄能电站机组的参数点。因多数的统计数据来源不同,所以得到的拟合曲线只能是近似的。另外,近年来抽水蓄能电站大量使用地下厂房,设计时常有意地超过常规,将机组的安装高程特别降低,以使机组的比转速得以提高,进而减少机电设备的造价,所以曲线上数据点的分布不像常规水轮机数据那样有规律。

在选定了水泵水轮机的比转速后,下一步就要确定机组的单位转速和单位流量以及空化系数,但是为了取得这样的参考资料难度也不小,因为已有数据的分散性比水头资料的分散性更大。图 5-18 ~ 图 5-20 分别表示 1986 年清华大学统计的水泵水轮机 $n_{11} \sim n_s$、$Q_{11} \sim n_s$ 和 $\sigma \sim n_s$ 曲线,很明显这些图中的数据点是很分散的。

从水力机械研究本身来说,如果能获得各种机型的最优点数据,应该可以归纳出比较有规律的一些曲线,对于设计或选择新机型的参考价值会大些。但是现在所能收集到的数据有些是具体电站的设计指标,或机组的额定点数据或最高参数值,而不是水泵水轮机的最优点数据,其规律性自然不可能很强。因此,在具体选型过程中就需要进行更多的反复试算与比较。

在设计点的性能参数选定以后,需要进一步确定机组的工作范围。水泵工况的工作范围包括流量变化幅度和扬程变化幅度。水泵工况时,由于水泵导叶的调节性能差,故其

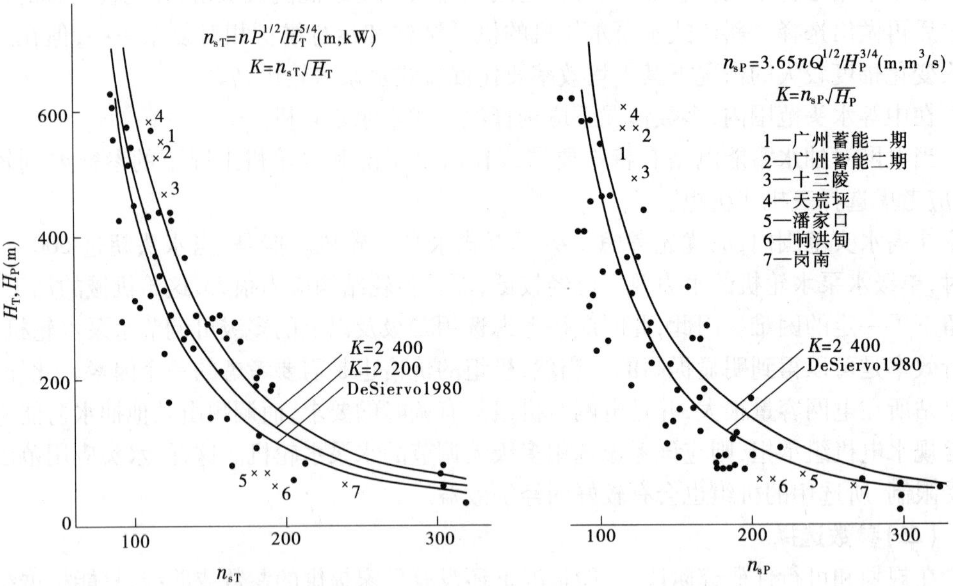

(a)水轮机工况　　(b)水泵工况

图 5-17　可逆式水泵水轮机水头与比转速统计曲线

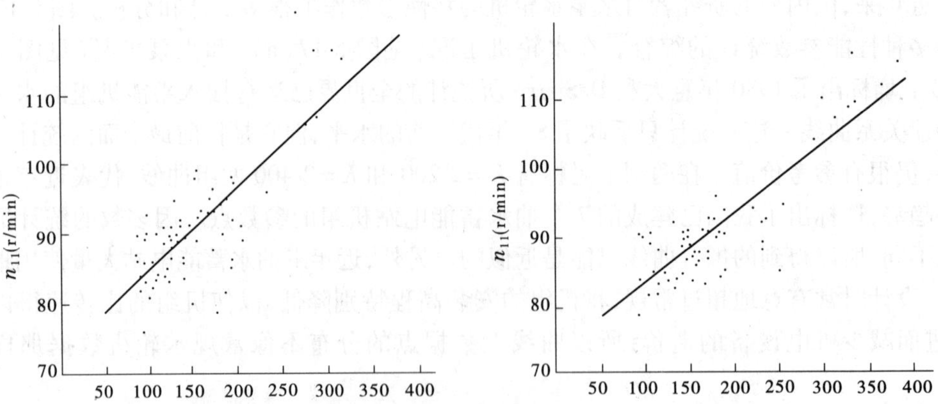

(a)水轮机工况　　(b)水泵工况

图 5-18　可逆式水泵水轮机单位转速与比转速统计关系曲线

高效率范围比较窄，在大流量区（低扬程）要受空化特性的限制，在小流量区（高扬程）又必须避免水泵的进口发生回流；水轮机工况时，由于水轮机有导叶的合理调节，故一般可以得到较宽阔的高效率工作范围。

参数选择中常遇到的一个难题是水头变化幅度过大。根据多年的实践经验，国外制造厂认为混流式水泵水轮机在水泵工况下的最大水头和水轮机工况下的最小水头的比值即 H_{Pmax}/H_{Tmin} 以不超过 1.2 为宜，最多不能超过 1.4。但是，随着科学技术的进步，近年来制造的一些中低水头蓄能机组中有不少已经超过了这一限度。美国垦务局曾建议过的单转速水泵水轮机水泵工况扬程变化的限制范围如表 5-7 所示。

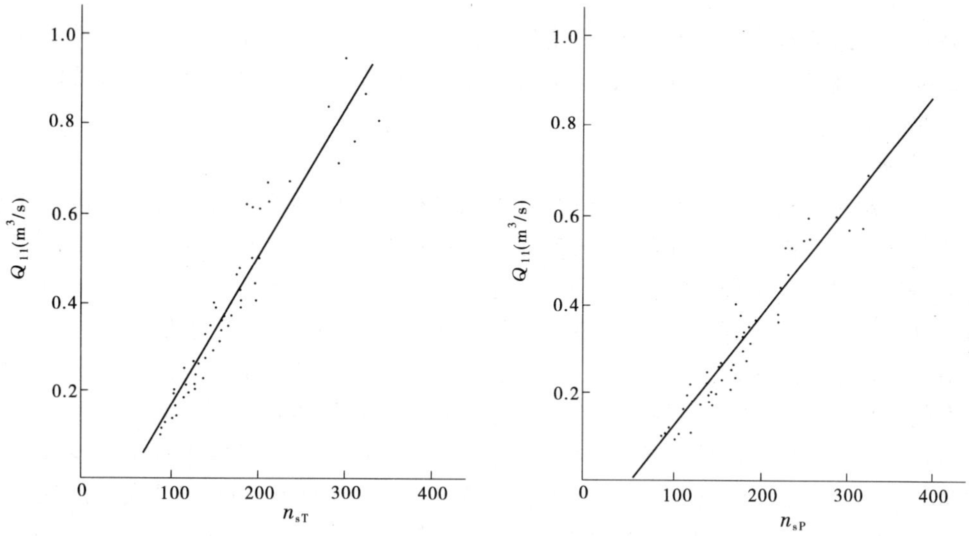

(a)水轮机工况　　(b)水泵工况

图 5-19　可逆式水泵水轮机单位流量与比转速统计关系曲线

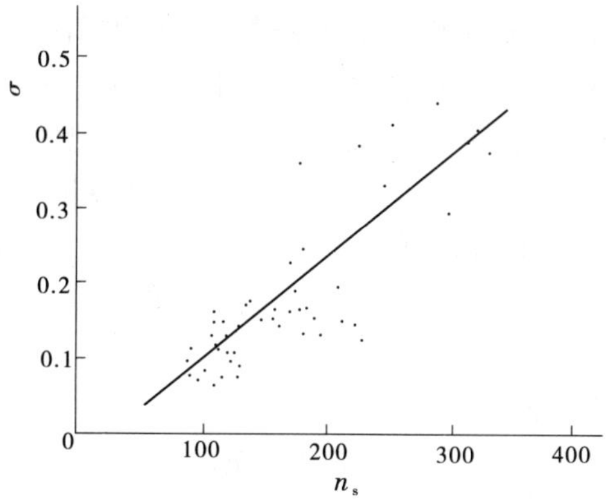

图 5-20　可逆式水泵水轮机空化系数与比转速统计关系曲线

表 5-7　水泵水轮机水泵工况扬程变化建议限制范围

比转速 n_q	<29	30～39	40～68	>68
比转速 n_s	<105	110～140	145～250	>250
扬程比 H_{max}/H_0	1.1	1.15	1.2	1.3
扬程比 H_{min}/H_0	0.95	0.9	0.8	0.7
扬程比 H_{max}/H_{min}	1.16	1.28	1.5	1.85

把单转速水泵水轮机应用到水头变化幅度很大的电站，比如某些中、低水头抽水蓄能电站，特别是常规机组和抽水蓄能机组结合的电站，就会出现工作点偏离最优效率较远和运行不稳定的现象。有些设计者倾向于在常规水电站上增装抽水蓄能机组，从投资的角度看是比较经济的。但是需要注意的是，常规水电站的水头变化幅度一般都比较大，抽水

蓄能机组在这种条件下长期运转经济效益不见得高。

高水头电站的水头绝对值大,水头变化幅度相对值小些,所以高水头水泵水轮机的运行效益都比较高,这是近年来世界各国都大力发展500 m及以上更高水头抽水蓄能电站的一个原因。

(三)参数计算

在有了制造厂提供的模型曲线之后,就可以进行具体的性能参数计算了。可逆式水泵水轮机选型时性能参数的计算过程,实际上就是在水泵工况和水轮机工况的特性相互矛盾的条件下寻求一个最好的折中方案。因此,选型时的参数计算不可能是十分严格的,在每一计算阶段完成后都需要参考经验数据作一些必要的调整,然后再进行下一步计算。

对于三机串联式的水泵水轮机来说,参数计算时可按电站要求进行水泵工况和水轮机工况的计算,最后再检查两种工况下参数之间的配合关系,稍作调整就可以了。

可逆式水泵水轮机的性能参数可以先从水泵工况开始计算,然后再校核水轮机工况的参数是否满足电站设计要求;也可以先从水轮机工况开始计算,再校核水泵工况的参数情况。两种计算方法的最终结果应该是一致的。

下面分别对两种方法的计算过程加以阐述。

1. 由水泵工况开始进行参数计算

水泵水轮机在水泵工况和水轮机工况下的参数计算是在已知单机容量、3个特征水头(最大水头 H_{Tmax}、最小水头 H_{Tmin}、设计水头 H_{Td})和3个特征扬程(最大扬程 H_{Pmax}、最小扬程 H_{Pmin}、设计扬程 H_{Pd})的条件下,根据制造厂家提供的模型特性曲线来进行计算的。

从水泵工况开始参数计算,水轮机工况参数校核的计算步骤如下。

(1)先从水泵工况的模型特性曲线 $H_M \sim Q_M$ 上选取设计点的扬程 H_M 和流量 Q_M。因真机的扬程 H_P 是已知的,所以可求出模型和真机的扬程比值,即

$$K_H = H_M/H_P \tag{5-73}$$

由模型和真机的相似关系可以得到

$$K_H = n_M^2 D_M^2/n^2 D^2 \tag{5-74}$$

所以

$$\sqrt{K_H} = n_M D_M/nD \tag{5-75}$$

式中,带下标“M”的为模型参数,无下标的为真机(原型)参数。

(2)对于抽水蓄能电站来说,一般希望发电和抽水两种工况的电机视在功率相等,因此可由式(5-25)得到水泵工况的流量,即

$$Q_P = \frac{0.95\eta_P\eta_T\eta_M\eta_G H_T\cos\theta_M}{H_P\cos\theta_G}Q_T \tag{5-76}$$

(3)根据相似关系,可以求得模型和真机的流量之比,即

$$K_Q = \frac{Q_M}{Q_P} = \frac{n_M}{n}\left(\frac{D_M}{D}\right)^3 \tag{5-77}$$

因为式中的 Q_M 可以从特性曲线上得到,所以 K_Q 可以求出。

(4)联立式(5-75)和式(5-77),可以解得真机的转速 n 和转轮直径 D。

(5)在 K_H 和 K_Q 都确定之后,由于电站的三个特征扬程是已知的,所以可以通过 K_H

换算成模型的三个特征扬程（即最大扬程 H_{Mmax}、最小扬程 H_{Mmin} 和设计扬程 H_{Md}）；根据模型特性曲线 $H_M \sim Q_M$，相应公式得到三个模型流量 Q_M，再通过 K_Q 换算成三个真机流量 Q_P；根据三个模型流量 Q_M 可以在模型特性曲线 $\eta_M \sim Q_M$ 上得到对应的三个模型效率 η_M，再用水泵效率换算公式得到三个真机效率 η_P；根据三个模型流量 Q_M 可以在模型特性曲线 $\sigma_M \sim Q_M$ 上得到对应的三个空化系数 σ_M，利用公式 $H_s = 9.5 - \sigma_M H_P$ 得到三个吸出高度；最后利用公式 $P_P = 9.81 H_P Q_P / \eta_P$ 可以求得三个特征扬程下的输入功率。

（6）在完成上述水泵工况的参数计算之后，还需要进一步对水轮机工况下的参数进行校核。

由（4）得出的 n 和 D 数值，计算水轮机工况时三个特征水头点（最大水头 H_{Tmax}、最小水头 H_{Tmin}、设计水头 H_{Td}）的单位转速 n_{11} 和单位流量 Q_{11} 值，据此在水轮机模型特性曲线上查得三个模型效率，再用水轮机效率换算公式换算成三个真机效率，最后根据公式 $P_T = 9.81 H_T Q_T \eta_T$ 计算出三个水轮机出力，校验其是否符合原定单机容量的要求。如果功率不符合要求就需要对 Q_{11} 作些调整，而调整后的 Q_T 和 Q_P 的关系已不再符合式（5-76）的比率，但作为选型计算，可以不必返回重算。

（7）把以上各项计算结果列入表 5-8，以供选定机型时进行最后的比较。

（8）针对某些水泵水轮机特性曲线的特点，可能选取最小扬程 H_{Pmin} 为水泵工况的设计点更有利。因为在此点以上水泵效率一般均较高，尤其是在使用双转速的水泵水轮机时这样的考虑特别有利。

表 5-8　参数计算成果

参数	水轮机工况			水泵工况			备注
	H_{Tmax}	H_{Td}	H_{Tmin}	H_{Pmax}	H_{Pd}	H_{Pmin}	
H(m)							
Q(m³/s)							
η(%)							
P(kW)							
H_s(m)							

2. 由水轮机工况开始进行参数计算

也可以由水轮机工况开始参数计算，然后校核水泵工况的参数，其步骤如下：

（1）在水轮机工况下的模型综合特性曲线上，根据判断选取一对单位转速 n_{11} 和单位流量 Q_{11} 数值作为计算的起点，用水轮机选型公式分别来计算转轮直径 D 和转速 n，即

$$D = \sqrt{P_T / 9.8 \eta_T Q_{11T} H_T^{3/2}} \tag{5-78}$$

$$n = n_{11T} \sqrt{H_T} / D \tag{5-79}$$

式中　Q_{11T}——设计点的单位流量，m³/s，可取最优点的 1.1～1.2 倍；

n_{11T}——水轮机工况设计点的单位转速，r/min，可取最优点单位转速的 1.11～1.15 倍；

η_T——初步估计的设计点真机效率(%)。

注意,应选取与计算所得转速 n 值最接近的数值作为同步转速值。

(2)初步选定了转轮直径 D 和转速 n 以后,应先校核水泵工况时各点的参数。这是因为水泵工况的最高效率区比水轮机工况的最高效率区窄,为满足水泵工况的要求很可能还需返回来修改水轮机工况的参数。

根据初步选定的转轮直径 D 和转速 n,以及根据比转速 n_s 所选用的模型特性图上(水泵工况)查得的模型转轮直径 D_M 和转速 n_M,按照式(5-74)可计算出扬程比值 K_H,然后根据 K_H 可以将电站的三个特征扬程(最大扬程 H_{Pmax}、最小扬程 H_{Pmin}、设计扬程 H_{Pd})按照式(5-73)换算成三个模型扬程(即最大扬程 H_{Mmax}、最小扬程 H_{Mmin} 和设计扬程 H_{Md}),最后在模型特性曲线 $H_M \sim Q_M$ 上可以查得三个对应的模型流量 Q_M。

上述计算结果应达到以下三个要求:

①设计扬程 H_{Md} 点应尽量接近水泵的最高效率区;

②在最大扬程 H_{Mmax} 时水泵的流量 Q_{Mmin} 应不小于发生回流的界限(为最优流量 Q_M 的 60%~70%),即 $Q_{Mmin} \geqslant (0.6 \sim 0.7)Q_M$;

③按在最小扬程 H_{Mmin} 处对应的空化系数 σ 计算的吸出高度 $H_s = 9.5 - \sigma H_{Pmin}$ 应不超出电站设计的允许限度。

如果在模型特性曲线上三个扬程点的分布达不到上述要求,那么就可以将直径 D 或转速 n 适当改变来得到新的 K_H 值,然后按照上面的计算过程重新计算。如果只是需要稍微修改 K_H 值,显然改变直径 D 是比较合适的,因为水泵水轮机的转轮直径可以不受现行标称直径规定的限制;另一方面,如果改变转速 n 将涉及更换另外一级同步转速,这样的调整幅度势必将较大。如此经过数次重复计算以后,就可以找到最合适的转轮直径 D 和转速 n 的组合。

对于水头变化幅度较小的高水头抽水蓄能电站,有时希望将最小扬程 H_{Mmin} 点放在效率最高点上,而使设计扬程 H_{Md} 点向小流量方向偏移,这样能获得较好的运转稳定性。

(3)转轮直径 D 和转速 n 确定后,可以按照公式(5-77)计算出流量比值 K_Q,再根据三个扬程点对应的模型流量 Q_M 按相似关系,可以计算水泵工况下三个扬程点的真机流量。

(4)根据三个模型流量,在模型特性曲线 $\eta_M \sim Q_M$ 上可以查得这三个扬程点对应的效率 η_M,然后根据效率换算公式可以换算成真机效率 η_P,最后根据公式 $P_P = 9.81 H_P Q_P / \eta_P$ 计算出水泵的三个真机功率。

(5)根据三个模型流量,在模型特性曲线 $\sigma_M \sim Q_M$ 上可以查得这三个扬程点对应的三个空化系数 σ_M,用通用的吸出高度公式 $H_s = 9.5 - \sigma H_P$ 可以分别计算出三个扬程点的吸出高度 H_s 值。

(6)根据选定的转轮直径 D 和转速 n 来计算水轮机工况的单位转速 n_{11} 和单位流量 Q_{11},即

$$n_{11} = \frac{nD}{\sqrt{H_T}} \tag{5-80}$$

$$Q_{11} = \frac{P_T}{9.81 \eta_T H_T^{2/3} D^2} \tag{5-81}$$

三个特征水头下可以求得三对(n_{11},Q_{11}),进而可以在模型综合特性曲线上查得三个模型效率 η_M,然后根据水轮机效率换算公式可以得到三个真机效率 η_T。在最小水头 H_{Tmin}下根据公式 $Q_{11}=Q/(D^2\sqrt{H})$ 可以求得真机流量 Q_T,然后再求出水轮机出力 P_T,在最大水头 H_{Tmax}和设计水头 H_{Td}时,则由 P_T 反求 Q_T。这样一来,水轮机工况对应的三个特征水头下的效率、流量和出力都已经求得。

由于调整水泵工况参数时改变了原来估算的直径或转速,因而计算所得水轮机出力 P_T 可能和原定的出力有些出入。这时可以根据模型综合特性曲线来适当调整 Q_{11T}的值(这是因为水轮机工况的最大单位流量基本上不受出力限制线的约束,在此区域效率线比较平缓,调整 Q_{11T}是完全可能的),进而来保证水轮机出力 P_T 满足原定的要求。

(7)把以上各项计算结果列入表 5-8 所示的成果计算表内,以便进行最后的比较分析。

(四)快速估算方法选型

在可行性研究阶段或者尚未得到模型特性曲线时,可以参考下述方法粗略估算混流可逆式水泵水轮机的主要性能参数,步骤如下。

(1)根据水轮机工况额定水头 H_T 查图 5-17 所示的曲线,初步选取水轮机的比转速 n_{sT}。当应用水头 $H_T\geq 400$ m 时可以考虑用 $K=2\ 400$ 曲线,当应用水头 H_T 在 200 m 和 400 m 之间时可以用 $K=2\ 200$ 曲线,当应用水头 $H_T<200$ m 时可考虑用相当于 $K=2\ 000$ 或 $K=1\ 800$ 的参数。

(2)初步计算单位流量 Q_{11}和转轮直径 D,即

$$Q_{11}=0.039n_{sT}-0.15 \tag{5-82}$$

$$D=\sqrt{P_T/8.82Q_{11}H_T^{3/2}} \tag{5-83}$$

式中 P_T——水轮机额定功率,kW。

(3)初步计算单位转速 n_{11},即

$$n_{11}=78.5+0.091\ 8n_{sT} \tag{5-84}$$

确定同步转速 n,即

$$n=n_{11}H_T^{1/2}/D \tag{5-85}$$

(4)重新计算水轮机比转速 n_{sT},即

$$n_{sT}=nP_T^{1/2}/H_T^{5/4} \tag{5-86}$$

(5)将新的 n_{sT}值代入第(2)步,重新计算单位流量 Q_{11}和转轮直径 D。

(6)用水轮机工况额定点的比转速 n_{sT}和最大水头 H_{Tmax}来计算吸出高度 H_s,即

$$H_s=9.5-(0.001\ 7n_{sT}-0.008)H_{Tmax} \tag{5-87}$$

(7)从上述第(3)、(5)和(6)步中得到的同步转速 n、转轮直径 D 和吸出高度 H_s 可作为可行性研究阶段水泵水轮机的主要参数。在第(3)步中可选高一档或低一档的同步转速,这样就出现几个方案,以便分析比较。

五、运转特性曲线

把水泵水轮机的水泵工况和水轮机工况的参数计算成果列表并经过比较分析后,可

以从中选出最佳方案，接下来还需要绘制该最佳方案水泵水轮机的运转特性曲线。对某些方案（不同型号或不同直径与转速）需作进一步分析比较时，也需要绘制运转特性曲线。为此，需要在最大水头 H_{Tmax} 和最小水头 H_{Tmin} 之间补插几个水头，在最大扬程 H_{Pmax} 和最小扬程 H_{Pmin} 之间补插几个扬程，进行补充计算。把计算的成果汇总到表 5-8 内，就可以绘制运转特性曲线了。

表达水泵水轮机水泵工况和水轮机工况特性的相对关系的运转特性曲线有以下两种作法：

（1）在水轮机通用的运转特性曲线（以功率为横坐标，水头为纵坐标）上叠加水泵工况特性。但存在与绘制模型特性曲线时一样的问题，即水泵工况的等效率圈不能大范围地展开，这在应用上很不方便。

（2）在以水头为横坐标的曲线上画出两种工况的特性。由于可逆式机组两种工况都覆盖基本相同的水头变化范围，这种画法可以较方便地显示在任何运行水头下两种工况的性能状况，图 5-21 是以水头为公共横坐标，依据容量为 100 MW、水头 $H_T = 95 \sim 115$ m、扬程 $H_P = 100 \sim 120$ m 的混流可逆式水泵水轮机的选型计算结果绘制而成的运转特性曲线。

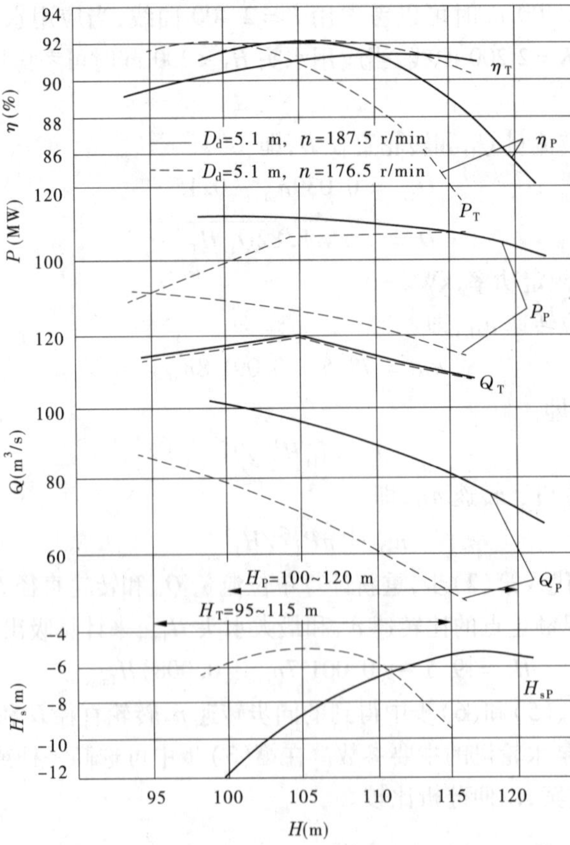

图 5-21　可逆式水泵水轮机运转特性曲线

在水头变化范围已知的情况下，就可以从运转特性曲线上检验选型计算中的以下几项主要参数指标是否得到满足。

①效率。在预期的工作范围内机组效率应不低于设计要求。

②吸出高度。在工作范围内，最小的吸出高度应不低于电站允许限度。

③功率。水泵工况的最大功率应略高于水轮机工况的功率（约10%）。电动发电机的设计将以水泵工况的功率为主，由图5-21中可以看出在发电工况时提高功率因数（如由0.85提高到0.9或0.95）的超额出力可以有多少。

④水量平衡。对于日调节的抽水蓄能电站来说，用两种工况的流量平均值乘以每天的工作小时数可以大致检验一天之内的水量是否平衡。

由图5-21中可以看出，原方案（实线）选用的转轮直径为 $D_1=5.1$ m，转速 $n=187.5$ r/min（电机的磁极对数为16对），但在低扬程范围内水泵工况要求的吸出高度过小（或过低），超过了电站设计限度 -8 m 的要求，所以应另外考虑一个转速方案或采用双转速方案。图中的虚线是表示将转速 n 降低到176.5 r/min（电机的磁极对数为17对）的新特性曲线，使用较低转速后可以解决低扬程范围的吸出高度问题，但是水泵流量 Q_P 和水泵功率 P_P 都将随转速而下降，这又满足不了在高扬程范围内的要求，因此不得不考虑使用双转速电机的方案，在大约 $H=107$ m（高低转速效率曲线的交叉点）以上使用高转速，在 $H=107$ m 以下使用低转速。

从图5-21中还可以看出，在切换至低转速后，水泵流量 Q_P 将由原来的94 m^3/s 降至68 m^3/s（下降了28%），功率 P_P 由110 MW降至85 MW（下降了23%），这些变动对于满足电力系统的要求、充分利用电气设备的容量以及抽水与发电用水的水量平衡等方面来说是不利的。同时，双转速的电机造价较高，而且在运行过程中要停机切换转速也很不方便，所以双转速电机方案也不是理想的方案。对于本例来说，最好是要求制造厂提供一个空化性能更好的转轮，仍争取使用单转速机组的方案。

六、混合式电站选型

混合式抽水蓄能电站大多数是在已建成的常规水电站上增装抽水蓄能机组，用来增加电力系统的调峰能力，改善系统的调节能力，从而使原有发电机组发挥更大的作用。

（一）机型选择

混合式抽水蓄能电站的上游一般都有很大的水库，也就是说发电库容是足够的。但是，大多数水库具有多年调节功能，这就造成混合式抽水蓄能电站的水头变化幅度都比较大。在实际运行过程中，抽水时通常由水泵水轮机来承担，而发电时则由水泵水轮机和常规水轮机共同承担。因此，选择机型时应充分考虑电站的这些实际情况。

对于中低水头的混合式抽水蓄能电站来说，如果水头在斜流式水泵水轮机的运转范围内则应优先考虑这种机型，这是因为其能适应的水头变化幅度大，总体上可以保持较高的效率水平；而对于中水头的抽水蓄能电站，多数以混流式水泵水轮机为主要考虑机型，不过应着重检验其对水头变化的适应能力。

如果常规水电站的任务是以灌溉、给水为主，倘若要增加电力系统的调峰能力，可以考虑只增装专用的水泵，只在负荷低谷时抽水，发电任务则仍由原有的水轮机承担。而专用的水泵在选型上比较简单,完全可能具有比水泵水轮机更高的效率水平。

(二)电站水量平衡及机组参数选择

在混合式抽水蓄能电站机组参数的选择过程中,也有可能出现水泵工况和水轮机工况两种工况的水量平衡问题。由于发电时有水泵水轮机和常规水轮机两种机组工作,所以下泄水量较大,如果电站管理上不允许向下游放水,那么抽水蓄能机组作水泵运行时就得把一天放下来的水都抽回去,所以设计时即应考虑抽水的时间要长一些。在机组选型时应尽量将水泵工况的参数选得高一些,尤其是流量参数要大一些。

思考题

1. 可逆式水泵水轮机有几种类型?各有什么特点?
2. 水泵水轮机的基本参数有哪些?各表示什么含义?
3. 水泵水轮机选型的原则、依据和程序分别是什么?
4. 为何抽水蓄能机组的安装高程要比常规水电机组低很多?
5. 什么是组合式(三机式)蓄能机组?它有哪些优缺点?
6. 水泵水轮机与常规水轮机组相比有哪些不同?
7. 水泵水轮机的水轮机工况和水泵工况的效率为什么要进行换算修正?换算修正的方法有哪些?
8. 水泵水轮机上产生压力脉动的原因是什么?用哪些指标判断压力脉动的程度?
9. 水泵水轮机有哪三个方面的力特性?它们对水泵水轮机组会产生什么影响?
10. 水泵水轮机选型设计需要哪些资料?选型设计步骤有哪些?

第六章 电动发电机

第一节 电动发电机的类型与特点

除了水泵和水轮机之外，抽水蓄能电站机组重要的组成部件就是电动发电机了。对于四机分置式机组来说，电动机与水泵连接运行，发电机与水轮机连接运行，所以和常规的电动机水泵机组、水轮发电机组是一样的。而对于三机串联式或二机可逆式机组的电机来说，其在水泵工况时作电动机运行，在水轮机工况时又作发电机运行，而且其在电气性能和效率方面并没有太大的差别，故称其为电动发电机，也可以叫作发电电动机或可逆电机，在外文资料中称其为 motor-generator 或 generator-motor，这两种叫法是通用的。

一、电动发电机的类型

和常规的水轮发电机一样，电动发电机按其主轴的装置形式可以分为立式机组和卧式机组两大类，而立式机组又根据其推力轴承位置的不同可分为悬吊式和伞式两种机型。

悬吊式电动发电机的推力轴承一般位于转子上方的上机架上。由于转子在推力轴承的下方，这就使得机组的重心较低，运行时机械稳定性较好，并且推力轴承位于发电机层，安装与维护比较方便，这是其最突出的优点。同时，其缺点也是客观存在的，即机组轴向长度较长（相对伞式发电电动机），这就使得机组耗用钢材较多和厂房高度加大，相应投资也增加。

伞式电动发电机的推力轴承一般位于转子下方的下机架上或水泵水轮机的顶盖支架上（可降低机组高度）。这种形式突出的优点是机组轴向尺寸较小（相对悬吊式电动发电机），可以降低厂房高度，同时减少机组钢材耗用量和降低投资，缺点是机组重心较高，运行时机械稳定性较差。

早期的三机式组合抽水蓄能机组容量较小，多采用卧式，这也方便机组的检修和维护。现代的抽水蓄能机组容量一般都比较大，几乎全部采用立式机组。由于技术水平的限制，早期悬式和伞式机组的转速界限偏低。现代抽水蓄能机组对于额定转速高于 500 r/min 的高速机组一般采用悬式，而在此转速以下多采用半伞式或伞式机组。现代的抽水蓄能机组多为高水头、大容量机组，额定转速多在 300 r/min 以上，一般在上机架上装有上部导轴承，用来增加机械转动时的稳定性。在机组高度方面，悬式机组高度最大，半伞式次之，全伞式最小。

电动发电机按其运行时的转速可以分为恒定转速型、双转速型和变转速型。双转速电动发电机可以使水泵水轮机在两个水头（或扬程）下都处于最优工况；变转速电动发电机的转速可以在一定范围内连续变化，使水泵水轮机组在既定水头（或扬程）所要求的最佳转速下运行，不论水头（或扬程）如何变化，机组总能在高效率区内运行。因此，双转速和变转速电动发电机比较适宜在水头(或扬程)变化幅度较大的抽水蓄能电站上使用,但是其造价较高。

二、电动发电机的特点

和常规的水轮发电机相比,抽水蓄能电站中使用的与可逆式水泵水轮机相配套的可逆式电动发电机在运行时有以下几个方面的特点。

(一)双向旋转

由于可逆式水泵水轮机作水轮机和作水泵运行时的旋转方向是相反的,因此与之配套的电动发电机也需要相应地双向运转。为了实现同步电机的双向运转,在电气上就要求电源相序能够转换,这在电气主接线和开关设备的选择上可以实现。电机本身如果作双向旋转,则要求通风冷却系统和轴承等其他机械都能适应双向工作的要求,这与常规的水轮发电机是不同的。对于组合式水泵水轮机来说,由于其水泵和水轮机是分开装置的,所以在设计时可以使作水轮机和水泵运行时的旋转方向相同,那么与之配套的电动发电机就与常规的水轮发电机相差不多了。

(二)启动、停机频繁和工况转换迅速

抽水蓄能电站在电力系统中担任填谷调峰的任务,一般情况下每天至少要启停 2 次,有的抽水蓄能电站要求启停甚至更为频繁。同时,抽水蓄能电站还需经常作调频、调相运行,工况的调整也很频繁。此外,还要求抽水蓄能机组能迅速增减负荷,大型机组一般要求有每秒钟变动 10 MW 负荷的能力,从空载到满负荷以及从抽水直接转换到发电运行,也都要求在很短的时间内完成。由此可见,电动发电机会经常处于这样频繁变化的运行条件下,其内部温度变化自然十分剧烈,电机绕组将产生更大的温度应力和变形,也可能由于温度差在电机内部结露而影响绝缘。突出的例子是英国的蒂诺维克(Dinorwic)抽水蓄能机组,它按每日启、停 40 次设计,发电和抽水工况都要求在 11 s 内由空载突增至满载 320 MW。

(三)需要有专门的启动措施

电动发电机和常规的水轮发电机一样都是同步电机,其在作发电机时可以利用水泵水轮机启动。但是,其在作电动机运行时没有启动力矩,必须依靠其他启动方法将机组从静止状态加速到亚同步转速,投入励磁并上电网才能产生同步转矩并进入同步发电机运行状态,所以必须采用专门的启动方法。为此,在采用异步启动方法时,需要在转子上装设专供启动用的阻尼绕组或者使用实芯磁极,以产生足够大的启动力矩并吸收在启动过程中产生的大量热量。当采用其他启动方法时,均需增加专门的电气设备和相应的电站接线。这些措施都会增加设备的造价,并且使操作系统变得复杂。

(四)过渡过程复杂

抽水蓄能机组在工况转换过程中要经历各种复杂的水力过渡过程和机械、电气瞬态过程。在这些瞬态过程中,机组将发生比常规水轮发电机组大得多且更加复杂的受力和振动。这对于整个电机的设计都提出了更严格的要求。

(五)电机的设计和制造难度较大

为了表示电机的设计和制造难度,现在常用的有两种表达方式。第一种代表电机电

磁设计和机械设计的组合，即

$$电机难度系数 = (视在功率 \times 飞逸转速) \times 10^{-4}$$

式中，视在功率的单位为 MV·A，飞逸转速的单位为 r/min。

另一种则代表推力轴承的承载能力和转速的组合(或称负荷系数，国外也称为能率(duty))，即

$$推力轴承难度系数 = (轴承负荷 \times 转速) \times 10^{-3}$$

式中，轴承负荷的单位为 t，转速的单位为 r/min。

几种近代的大型常规水轮发电机和电动发电机的两项指标比较如表 6-1 所示。

表 6-1　电机的难度系数和推力轴承难度系数

项目	常规水轮发电机				电动发电机		
	大古力	伊泰普	舒申斯克	二滩	广蓄一期	天荒坪	十三陵
电机难度系数	11.34	14.0	19.9	16.5	24.1	24.5	16.1
推力轴承难度系数	400	374	464	421	480	500	265

可见，电动发电机的制造难度系数和轴承难度系数均超过或不低于大型水轮发电机，是电机制造业中一种要求很高的产品。

第二节　电动发电机的主要参数

电动发电机的主要参数有容量、功率因数、额定电压、绝缘等级、短路比和惯性时间常数。

一、容量和功率因数

电动发电机的容量可以用两个参数来表示，即发电机的容量和电动机的轴功率。与它们相关联的另一个参数是两种运行工况下的额定功率因数。电动发电机的容量主要表现在发电工况和抽水工况下的负荷能力，同时也是设计电机的主要指标。在一定转速下，容量决定了电机大小和耗用钢材、铜材的数量。

电动发电机的发电容量应该与水泵水轮机在作水轮机运行时的额定出力相匹配，即

$$P_G = S_G \cos\varphi_G \geq P_T \eta_G \tag{6-1}$$

式中　P_G——可逆电机在作发电机运行时的发电容量，kW 或 MW；

S_G——可逆电机在水轮机工况下的设计容量，kV·A 或 MV·A；

$\cos\varphi_G$——可逆电机在作发电机运行时的额定功率因数；

P_T——可逆式水泵水轮机作水轮机运行时的额定出力，kW 或 MW；

η_G——可逆电机作发电机运行时的额定效率(%)。

电动发电机在电动机状态下的输出轴功率应和水泵水轮机在水泵工况下的输出轴功率相匹配，即

$$P_M = S_M \cos\varphi_M \eta_M \geqslant P_P \tag{6-2}$$

式中 P_M——可逆电机在作电动机运行时的输出轴功率,kW 或 MW;

S_M——可逆电机在水泵工况下的设计容量,kV · A 或 MV · A;

$\cos\varphi_M$——可逆电机在作电动机运行时的额定功率因数;

P_P——可逆式水泵水轮机作水泵运行时的输入轴功率,kW 或 MW;

η_M——可逆电机作电动机运行时的额定效率(%)。

然而,可逆电机的设计容量 S 应综合考虑两种工况,即需要在水轮机工况下的设计容量 S_G 和水泵工况下的容量 S_M 两者之中取最大值,也就是

$$S = \max[S_G, S_M] \tag{6-3}$$

但是,为了充分发挥可逆电机在两种工况下的效益,在规划设计中应尽可能使二者相等,即

$$S_G = S_M \tag{6-4}$$

将式(6-1)和式(6-2)代入式(6-4)可以得到

$$\frac{P_T \eta_G}{\cos\varphi_G} = \frac{P_P}{\cos\varphi_M \eta_M} \tag{6-5}$$

式(6-5)能否得到满足或者接近满足,主要取决于以下几个条件:

(1)水轮机的输出轴功率 P_T 和水泵输入的轴功率 P_P 两者之间的相对大小。根据抽水蓄能电站的水量平衡、发电和抽水的工作小时数、水头、扬程等因素来看,两者是接近的,一般情况下 P_P 略大于 P_T。

(2)电动发电机的效率在两种额定工作状态下可以认为是相等的,即 $\eta_G = \eta_M$。

(3)电动发电机的功率因数反映了其对电力系统输出无功功率的能力,功率因数越小,表明电机发出无功功率的能力越大,反之则越小。电力系统的电压水平取决于系统中无功功率的平衡情况。电动发电机在发电状态下,作为电力系统内的电源,应该向系统中输出一定的无功功率,因而功率因数 $\cos\varphi_G$ 应该略低。但是,过低的功率因数会增加电动发电机的设计容量,即增加了设备的投资,因此一般情况下取 $\cos\varphi_G = 0.9 \sim 0.95$。在抽水工况下,电动发电机是电力系统中负荷的一部分,此时处在电力系统内电源有富裕的情况下,电力系统对无功功率的需求不是很大,因而功率因数 $\cos\varphi_M$ 可以取得大一些,一般情况下取 $\cos\varphi_M = 1.0$。这样,可以有效减少抽水工况下电机的设计容量,同时容易使式(6-4)满足相等的条件。有些大容量的抽水蓄能电站处于负荷中心,对电力系统的电压水平影响较大,为了保持某些枢纽的电压水平,需要根据电力系统的潮流计算来确定发电工况或者抽水工况的功率因数,一般取 $\cos\varphi_M = 0.85 \sim 0.9$。

二、额定电压

额定电压是涉及电动发电机的技术经济指标的重要参数,它同时与电机出口断路器、升压变压器以及电机母线等设备的经济条件有密切的关系。在我国,对发电机的电压等级有国家标准。因此,电动发电机的额定电压选择应符合国家标准。但是,有些国家则认为电动发电机的额定电压由电机设计等方面的技术经济因素来决定,可与制造厂协商确定。一般来说,电机容量越大,其额定电压也相应越高,因为这样才能减少铜材的消耗,并

使电机有比较合理的技术经济指标。

三、绝缘等级

在发电机等电气设备中,绝缘材料是最为薄弱的环节。绝缘材料尤其容易受到高温的影响而加速老化并损坏。不同的绝缘材料耐热性能有所区别,采用不同绝缘材料的电气设备其耐受高温的能力就有不同。因此,一般的电气设备都规定其工作的最高温度。

电动机的绝缘等级是按照电动机所用绝缘材料的允许极限温度,也就是绝缘材料的耐热等级来进行划分的,可以分为 Y、A、E、B、F、H、C 七个等级。所谓允许极限温度是指电机绝缘材料的允许最高工作温度,它反映绝缘材料的耐热性能,而允许温升是指电动机的温度与周围环境温度相比升高的限度。当温度超过绝缘材料所规定的温度后,会加速绝缘材料的老化速度,缩短电机的使用寿命。使用者在发电机工作时应该保证不使发电机绝缘材料超过该温度才能保证发电机正常工作。各等级绝缘材料的极限工作温度如表 6-2 所示。

表 6-2　绝缘材料及其极限工作温度一览表

绝缘等级	Y	A	E	B	F	H	C
极限工作温度(℃)	90	105	120	130	155	180	>180

可逆式电机的定子和转子一般来说都是按照 F 级的绝缘等级来设计和制造的,主要目的是使电机可以适应短时超载运行的情况,而在正常运行时的绝缘等级则为 B 级。这样即使机组在频繁启停的条件下运行,也可以保证电机绝缘的可靠性,有效延长电机的使用寿命。

四、短路比 SCR

短路比 SCR 是关系到电机的静态稳定性的重要参数,直接影响到电机的设计,其表达式为

$$SCR = I_{f0}/I_{fs} = K_{\mu N}/x_d \tag{6-6}$$

式中 I_{f0}——空载额定电压时的励磁电流,A;

I_{fs}——三相稳态短路电流为额定值时的励磁电流,A;

$K_{\mu N}$——空载额定电压时的饱和系数;

x_d——电机的直轴同步电抗的标幺值。

短路比是根据电站的输电距离、负荷变化等因数来确定的。短路比大可以提高同步电机在电力系统中运行的静态稳定性,但是电机转子的耗铜量会增加,电机的造价会大幅提高。一般来说,常规水电站都距离负荷中心较远,为了增加输电的静态稳定性,水轮发电机均采用比较高的短路比,一般在 1.1 ~ 1.3 之间;而抽水蓄能电站在站址选择上比常规水电站灵活得多,且多位于距离负荷中心不远的地方,为了降低电动发电机的造价,常选择较小的短路比,一般在 0.8 ~ 1.0 之间。

五、机组惯性时间常数

机组的转动惯量是电机设计中的一个重要参数,它影响到冷却系统的选择。比如,转

动惯量太小的机组不宜采用直接水冷的可逆电机等。电动发电机的转动惯量通常比同转速、同功率的发电机大一些。电动发电机基本上由水力条件决定，这是因为增大转动惯量可以使压力钢管更经济些。

可逆式电动发电机的转动惯量主要是由电机的转动部分决定，水泵水轮机通常只占10% ~15%。

同步电机的转动惯量通常用惯性时间常数来表示。在我国，习惯上把惯性时间常数定义为在静止电机转子上施加标幺值为1的恒值剩余转矩时，其转速上升到同步转速所需要的时间，也简称为惯性常数。目前国内的一些书籍中又称其为机械时间常数，单位为s，记为 T_j，即

$$T_j = \frac{0.2793 GD^2 n_r^2}{S_N} \times 10^{-6} \tag{6-7}$$

式中　GD^2——机组的飞轮力矩，kN · m²；

n_r——电机的同步转速或额定转速，r/min；

S_N——空载额定电压时的饱和系数。

西方国家则把惯性时间常数定义为同步电机在额定转速下回转体所具有的动能与同步电机额定容量 S_N 的比值，记为 T_a，即

$$T_a = \frac{J\omega_r^2}{2S_N} = \frac{0.2793 GD^2 n_r^2}{2S_N} \times 10^{-6} \tag{6-8}$$

式中　J——回转体的转动惯量，kN · m²；

ω_r——额定转速的角速度，rad/s。

显然，$T_j = 2T_a$。

可逆式电动发电机组的惯性时间常数一般为4 ~12 s，少数机组大于15 s。惯性时间常数的大小主要受以下几个方面因素的影响。

（一）调节保证计算的要求

电动发电机在作发电机运行时，如果突然甩掉负荷，那么机组的转速将快速上升，这时调速器就会发出关闭水轮机导叶的指令。但是，导叶的关闭速度不能太快，否则蜗壳或者压力钢管内的水压力上升就会超过允许值。这样一来，控制机组转速升高的因素就成了计算机组惯性时间常数 T_j 的依据。当然，在水泵工况突然断电时，也会产生类似的过程和要求。

（二）同步电机的稳态稳定性要求

当电力系统发生短路故障时，系统电压会下降，这将导致并列运行的电动发电机的有功功率大幅下降，而水泵水轮机还来不及对这种快速变化作出反应，因而电机转子相对于电力系统的角度（即功角）就会发生变化而增大。当功角增大到某一极限切除角时，如果故障仍不切除，那么电动发电机就会有失步的可能（或者称为失去暂态稳定）。因此，电力系统必须在转子功角达到极限切除角之前切除故障，这样才能保证电动发电机逐步恢复同步，也就是实现暂态稳定。由于电力系统的继电保护有一定的反应时间，断路器也有一定的动作时间，所以切除故障必然存在一定的延时，延时的时间一般在0.1 ~0.2 s。转子功角拉大到极限切除角需要一定的时间，而这个时间正比于机组的惯性时间常数。这

就是说,机组惯性时间常数越大,同步电机到达极限切除角的时间就越长,越容易保证电机的暂态稳定;反之,机组惯性时间常数越小,同步电机达到极限切除角的时间就越短,电动发电机就有可能因为电力系统来不及切除故障而失去暂态稳定。

(三)消除电机功率谐振的要求

电动发电机并列在电力系统中运行时是一个机电振荡系统,存在一个固有自振频率。机组惯性时间常数越大,固有自振频率就越小。而尾水管的水流脉动会造成水泵或水轮机的机械功率摆动,它的频率取决于水泵水轮机的性能和工况。如果这两种频率比较接近,则会发生功率谐振,即电动发电机的功率发生摆动,摆动的幅度与阻尼绕组的设计相关。因此,在设计时应尽量分开这两个频率,避免发生共振。

第三节 电动发电机的结构与通风冷却方式

一、电动发电机的结构

电动发电机的结构形式和常规水轮发电机是相近的。

在运行过程中,电动发电机的转动部分和固定部分所承受的电磁作用力、机械作用力及温度应力都比较大,所以它在机构设计上要比同参数的水轮发电机具有更高的强度。

电动发电机一般由转子、定子、轴承、机架、制动装置和冷却系统等组成。

(一)转子

电动发电机的转子和常规水轮发电机是相类似的,由转子支架、磁轭和磁极三部分组成。转子支架的作用是用来固定磁轭并在磁极与主轴之间传递扭矩;磁轭是电机磁路的组成部分,用来固定磁极,同时利用其转动惯量使机组运行稳定;磁极上装有磁极绕组和阻尼绕组,是产生磁场的主要部件。

当过水流道较长时,电动发电机则按照比较高的惯性时间常数来设计,因而其转子是按转子轮缘所承受的应力(特别是在飞逸转速下的应力)进行设计的。

转子支架包括轮毂和轮辐。常规的轮毂是整体铸造的,运到现场后再与主轴热套成一体。轮辐有臂式和圆盘式两种结构形式,圆盘式支架一般运到现场后再拼焊成整体,由于可逆式机组的旋转方向是双向的,所以不能装设常规的风扇叶片,因此圆盘式轮辐要设计成合适的形状,可以在双向旋转时都起扇风作用;臂式轮辐通常为装配式的。

磁轭一般由厚度为 3 mm 左右的高强度扇型钢板交错叠压而成。磁轭的径向尺寸按磁路和转动惯量的要求来确定。磁轭与转子支架通常用键互相连接。对于空冷式电机,磁轭叠积时每隔一段应留有通风槽,使转子中心的冷空气在转子支架的煽动下穿过通风槽进入磁极间隙和定子中。

轮辐及磁轭的构造简图如图 6-1 所示。

中、低转速的电动发电机通常采用分段叠片或磁轭。直径在 4.5 m 以下,转速在 400 r/min 以上的电机,有时采用整圈的叠片;对于大容量电机,其转速在 600 r/min 及以上时,则需要采用实心磁轭。

磁极是用 1 ~ 3 mm 厚的钢片在工厂叠压而制成的,然后再装上励磁绕组和阻尼绕

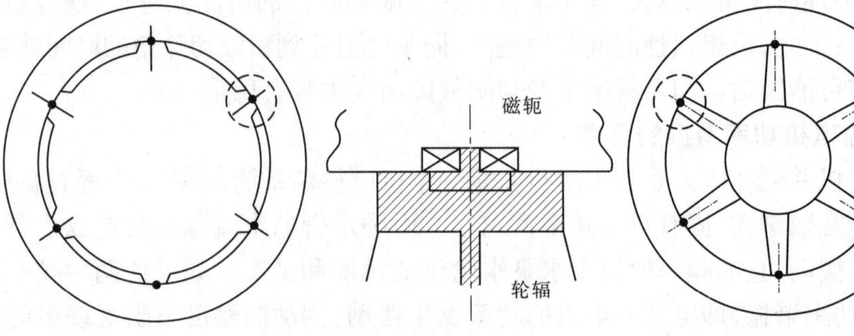

(a)圆盘式轮辐　　(b)臂式轮辐

图 6-1　轮辐及磁轭构造简图

组。在电站施工现场把所有磁极都装配到磁轭上,并连接励磁绕组和阻尼绕组。磁极与磁轭的连接部位是转动系统中应力最高的区域,电动发电机的设计要求在机组发生飞逸 5 min 之内转子结构不产生永久变形,强度设计中要求磁轭断面上的应力在发生飞逸时不大于材料屈服强度的 2/3。

阻尼绕组的设计与电动发电机的抽水启动方式有关。对于异步启动的电动发电机,阻尼绕组要选用高电阻导体以增加启动力矩,并且阻尼条较粗,用力吸收启动过程产生的热量;对于非异步启动的电机,一般选用低电阻导体来制作阻尼绕组,主要为了增强电机在电力系统故障条件下或故障后的正序阻尼作用,以及防止尾水管水压脉动而形成的机电耦合功率振荡。

高速大容量电动发电机采用异步启动时,阻尼绕组常常不能承受启动过程中发出的热量,常使用实心整体磁极。实心磁极为铸钢件,其表面形成阻尼作用并产生异步力矩,启动过程中转子的发热量由磁极体吸收,为增加散热面积,常在磁极表面上开设纵向深槽。

(二)转动部分

抽水蓄能机组的电机转子为了适应高转速的要求(额定转速为 500 r/min 的机组在飞逸时转速可能达到 725 r/min),应该结构紧凑,且在满足转动惯量的条件下具有最小的尺寸。在高速电机上现在开始使用实心轮辐,已不再需要轮毂,而是由几段有较大厚度的环形轮辐通过长螺栓连成整体,再与上下两根主轴连接,这样大大增强了转子体的整体性,更能防止转速快速变化时可能产生的变形。水电机组现在均使用刚性轴系,整个转动部分的固有频率应在第一临界转速之下一定的安全范围内。在满足水泵水轮机和电动发电机的结构要求下,轴承间的距离应缩至最小。在电机转子的上方装设一个导轴承对减轻机组振动是非常有效的。

电动发电机的每个部件都应能承受在各种负荷条件下的离心力、电磁力和热作用力。为了保证机组的耐用性,要用最不利的工况组合来检验每一部件的疲劳寿命。对于电动发电机来说,确定常规水轮发电机尺寸时所用的静态应力设计方法大部分已经不能使用了,机组启动、工况转换和电气短路或同步失败等剧烈变化情况所带来的机械应力、热作用力和电磁负载都将是更难满足的条件。

(三)定子

电动发电机的定子由机座、定子铁芯和定子绕组等部件组成。和常规水轮发电机一样,大、中型电动发电机的定子都是分瓣运输到现场,然后再组装成整体的。

定子机架是由钢板和型材焊接的结构,主要用于固定定子铁芯,并将上机架所传来的下推力传到机墩上。定子机架必须要有相当的刚性,能够承受电磁力和热作用力,防止定子铁芯出现过量的变形。在定子机架的下面经常放一块很厚实的底环,这样可以有效地减轻电气短路时对于基础混凝土的剪切应力。由于受运输条件的限制,当直径大于 4 m 时,定子机座常分为四瓣或六瓣,然后在施工现场再组合成一个整体。

一般情况下,定子铁芯都是在工厂叠积并下好大部分线棒,只留下接合部分的线棒,然后再在工地上装配并焊接,从而完成定子组装的。

电动发电机的运行条件比较恶劣,温度变化剧烈而且频繁。为了加强定子的整体性和增大定子刚度,近来常采取在安装现场叠积铁芯和下线的工艺,实行无合缝装配。首先将定子机架在现场拼焊成整体,然后用 0.35 ~ 0.5 mm 低损耗硅钢片堆积和叠压成一个连续的整环形铁芯结构,最后进行定子下线和绝缘处理。这种定子结构消除了常规安装工艺所形成的接合缝,并使磁路连续,且减少了铁芯损耗,有效提高了效率。

因为定子为整体环形结构,其温度变形是均匀的,可保证转动系统的圆度。传统的定子机架和上下轴承机架的径向支撑结构(也可能包括转子轮辐)可以由斜向支撑代替,斜向支撑与径向的角度可以达到 30°。当支撑受温度变形时,就使定子或轴承座沿圆周方向扭转而少产生径向移动,从而避免影响这些部件的同心度及其变形。

定子绕组用绝缘扁铜线绕制而成,嵌放在铁芯线槽内。电动发电机的定子线棒在槽中的固定是个重要的问题。在运行初期,由于绝缘材料的干缩及机组频繁启停而产生的热变形常常会使定子线棒出现微小的松动。近些年来开始使用波状垫片楔紧线棒,实践证明效果很好。为了防止电机在停机状态下由于温度差造成的内部结露现象,一般常在定子下部装设电加热器。

(四)轴承

导轴承分为上导轴承和下导轴承。它们承受机组的径向力,阻止或限制机组产生的径向摆动。

推力轴承是立式机组的关键部件,用来承受机组转动部分的全部重量和水流的轴向力,并把力传递给荷重机架。它由推力头、推力轴瓦、镜板、轴承座、油槽和冷却器等部件组成。常规水轮机的推力轴瓦是偏心支撑的,机组旋转以后轴瓦倾斜,在镜面板和轴瓦之间形成楔形油膜从而产生润滑作用。但电动发电机需要适应双向旋转的要求,所以其推力轴瓦只能做成对称支撑。这会导致油膜一般较薄,润滑性能较差,摩擦损耗较大且散热困难,因此设计上要用比常规水轮发电机自调整式轴瓦数目多一倍的轴瓦。

可逆式电动发电机因为运行条件恶劣且变化特别频繁,所以推力轴承(包括导轴承)的设计比常规发电机要求更为严格。比如,正常运行温度要低一些(例如 $t < 70$ ℃),以使在特殊情况时温升不致过高(例如飞逸时可达到 80 ~ 90 ℃)。推力轴承的设计应能在无冷却水供应状况下保持运行一定时间(例如 15 min),并且在无制动停机时轴承保证不受损伤(有的机组在这种情况下需向推力轴承打入高压油)。

推力轴承在常规水轮发电机上的布置位置和导轴承的数目决定电机的总体设计和厂房布置。如果用 l_t 代表电机定子铁芯的高度，用 D_i 代表定子铁芯的内径，一般存在如下所列的轴承布置和电机形式之间的规律：

(1) $l_t/D_i > 0.35$，使用悬式结构，有上、下导轴承，或只用一个导轴承。

(2) $0.35 \geq l_t/D_i > 0.25$，使用半伞式结构，有上、下导轴承，或只用一个导轴承。

(3) $l_t/D_i \leq 0.25$，使用全伞式结构，有下导轴承，无上导轴承。

电动发电机的转速高，定子直径较小，高度较大，l_t/D_i 值一般都相当大，应该使用悬式结构。但是，广州抽水蓄能电站一期电机的 l_t/D_i 为 0.62，十三陵电机的 l_t/D_i 为 0.58，却均使用了不同形式的半伞式结构的电机（前者的推力轴承放置在水泵水轮机顶盖上，后者放置在下机架上）。这说明了电动发电机的设计有不同的趋势。

随着电机制造技术的发展，制造难度系数在 20 世纪 60 年代约为 100，70 年代接近 300，到 80 年代已超过 500。电动发电机轴承设计的主要技术问题在于高负荷、高转速和散热。机组的频繁启动、负荷变化迅速和工况的迅速变换，使得推力轴承在短时间内的推力变化很大，形成轴瓦温度快速变化的“热冲击”现象。常规的推力轴承将会发生严重变形而不能正常工作。为此，电动发电机在轴瓦的支撑结构和散热方面采取了多种方法来解决这些问题。

1. 油压顶起推力轴承

电动发电机在启停过程中不可避免要经过低转速区，对于零偏心率的轴瓦来说，液动力润滑作用比较容易形成。这会增加机组启动时的摩擦阻力矩，导致启动困难，并且容易损坏推力轴承。多数抽水蓄能机组的推力轴承都装有高压油顶起装置。在启、停机过程中，高压油通过轴瓦的中心孔射出将转子顶起，在推力头的镜面板与轴瓦之间强制形成油膜并进行润滑。机组运行正常后则自动停止供应高压油，推力轴承自行润滑。

2. 采用双层推力轴瓦

把推力轴瓦做成两层，轴瓦厚度较小（约 50 mm），放在厚实的底板上。瓦面可以用铜材制成，上镶一薄层巴氏合金，底板的上表面开有多道圆周方向的冷却油槽。由于推力头的自泵作用或外部装设的抽油装置，强迫油的反复循环，油通过油槽冷却轴瓦并使油温均匀化，使热变形大为减少。同时由于底板的刚度大，也减小了轴瓦的机械变形。

3. 采用弹簧支承式推力轴承

这种推力轴承的轴瓦放在一簇（10 ~ 20 个）螺旋形压缩弹簧上，利用弹簧的变形来吸收不均匀负荷。弹簧的材质和制造工艺要求很高，每个弹簧的性能都经过精细的调整。这种支撑结构没有偏心，在两个旋转方向上都能形成很好的油膜，达到润滑的目的。

4. 采用直接水冷推力轴承

这种结构的轴承是在推力轴瓦内靠近滑动面处直接通入冷却水来冷却滑动面的油膜，以降低油膜温度，增加油膜厚度，并提高轴承的承载能力。

水冷推力轴承需要一套冷却水流量监控系统，在任何条件下，即使停机状态，也能保持瓦面润滑油和冷却水之间的温度差恒定，以免因温差过大而造成轴瓦的变形。这样一来，在停机一段时间后重新启动的过程中，轴承立刻进入正常工作状态而不会发生延迟。直接水冷式推力轴承在设计时考虑到在满负荷运行状态下，失去冷却水 15 min 之内仍能正常工作,这是利用油箱内足够的油量来实现的。

5. 采用电磁推力轴承

电磁推力轴承实际上是推力轴承的一种减载装置。在推力轴承支架上装设一组环状励磁线圈,通以直流电,利用向上的磁拉力减少轴承的轴向推力,因而允许使用普通的推力轴承就能满足油膜和轴瓦的工作条件,简化了推力轴承的机械结构。这种装置是日本的富士公司设计的,据称可以使机组效率提高0.15%左右,韩国的三浪津(Samrangjin)抽水蓄能电站使用了这种轴承。

6. 采用金属塑料瓦推力轴承

20世纪70代中期,苏联在水电机组上开始推行一种金属塑料弹性瓦推力轴承,它显著地提高了轴承的单位负荷和工作可靠性。近年来,在我国的水轮发电机组上已有不少应用,也存在应用到抽水蓄能机组的可能性。金属塑料瓦的推力轴承主要有以下几个特点:

(1)钢与氟塑料的摩擦系数小,只有0.05~0.08,而一般的钨金瓦则为0.15~0.20。因此,可以显著地减少摩擦损耗,提高机组效率,并且在机组启动时没有“热冲击”,非常有利于抽水蓄能机组的频繁启动。

(2)这种形式的推力轴承可以在不完全润滑条件下较长时间工作,因而允许在低转速下安全运转。停机过程中允许在较低转速下投入机械制动,从而有效减少制动闸板的磨损和污染。但是,过小的摩擦系数,在停机后必须保持一段时间的机械制动,以免因导叶漏水使机组再转动。

(3)当一块扇形轴瓦的氟塑料表面损坏时,不会波及其他各瓦,各瓦仍然可以工作一段时间,避免了紧急停机,也简化了推力轴承的修复工作。这一特点在考虑瓦温检测时与普通的轴瓦稍有不同,一般情况下每块瓦均须设置温度传感器。在瓦数较多时,设置的传感器也应该比普通的轴瓦密。

(4)这种形式的推力轴瓦的单位负荷可达7.2 MPa,而一般的轴瓦则在4~5 MPa以下。

(5)寿命长,在每年启停350~400次的情况下,轴承寿命可达20年。

因此,对抽水蓄能电站的电机来说,这项技术是非常有前途的。

二、电动发电机的通风冷却方式

机组运行时,绕组及铁芯产生大量的热量,为使其温度不至于过高,需要通风冷却。定子和转子的通风冷却方式是影响电动发电机制造极限的重要因素。改善通风冷却系统,可以减小电机的尺寸和通风损失,从而提高电机容量的制造极限。由于电动发电机是双向旋转的,所以对其通风冷却系统的要求是发电机工况和电动机工况运行时的冷却效果相同。水轮发电机的通风冷却一般利用转子两端的风扇来实现,如果在电动发电机上依然采用这种方式冷却的话,那么在考虑电机双向旋转的条件时就要把风扇设计为无方向离心式。显然这种风扇的效率很低,而现代的电动发电机的基本特点又恰是高转速,为了达到理想的冷却效果,常采用的冷却方式有以下几种。

(一)循环风冷却

循环风冷却方式可分为无风扇径向通风冷却(也可以称为磁轭径向通风冷却)和电动风扇冷却(也可以称为强制通风冷却)两种。

1. 无风扇径向通风冷却

低转速、大容量的电动发电机或利用转子本身的鼓风作用,或靠做成适当形状的转子支臂和磁轭来起扇风作用,将冷空气从转子两端吸入,沿转子磁轭的通风槽在离心力的作用下通过磁极的空间来冷却励磁绕组,然后再进入定子通风槽对定子线圈和铁芯进行冷却,热空气经定子外部的空气冷却器冷却后,再返回转子两端形成密闭式空气冷却系统,如此循环流通。这种冷却方式没有电风扇,省去了风扇电机的维护工作量,简化了机内的布置,提高了机组运行的可靠性和电动发电机的效率。为了提高通风冷却效果,可以在磁极和定子上下空间架设挡风板,主要是为了加大磁轭通风槽的高度,保证冷却空气流动时的均匀分布。

根据资料统计,采用无风扇径向通风冷却方式中最大的发电机组是日本的本川(Hongawa)机组,其每极容量为17.6 MV · A,而我国的天荒坪机组的每极容量则达29.2 MV · A,已超出现有的制造实绩,不过制造厂在经过模型试验后证明使用无外加风机的设计仍可以满足电机冷却的要求。

2. 电动风扇通风冷却

一般来说,高转速机组的转子长度大、直径小,这时从中部空间进入的空气量是不充足的,无风扇径向通风冷却方式很难做到沿电机长度方向均匀冷却。因此,有的电机在转子磁轭高度的中部留出1或2个间隔(相当于1个特别宽的通风槽),在其中安放通风叶片,用以加强中段的散热。也有的电机使用外设电动风扇强制通风冷却,由风扇进入的冷空气流,一部分从转子磁轭的通风道径向进入磁极线圈与磁极铁芯之间的空隙,直接冷却磁极线圈的内侧面,并从极靴上的气孔逸出再进入定子通风沟,另一部分沿着磁极的轴向间隙流过磁极线圈的外侧面,并在离心力作用下进入定子通风沟。两部分空气最后经过外部的空气冷却器冷却并形成循环,可见磁极线圈的内外两侧都得到了冷却,这有效提高了电动发电机的极限容量。但是,应特别注意采用外设电动风扇冷却时风扇的噪声水平问题。

绝大多数的电机(当然也包括电动发电机)都使用强制循环的空气来冷却转子和定子绕组,热空气再通过空气冷却器用水间接冷却。如果冷却器进口水温低,那么冷却器就可以设计得小一些;反之,如果冷却器进口水温度高,那么冷却器尺寸就要设计得大一些,同时存在布置困难和电机造价增大的问题。所以,在设计电机时应尽量选用温度较低的冷却水源,我国水轮发电机制造标准中规定以25 ℃为设计依据,一般情况下不超过28 ℃。

(二)直接水冷却

当电机容量和转速超过一定限度时,空气冷却方式给机组的制造带来了一定的困难,这时采用直接水冷方式就成为了更好的选择。相对空气冷却方式来说,直接水冷方式具有较大的优越性,首先是明显减小了电机的外形尺寸和重量;其次,水冷方式电机的绕组和励磁绕组的温度较低,且与铁芯之间的温度差较小,这在工况快速转换时,其绕组绝缘的热循环应力可以大幅减小,同时由于定子绕组温度低,铜耗就小,转子尺寸也小且风损小，电机效率较高。

在考虑采用直接水冷电机时，需要注意机组的转动惯量。由于直接水冷电机比空冷电机尺寸小，其转动惯量也相应减小，这对同步电机并入电网的稳定性、自振频率和机组的调节保证不利，需要加以核算。

为了进一步加强水冷却的效果，可以将电机绕组做成空心的，使冷却水从中通过并将热量带走。如果定子绕组使用水冷而转子绕组仍为风冷则称为半水内冷，如果定子和转子绕组都为水冷则称为全水内冷，或双水内冷。

在汽轮发电机上曾使用过双水内冷结构。但是，双水内冷的工艺要求很高，水轮发电机的线棒数目比汽轮发电机更多，因此有大量复杂的接头，这就增加了运行时发生漏水的可能性。为了保证运行的可靠性，在水电机组上多数场合下只使用半水内冷，即只用水冷却定子绕组，转子绕组仍用空气冷却。另外，用直接水冷却方式还涉及复杂的水处理过程，这些水处理设备要占据电站厂房内较大的空间。

（三）蒸发冷却方式

蒸发冷却方式是采用氟里昂或其他沸点较低的特种液体作为内冷介质，利用其蒸发热带走电机绕组的热量，保持绕组温度在低温沸点附近，蒸发后的气体再经水冷却后恢复为液态重新返回循环。由于这种介质是绝缘的，少量渗漏不会影响电机的安全运行，所以能提高电机的运行率（或可用率）。

电动发电机的温升一般比常规发电机的温升高一些，蒸发冷却技术的成功发展可对今后电动发电机的设计改进起促进作用。

第四节　电动发电机的启动与机组的电气制动

一、电动发电机的启动

多机组合式机组与双机可逆式机组的电动发电机在电动机工况（或水泵水轮机的水泵工况）的启动方式有着本质上的区别。对于组合式机组来说，抽水工况和发电工况的旋转方向一致，所以电动机工况的启动方式就比较简单，一般由主水轮机或者附加的小的启动水轮机将机组启动到额定转速，然后并入系统、关闭水轮机的进水流道、开启水泵出水阀，机组就进入了抽水工况；而对于可逆式机组来说，由于发电工况和抽水工况旋转方向不同，其电动机工况的启动方式要复杂得多。

机组转动部分的运动方程可以表示为

$$2T_a \frac{\mathrm{d}n/n_r}{\mathrm{d}t} = T - T_L \tag{6-9}$$

上式可以变形为

$$t_a = 2T_a \int_{n=0}^{n=n_r} \frac{\mathrm{d}n/n_r}{T - T_L} \tag{6-10}$$

式中　T_a——惯性时间常数；

n——电动发电机的转速，r/min；

n_r——电动发电机的额定转速,r/min;

T——驱动力矩的标幺值;

T_L——启动阻力矩的标幺值,可视为与转速的平方成正比;

t_a——启动时间,s。

由式(6-10)可知,机组的启动时间 t_a 与机组的惯性时间常数 T_a 成正比,与由 $(T-T_L)$ 所构成的加速力矩的大小和转速关系曲线的形状紧密相关。

电动机工况启动时有水泵在水中旋转启动和在空气中旋转启动两种情况。

转轮在水中启动所需要的启动容量较大,约为电机额定容量的60%,但启动时间较短。由于多级可逆式机组没有活动导叶,所以只能在水中启动。

为了改善机组的启动过程,减小启动阻力矩,一般都在水泵启动时向转轮室通入高压压缩空气,使转轮脱离水面在空气中旋转启动并加速,等到同步转速电机并入电网后,再排除压缩空气使转轮室充水。这样一来,机组在额定转速下的阻力矩就从机组额定转矩的30%左右下降到1%~5%,同时用高压油顶转子设备向推力轴承注入高压油,可以使机组刚开始转动的起步力矩从机组额定转矩的20%~30%减小到可以省略不计。

由式(6-10)可知,机组在额定力矩加速下,驱动力矩和启动时间的关系如图6-2所示。图中分别表示出在额定转速时启动阻力矩 T_L 为2%和5%机组额定转矩下的两种情况。图中 T/T_N 为机组额定转速时的驱动力矩与机组发电工况下的额定力矩之比,t_a/H 为启动时间与机组惯性时间常数之比。显然,驱动力矩的大小将直接关系到启动设备的容量和造价。从图中可以看出,驱动力矩的过分增大,并不会使启动时间明显减小,而启动时间的过分延长,也不会使所需要的驱动力矩明显减小。图中所示的阴影部分是一个较佳的范围,其对应的启动时间相对值 t_a/H 为30~80,若机组的惯性时间常数 T_a 为4,则对应的启动时间为120~320 s。当电力系统对机组的启动时间要求不高时,取较长的启动时间在经济上是有利的。启动装置额定输出力矩最小一般为机组额定转速下阻力矩的120%。

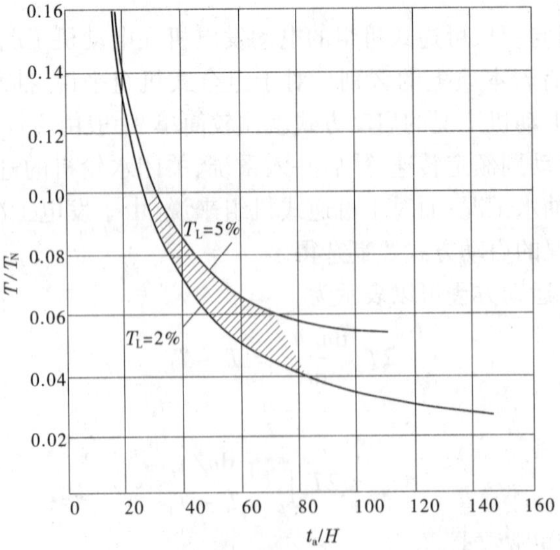

图 6-2　驱动力矩和启动时间的关系曲线

目前，可逆式抽水蓄能机组电动机工况几乎都是采用电气的方法来启动。过去有采用同轴小水轮机启动的，但这种方法成本高、水力管道和机组结构复杂，现在已很少使用。

电动机工况启动是抽水蓄能机组重要的特殊技术问题。为使电动发电机作电动机运行时启动电流不致过大，并对电网不产生过大的扰动，必须采用专门的电气设备及操作方法。相应的启动方式也有多种，常用的大致有同步启动、半同步启动、异步启动、同轴电动机启动和变频启动 5 种。各种启动方式的典型转矩和转速特性如图 6-3 所示。除全电压异步启动方式外，其他启动方式均需水泵水轮机同时充气压水，以减少启动时的转矩。

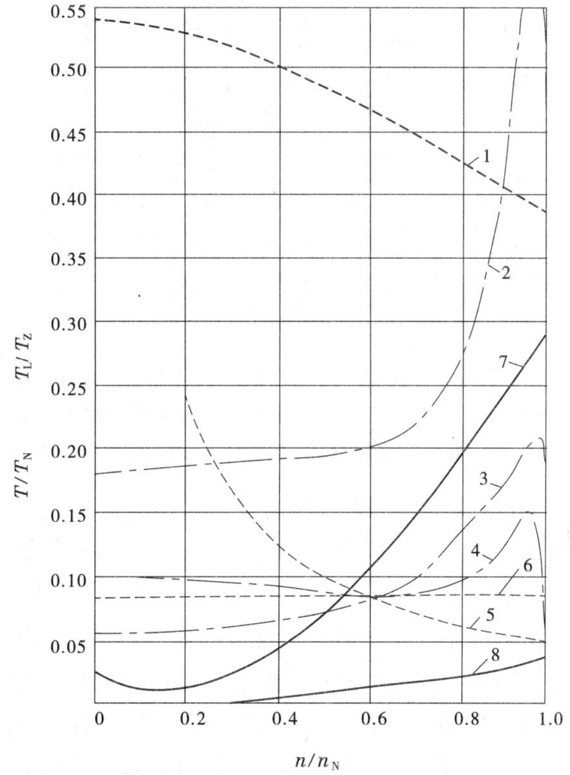

1—混流式水轮机启动；2—全压直接异步启动（转子带阻尼绕组）；
3—降压异步启动（转子带阻尼绕组）；4—降压异步启动（转子为整体磁极）；
5—变频器启动（$n>0.2n_r$ 时为恒功率启动）；6—变频器启动（恒力矩启动）或同轴小电机启动；
7—启动阻力矩（导叶关闭，转轮室充水）；8—启动阻力矩（导叶关闭，转轮室压水）

图 6-3　可逆机组电动机工况各种启动方式的转矩曲线

（一）同步启动

1. 工作原理

同步启动是利用本电站或相邻电站的一台机组（常规发电机组或抽水蓄能机组都可以）作为启动电源来启动机组的一种启动方式，也就是通常所说的“背靠背”启动方式。启动前需要将被启动机组（电动机）与启动机组（发电机）在电气上互相连接，并分别加上适当的励磁。启动时开启启动机组的导叶，将其发电机产生的低频电源直接加在电动机定子上,被启动机组(电动机)在同步转矩作用下跟随启动机组同步旋转。随着启动机组导叶逐渐开大,同步旋转速度逐步上升,当加速到额定转速的80%时,分别投入各自的励磁调节器并继续同步升速到额定转速。然后以同期方式并入电网,解除发电机并使之逐渐减速、停机,这样就完成了启动过程。启动发电机的容量应不小于被启动电动机容量的15% ~20%,启动时间一般为2 ~4 min。图6-4为一典型的同步启动方式电气接线图,其设置了专用的启动母线(在主变压器的高压侧或者低压侧都可以)。

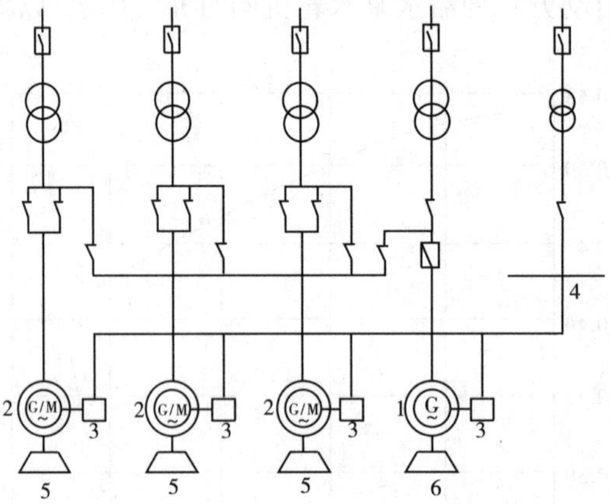

1—电动发电机(启动用);2—电动发电机(被启动);3—励磁装置;
4—厂用电母线;5—水泵水轮机(被启动);6—水泵水轮机(启动用)

图6-4 同步启动方式电气接线图

如果设置专用的启动母线的话,根据其设置部位的不同,同步启动可以分为低压同步启动和高压同步启动两种方式。启动母线位于主变压器低压侧的称为低压同步启动,位于高压侧的称为高压同步启动。根据启动母线连接方式的不同,同步启动可以分为1对n同步启动和互连同步启动两种方式。固定一台机组作为启动机组来启动其他n台机组的叫做1对n同步启动,任意一台机组既可以作启动机组也可以作被启动机组的叫做互连同步启动。如果启动发电机的容量很大,可以利用同步启动方式一次启动几台电动机。但在多数抽水蓄能电站内是用同样容量的机组一对一地启动,或者用一台较小的发电机专作启动之用。

一般大型抽水蓄能电站的可逆式机组都装有按同步启动操作的控制设备,可以和变频启动设备交替使用。

2. 启动特点

(1)启动过程中没有从电力系统接受启动电力,所以不会对电力系统产生影响。

(2)采用转轮室压水启动时,启动机组的容量仅为被启动机组容量的15% ~20%,只要启动机组容量足够,就可以同时启动2台同类机组;相邻电站的中小容量机组,在满足启动条件(如容量、启动回路阻抗等)的情况下可以用做启动机组,这扩大了同步启动的使用范围。

(3)发电机完成一次启动后要停机才能进行另一次启动,启动过程的调整和操作比较复杂;采用互连同步启动方式可以提高灵活性,但这将使操作及其控制回路复杂化。

(4)在启动前,无论是启动机组还是被启动机组都需要先加励磁(需要预先通过试验来确定加速过程及投入励磁的时间),所以励磁变压器需接在发电机断路器外侧或者由厂用电源供电。

(5)如果设置专用的启动母线及相应的开关设备,将使接线及其布置复杂化,且增加了设备的投资。

(6)保护装置应该能适应在 0 ~50 Hz 可靠动作,以保证启动过程中起到保护作用。

(7)纯抽水蓄能电站的最后一台机组不能启动,还需装置其他方式的启动设备。

在混合式抽水蓄能电站内或者在抽水蓄能电站附近有常规水电站的场合,可用常规水轮发电机来启动抽水蓄能机组抽水,此时同步启动方式的优越性是明显的。

在同步启动方式的启动过程中可以分为启动同步和同步加速两个阶段。从启动机组开启导叶起到被启动机组与启动机组同步止,是决定同步启动成功与否(启动初期被启动机组的转速小于同步转速的 3% 时能否接受同步)的关键。这与两台机组的励磁电流(通常给发电机加空载额定励磁,电动机加 8% 空载励磁)及其比值、电机回路的阻抗、导叶开启速度(一台发电机启动一台同样容量的电动机时,导叶开启的最佳速度为每秒 0.5% ~0.6% 导叶全开度)、被启动机组的阻力矩特性、两台机组的起始相位角和转动惯量等因素相关,其中前三项是主要的因素。当被启动机组的转速与启动机组转速同步后就进入了同步加速阶段,这时发动机的输入功率只要不超过作用于两台机组之间的同步功率就能保持同步加速。

同步启动适用于各种容量机组的启动,既可以适用于转轮室压水条件下启动,也可以适用于水中启动。同步启动所需增加的附加费用一般要低于同轴小电机启动,尤其在机组台数较多的情况下,同步启动的经济性就更加优越,因此获得了广泛的应用。由于同步启动时需要有一台机组作发电机来启动其他机组,因此对纯抽水蓄能电站来说,当需全部机组投入抽水工况运行时,还需要与其他启动方式配合使用。

(二)半同步启动

1. 工作原理

半同步启动是介于同步启动和异步启动之间由二者组合的一种启动方式,又叫作异步—同步启动或低频启动。

启动前将启动机组(发电机)与被启动机组(电动机)在电气上互相连接,然后在不加励磁的状态下启动发电机。当转速大约升高到额定转速的 80% 时投入励磁,这时发电机的端电压为额定电压的 60% ~70%,把这个电压施加到被启动机组上能产生异步转矩使之启动并加速,而发电机则因消耗了能量而转速下降。当两台机组的转速接近时给被启动机组加励磁,使之与启动机组同步。最后被启动机组在启动机组驱动下同步加速到额定转速,电动机同期并网后断开发电机,这就完成了启动过程。

2. 启动特点

(1)与同步启动一样,启动过程不会对电力系统产生影响;不需要独立的励磁电源,但是启动过程中需要先后分别给发电机、电动机加励磁,操作复杂;如果设置专用的启动母线及相应的开关设备,接线及布置复杂且投资会增加;需要预先通过试验来确定加速过程及投入励磁的时间;纯抽水蓄能电站的最后一台机组不能启动,还需其他启动方式。

(2)与同步启动不同,没有启动同步阶段。当依次连续启动时发电机不需要停机就可以启动下一台机组,操作时迅速,可以缩短整个电站的启动时间。

(3)启动机组的容量要在被启动机组容量的80%及其以上,启动时间一般为3～5 min。

(4)被启动机组的阻尼绕组要有足够的热强度和机械强度,能适应异步启动的要求。

半同步启动方式的电气接线与同步启动方式是相同的。半同步启动也适用于各种容量机组的启动,所需增加的附加费用与同步启动方式相同。由于半同步启动方式在启动过程中需要分别操作两台机组,控制回路比较复杂,所以只在少数电站上获得了应用。

(三)异步启动

1. 工作原理

异步启动是将电动发电机直接作为一个启动发电机在线使用的启动方式。先将电动发电机的励磁绕组短接,然后在静止状态下直接将其并入电网,电机转子阻尼绕组会产生较强的感应电流,利用定子的旋转磁场和阻尼绕组的感应电流相互作用时所产生的异步力矩,使电机像感应电动机一样启动起来并加速。在转速接近同步转速时再投入励磁,机组随即被拉入同步状态,启动完成。

2. 启动方法

在满足启动力矩、启动电流、启动压降和启动时间等要求的情况下,异步启动加电压的方式有全电压启动、降压启动和部分绕组启动3种。

1)全电压启动

全电压要求转轮在空气中启动。当转轮室的水位被压缩空气压低后,将电动发电机接入电网,在异步力矩作用下,机组逐渐升速,在接近同步转速时转子投入励磁,机组进入同步状态。

全电压启动不需要装设附属设备,投资省且接线简单,其启动力矩大且启动时间短(约30 s),同时机组之间的干扰最小,是最简单且又最经济的启动方式。

但是,全电压启动的缺点也很明显。比如,机组刚启动时要从系统吸收200%～400%的机组额定功率且功率因数很低,致使电动发电机的启动电流较大(为额定电流的2～4倍),在启动瞬间使电网受到较大的冲击,并产生明显的电压降(其实际值取决于电网结构和短路电流)。由于启动时间较短,机组启动过程中阻尼绕组所产生的大量热量来不及散发,这就引起较大的热应力,为此可以采用阻尼绕组水内冷及整体转子磁极等改进措施。但电机结构将变得复杂,造价增高,同时定子绕组也将承受较大的机械应力。

因此,全电压启动方法只能应用于中小型抽水蓄能机组,但是其主要的决定因素还是电网容量,也就是电网能承受电压降的程度。

2)降压启动

为了改善大型抽水蓄能机组的异步启动过程,可以采用降压启动方法。

降压启动是利用主变压器抽头或接入电抗器来降低电源电压的异步启动方法。先利用主变压器抽头或电抗器降低电源电压并使机组启动,当转速接近额定转速时改接为全电压,然后投入励磁并拉入同步,启动完成。为了减小在切换过程中对电网的冲击,也可以先在半电压下同步,然后切换至全电压。

相对全电压启动方法来说，降压启动减小了启动电流和对电网的冲击，降低了电动发电机的温升。但是，启动力矩也将随之降低，启动时间则要延长（一般为1～2 min），同时需要额外增加降压设备，投资也将增加。不过，对于中小型机组来说，可以多台机组合用一套降压设备，但是需要增设启动母线和切换装置。

3）部分绕组启动

部分绕组启动也是降压启动的一种，它采用定子绕组转换的方法，使电机启动时定子绕组的端电压低于额定电压，从而减小启动电流。不过，因为电动机的转矩与端电压的平方成正比，因此启动转矩也减小了，所需要的启动时间也加长了（一般在1 min左右）。如果电动发电机的定子绕组每相都是做成分段多支的，启动时可以只使用其中部分绕组，以减小启动电流，启动完成后再接入其他部分的绕组。

部分绕组启动具有降压启动的优点，但是增加了机组定子引出线的复杂性，实际上应用得并不多。

（四）同轴小电动机启动

同轴小电动机启动是利用装在电动发电机顶部、直接与主轴同轴连接的一台专用小容量绕线式感应电动机来启动主机的一种启动方式。小电机一般比主机少一对或几对磁极，其相应的额定转速要比主机高一些。为了调节转速，启动电动机的绕线式转子回路中要接入液体型可变电阻及其循环冷却系统。在启动过程中调节液体电阻器，使小电机保持一定的出力和转矩，当接近主机额定转速时，调节液体电阻器使之等速并进行同期并网，然后切断小电机电源回路，启动过程就完成了。

同轴小电动机启动具有以下几个特点：

（1）由于启动电动机与主机同轴连接，所以一台小电机只能启动与之相连的电动发电机。

（2）启动电动机的容量与主机的转动惯量、启动和加速的时间相关，通常采用转轮室压水启动，此时启动电动机的容量为主机容量的6%～8%，启动时间为5～8 min，用容量较大的启动电动机可以把启动时间缩短些。

（3）启动电动机的电源取自电网，对电网有一定的影响，但其影响程度远小于异步启动方式。

（4）启动电动机位于电动发电机顶部，这增加了主机的高度，有可能成为确定主厂房高度的决定因素，同时对轴系振动也会带来影响（降低了轴系的临界转速），尤其是高转速机组。

（5）不需要设置启动母线，各台机组的启动装置互不影响，但需要配置液体型可变电阻及其循环冷却系统等附属设备，增加了厂房的布置面积。

（6）主机启动完成后，小电机仍随主机空转，增加了主机的能耗，降低了总效率。

（7）启动电动机的电源回路应结合主接线设计来统一考虑，如果与厂用电合用电源变压器的话，应考虑小电机启动时对厂用电母线电压波动的影响。

同轴小电机启动方式适用于各种容量机组的启动，特别是单机容量大、机组台数少的情况。它既可以作为主要的启动方式，也可以与其他启动方式配合使用。在机组台数较多的情况下，同轴小电机启动方式通常与同步启动方式混合使用，头几台机组采用同步启动方式启动，而用同轴小电机启动最后一台机组。与此同时，同轴小电机还可以作停机时的电气制动设备，它的另一优点是可以在无水时将主机转起来以检查机械部分的情况。

（五）变频启动

变频启动是近年来发展的一种新方法。在机组启动前先投入励磁，然后利用可控硅变频装置产生的频率可变（从 0 到额定频率值）的交流电源同步地将电动发电机拖动起来，最后并网，完成启动。变频启动的设备容量一般为被启动电机的 5% ~8%，启动时间为 5 ~10 min。变频装置的额定电压可以等于也可以低于机组的额定电压。为了减小启动功率，变频启动要求转轮在空气中启动。

因早期可控硅元件的性能较差且投资高昂，所以使用变频启动方式的抽水蓄能机组不多。近年来，变频技术已经发展得比较完善，所以变频启动方式也在抽水蓄能电站中得到了比较广泛的应用。新建的大型抽水蓄能电站中很多都采用了这一启动方式。

变频启动方式具有以下几个方面的特点：

（1）设备静止且可靠性高，维修方便且工作量小，设备安装布置灵活。

（2）多台机组可以合用一台变频装置，具有较高的经济性。

（3）对电机结构没有特殊的要求，并且工作效率高，主机在正常工作时启动装置没有附加损耗。

（4）机组启动过程中不会对电力系统产生任何冲击。

（5）变频装置可以作为主机的电气制动，能缩短由发电转为抽水的切换时间；同时，还可以利用变频装置使机组在低水头下变速运行，能获取较高的运行效率。

（6）设备价格高，一般为主机投资的 35% ~40%，并且造价随其额定值增大而迅速增加；同时，设备占地面积较大。

因此，变频启动方式主要应用于单机容量大、机组台数较多的抽水蓄能电站。据国外厂家估计，如果两台机组共同使用一套变频启动装置，其价格与其他启动方式相比相差并不大。我国新建的几个大型抽水蓄能电站均设有变频启动装置。现在国内外大型抽水蓄能电站都以变频启动为主要方式，以背靠背启动为备用方式。实际运行经验表明，采用备用启动方式的机会极为稀少，这说明变频装置的可靠性得到了越来越多的工程验证。

值得注意的是，当变频装置投入运行时，用于变频装置换流器的工作将产生谐波，它将成为电力系统中的一个谐波源。同时，变频装置的运行也会使厂用电系统电压产生畸变，所以有的电站在设计时对厂用系统谐波电流的限制作了规定，装设谐波滤波器可以抑制谐波电流注入系统。因此，近年来我国建造的大型抽水蓄能电站都装设了谐波滤波器。但是，装设滤波器却带来了几个问题：

（1）设备费用增加。谐波滤波器如果随同变压器一起由国外进口的话，价格可能增加 10% 左右。

（2）设备占地面积增加。一般设 5、7、11、13 次谐波滤波器，其占地面积较大，给厂房布置带来了一定的困难。

（3）产生过电压。谐波滤波器在合闸瞬间将产生暂态过电压和合闸后稳态下的电压升高，因此需要另外采取措施来限制过电压。

(六)启动方式比较

各种启动方式的比较如表6-3所示。

表6-3　各种启动方式的比较

启动方式		同步启动	半同步启动	异步启动	同轴电机启动	变频启动
电站情况	机组台数	多	多	无限制	少	多
	单机容量	无限制	无限制	中、小	大	大
启动设备相对单机容量(%)		15～20	>80	60～120	6～8	5～8
启动时间(min)		2～4	2～4	1～3	3～7	3～7
对电力系统的影响		无	无	大	小	小
所需启动设备		启动发电机、启动励磁设备、启动母线及开关	启动发电机、启动母线及开关	降压启动时需要降压设备	启动发电机、液体变阻器、启动用配电装置	变频装置、启动用励磁设备、启动母线及开关
启动设备相对单台电机的投资(%)		取决于具体情况		1～3(全压) 7～9(半压)	11～23	23～38
所占空间				小	中	大
控制系统		复杂	复杂	简单	较复杂	复杂

(七)启动方式的选择

在抽水蓄能机组电动机工况下,如何根据具体条件,在多种启动方式中选择恰当、简单并且可靠的启动方式,是抽水蓄能电站设计中的一个重要问题,因为这直接影响到机组的结构、电气主接线、厂房布置和机电设备的投资等。一般情况下,选择启动方式时应考虑以下几个方面的因素:

(1)电网特性。主要是指电力系统的规模、短路容量、允许的电压降和对机组启动快速性的要求等。

(2)机组性能。主要是指机组容量、电磁参数、冷却方式、机械惯性时间常数、启动过程所能承受的温升、机械应力和热应力等。

(3)电站条件。主要是指电站装机台数和规模、电气主接线、厂房设备布置条件和站内或电站附近有无可供机组启动用的水轮发电机组等。

(4)制造水平。主要是指机组启动设备和电气设备的制造水平及设备的工作可靠性等。

(5)经济性。主要综合考虑设备、土建和运行所引起的费用问题等。

每种启动方式都有各自的优缺点,都得到了较广泛的应用,没有哪一种方式具有绝对的优势。一般情况下,中、小机组应优先考虑采用全电压异步或降压异步启动,大、中容量机组应优先考虑利用邻近常规机组进行同步启动,大容量机组台数不多时可采用同轴电动机启动或同轴电动机加同步启动方式,大容量机组台数较多时可采用同步或 1 ~2 套变频装置加同步启动方式。

二、抽水蓄能机组的电气制动

抽水蓄能机组是电力系统中最灵活的调节设备,所以要求其能够频繁并迅速地实现工况转换,也就是说机组可以快速停机。由于机组的转动惯量很大,自由制动时,机组需要很长的时间才能停下来,这就延迟了其转入另一工况或进入备用状态的时间,降低了抽水蓄能机组调节的灵活性。

常规水轮发电机在停机过程中,当转速低于额定转速的 30% ~40% 时,投入制动闸使机组迅速停机以保护推力轴承免于长时间发生干摩擦。水电站多年的运行经验表明,机械制动的制动闸磨损很快,制动时产生的粉尘缩短了定子线圈的使用寿命。由于抽水蓄能机组启停频繁,一般的机械制动就更难以胜任机组的制动任务了。因此,近年来在水电站上逐步推行电气制动。

电气制动又称为动力制动或能耗制动,国外在 20 世纪 60 年代就已经在工程中应用了。电气制动的方法是在同步电机从电网解列后,当机组转速降到额定转速的 40% ~60% 时投入电气制动,把定子绕组直接短路或通过外加电阻(一般为定子电阻绕组的 5 ~10 倍)短路。此时仍具有励磁的转子就在定子绕组内感应出电流(约为额定电流的 1.1 倍),使电机变为发电机状态,将转子储存的动能转化为电能消耗在定子回路的电阻上,从而形成负荷,迫使转子减速(在以电气制动为主、机械制动为辅的混合制动方式中,当机组转速降到额定转速的 5% 时再投入机械制动)直至停下,制动过程结束。

电气制动能在比较高的转速时投入使用,制动效果非常明显,制动时间是机械制动所需时间的一半左右,在抽水蓄能机组上使用时可以有效地缩短机组减速和工况转换的时间,从而提高机组调节的灵活性,因而得到了广泛的应用。电气制动的优点是电功率控制简单,可以有效控制制动力矩和整个过渡过程;制动维护工作量小,可靠性高。我国近年来投产的大型抽水蓄能机组都配备有电气制动装置。大容量机组普遍采用以电气制动为主、机械制动为辅的混合制动方式,这样既可以缩短机组的制动时间,又可以保护发电机绝缘并减少振动和噪声。

机组降低转速以后电机的散热能力大大削弱,为了保证电机的温升不要过高,在使用电气制动时应防止定子电流超过安全值(一般为额定电流的 1 ~1.3 倍)。如果电机的励磁电流是由励磁机供给的,就需要为电气制动设置专用的励磁装置。

停机过程中,电机转子所受到的主要制动力矩有以下几种:

(1)水力制动力矩。水泵水轮机的导叶或进口阀关闭后转轮仍在水中旋转,此时水流在转轮上形成了水力制动力矩,其与转速 n 的平方成比例,在高转速区的影响最大,但是无法人为干预。

(2)电气制动阻力矩。在很大范围内电气制动阻力矩与转速 n 成反比,转速越低则转矩越大,所以在低速区起主要作用。但是在转速很低时,由于感应电势太弱,制动转矩会急剧下降到 0。电气制动阻力矩的最大值为额定转矩的 40% ~60%,这是电气制动的主要优点。

(3)风耗。电机在空气中旋转时受到空气所形成的阻力矩，一般称为风耗，其与转速 n 的1.8次方成比例。

(4)电机的轴承阻力矩，其与转速 n 的0.8次方成比例。

(5)如果接有外加电阻，其阻力矩也与转速 n 成反比。

电气制动的部分能量也可以通过静止变频器返回到电网中，这种制动方式称为再生制动。虽然再生制动的效果很好，但是较高的设备造价限制了其发展，也就是说为电气制动专门设置静止变频器是非常不经济的。一般利用供启动用的静止变频器来实现再生制动，但是这在运行时会带来一些操作上的麻烦，因为在停机制动时一般需要操作6~7次断路器，电气接线的复杂性和操作的烦琐性也限制了其发展。

线绕式感应启动电动机也可以用于电气制动。世界上很多可逆机组是用同轴线绕式感应电动机作为水泵方式启动的动力的。改接感应电动机电源的相序，就会产生和电机旋转方向相反的制动力矩，控制串联在线绕式转子回路中的液体变阻器就可以控制感应电动机的电源和制动力矩，这种制动方式称为反接制动。投入制动的转速一般在额定转速的20%，如果投入过早，反接制动的效果就较差，电流也会过大。

第五节　可变转速电动发电机及容量选择

一、可变转速电动发电机

由于同步发电机和同步电动机的转速是随电网交流频率(我国为50 Hz)而固定的，大量的水轮机和水泵都因转速不能改变而在性能上受到限制。如果抽水蓄能电站的工作水头变化幅度很大(或者对蓄能机组有特殊运行要求)时，就很难兼顾水轮机工况和水泵工况的最高效率点，这种情况下可使用可变转速电动发电机来改善水泵水轮机的性能。过去使用较多的是以换极方法形成的双转速电机，近年来已出现无极变速的可调式变转速电机。我国的潘家口混合式抽水蓄能电站同时采用了换极式和可调式变转速电机，解决了水头变幅较大(水头变幅在36~85.7 m)的问题。

(一)双转速电机

有两种方法可以使电动发电机实现双转速。

1.改变磁极数目

使电机定子和转子具有两种磁极数，磁极数目较少时电机转速增高，磁极数目较多时电机转速降低。换极式变速电机的工作原理是在机组停机时改变转子磁极的数目，即通过换极开关切除一个或几个磁极并改变其他磁极的磁性，同时改变定子线圈组间的连接，从而实现转速的变更。换极技术从20世纪50年代开始应用于抽水蓄能机组，现在已经比较成熟。

换极方法只适用于所需高、低两个转速相差不很大的情况(一般为1.2∶1以下)。这是因为极数变化太大时，电机的磁通利用率很低，而且不同转速时电压相差很大，而且难以弥补。同时，气隙磁通的大量谐波会进入主磁通，并很容易引起共振，所以必须把定子机架做得特别坚固(要在工艺上提高铁芯合缝质量，结构上采取措施加强机座高度、轴承刚度等以避免谐波与铁芯共振)，并在设计布置上要减轻不平衡磁拉力。此外，为转换磁极还需增设换极开关及很多辅助设备，使电机结构变得复杂且成本比单转速电机要高很多。

2. 双电机产生双转速

在高、低转速相差很大时，可设计两套同轴的电机，即水泵水轮机同轴耦合两套转子和相应的定子，各具有不同的极数，分别对应不同的转速，也就是说用双电机实现了双转速。这种方式所用的电机为常规电机，结构简单，电压波形好，制造容易。但是由于增加了一台电机，显然机组的造价大大提高，同时因为技术上没有创新，所以不是发展的方向。

总体上来说，使用双转速电机的技术困难较多，并且其造价昂贵，所以实际中应用的并不广泛。现代纯抽水蓄能电站趋向利用高水头，其水头变化幅度相对较小，使用单转速电机已可以基本满足要求。在抽水蓄能电站设计上避免使用双转速电机也是其趋向于使用高水头的理由之一。

(二)可调式变转速电机

双转速电机只能解决在两种水头(或扬程)下使水泵水轮机处于最优工况点的问题。如果要想使水泵水轮机在任何水头(或扬程)下都在最优工况点，必须使电机的转速可以在一定的范围内连续变化。因此，变转速驱动是改善水力机械的水力效率最理想的调节方式。根据水头和负荷的变化，随时调整电机的转速，不仅可以使水泵水轮机在两种工况下都处于最优工况点，有效地延伸水轮机和水泵的工作范围，扩大最优效率区域，还可以在水泵工况下随着机组转速的变化来调节流量，使电动机从电力系统吸取的有功功率得到调节，真正做到在抽水和发电两个方面都起到调峰作用。与此同时，偏离高效率区时机组的水流条件、振动和气蚀也会随之改善，而且水泵工况的启动还可以借助调速装置来实现，不用再安装专门的启动设备。

由于可调式变转速电机的工作范围宽，使抽水蓄能电站在站址和容量选择时非常灵活，并可以选用库区面积小的深水水库作为抽水蓄能电站的水库。因此，可调式变转速电机是今后电动发电机发展的方向。

近年来，电工技术及电机制造技术上的进步，已经使设计和制造巨型的可调式无级变速电机成为现实，这为提高水力机械的性能提供了极为优越的条件，是水力机械应用上的一大突破。

可调式变转速电机实现无级变速的途径主要两种，即分别通过控制电机定子回路和转子回路来调节。

1. 定子回路调节

在定子输出线路上装设变频装置(变流器及逆变器)的调速方式称为定子变频方式。发电时，变频装置将机组不同转速下产生的频率不同的电能转换为电网频率的电能；抽水时，将电网频率的电能转换为机组不同转速下所需的频率不同的电能供电动机使用。定子变频方式通常采用交流—直流—交流的变频系统，可以实现 ±10% 转速的变化范围，但需要变频器的容量很大(与主电机的容量相当)，因此用来调节主电机的全部工作范围是不经济的。在抽水蓄能电站中，通常只用容量较小的变频器来启动空载的电动机，当转子达到同步转速时将变频器切除，很少在正常抽水时用来调节转速。但是，我国的潘家口水电站是一个特例，厂内为3台90 MW双转速抽水蓄能机组配备了一台容量较大的变频器（60 MW），在供电动发电机启动之外还可以在低水头范围内（$H=36\sim50$ m）驱动一台水泵做无级变速运行，已经取得了较好的效果。

2. 转子回路调节

不同于一般的同步电机，采用转子回路调节的电机的转子磁极为隐极式（外表为光滑圆筒形，如同汽轮机转子），且转子上不是直流励磁绕组而是多相交流绕组，结构与绕线式异步电动机相似。转子回路调节又称为交流励磁调节，采用交流—交流的变频系统。交流励磁装置通过变换励磁频率形成一个频率和方向可变的、相对于转子的交流旋转磁场，而定子外界磁场频率则保持不变，磁场的相互作用形成了同步电磁转矩，所以电机的性能又类似于同步电机。

由于转子磁场频率的改变（或为正或为负），转子的机械磁场频率（与水泵水轮机的转速成正比）也可以有一定幅度的变化，即

$$n = n_f + n_p \tag{6-11}$$

式中　n——电动发电机的转速，r/min；

n_f——电网频率对应的转速，r/min；

n_p——转子磁场相对转子的转速，r/min。

可调式变转速电机的工作原理如图6-5所示。

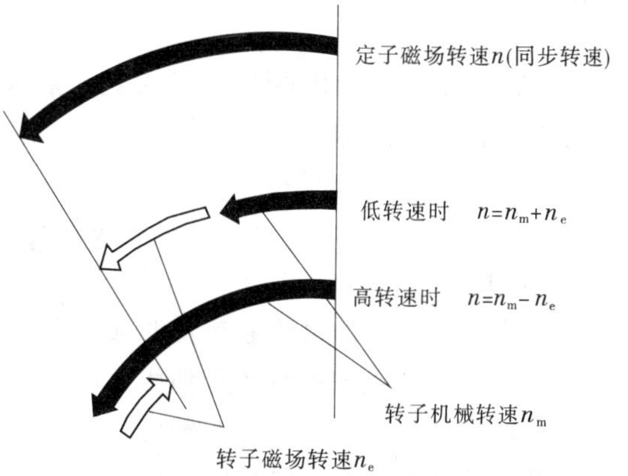

图6-5　可调式变转速电机的工作原理

转子回路调节变速系统有以下几个方面的特点：

（1）变频设备容量较小，仅为主电机容量的1/5左右。

（2）实用的变速范围一般不超出±10%，但由于水力机械的水头（或扬程）与转速成平方关系，功率与转速成立方关系，所以采用这样的速度控制方法可使水力性能产生相当大幅度的变化。

（3）通过改变转子输入变频电压的相位和幅值，可以在转速一定的情况下调节电动发电机的有功功率和无功功率，并便于其运行工况调整，从而可以使水泵水轮机总在其最优效率区内运行。

根据大河内机组的投资情况，交流励磁变速电机及其变频系统的价格要比常规单速发电机和直流励磁系统的价格高出50%还多。

（三）可变转速电动发电机的特点

与常规电机相比，可变转速电动发电机有以下几个方面的特点：

（1）两种调速方案都要使用静止变频器。虽然交流励磁方案中的变频器容量较小（只是励磁容量），但由于其转子绕组为高压交流绕组，需要密切注意其绝缘系统在高速旋转部件上的安全可靠性。

（2）由于铁芯磁通饱和，在较低转速范围内时，可变转速电机内磁通保持恒定，电机

电压正比于转速,而励磁系统不能维持电压恒定,所以为了匹配电网电压,必须采用有载调压变压器作为主变压器。

(3)由于利用静止变频器来实现调速,可变转速电机的负荷调节反应很快,可以在几分之一周波内改变触发角,从机组惯性中吸取能量来实现负荷调节。

(4)可变转速电动发电机与电力系统没有严格的同步联系,因此电力系统降低了对一般电动发电机的某些参数要求,诸如转动惯量、短路比等。

(5)当电力系统短路时,由于变频器直流电路的隔离作用,定子变频调速电机内产生较小的故障电流(相对常规电机),这给继电保护整定带来了新的问题。

(6)使用变频器会在电机中产生谐波电流,致使阻尼绕组发热和电力系统电压产生畸变,需要相应的技术和设备来滤波。

二、电动发电机的容量选择

在选择电动发电机的容量时,主要从以下几个方面考虑:

(1)分置式机组中电动发电机的容量选择与常规的水轮发电机组相同。

(2)对于组合式机组,由于机组在发电工况下运行的时间比在抽水工况下运行的时间短,并且机组还要担任调峰任务,同时发电工况的出力为抽水工况的1.1~1.2倍。所以,电动发电机的容量一般由发电工况确定,并经过水量平衡和电力电量平衡后最终选定。

(3)对于可逆式机组来说,机组参数一般根据可逆式水泵水轮机的通用特性,并经过经济比较和论证后确定。

思考题

1. 抽水蓄能电站使用的电动发电机与常规水轮机机组使用的发电机有何不同?
2. 电动发电机的主要参数有哪些?各表示什么含义?
3. 电动发电机的启动方式有哪些?各有什么特点?
4. 什么是抽水蓄能机组的电气制动?电机转子在停机过程中受到的力矩有哪些?
5. 可变转速电机有哪几种?分别说明其是如何实现变转速的。

第七章　抽水蓄能电站的水工建筑物

第一节　抽水蓄能电站的水工建筑物及其特点

一、水工建筑物的组成

建设一座抽水蓄能电站，希望它的造价低，运行费用小；而对电网所起的作用要灵活可靠，经济安全。为达到这些目的，除在规划选点工作时做深入细致的论证外，选择合理的水工建筑物的布置和结构形式也非常重要。与常规水电站类似，抽水蓄能电站的水工建筑物一般由下列七类建筑物组成：

(1)挡水建筑物，为坝或闸，抽水蓄能电站有上、下两个水库，一般需要两座挡水建筑物。

(2)泄水建筑物，如溢洪道、泄水隧洞和泄水泄沙孔等。

(3)进出水建筑物，抽水蓄能电站有抽水和发电两种工况，故在上水库和下水库中均有进出水口；抽水和发电具有方向相反的水流，故每个进出水口既是进水建筑物又是出水建筑物。

(4)输水建筑物，是在抽水和发电两种工况下，为了进行能量转换，在上、下水库进行输送水量的建筑物，如引水道、压力管道和尾水道等。

(5)平水建筑物，用以平稳由于抽水蓄能电站负荷变化在输水道中引起的流量和压力变化，如有压输水道中的调压室等。

(6)发电、变电和配电建筑物，包括安装水泵水轮机抽水发电机组及其控制、辅助设备的厂房、安装变压器的变压器场和高压配电装置的高压开关站。它们常集中在一起，统称为厂房枢纽。

(7)过坝建筑物，如过船、过木、过鱼、冲沙和拦沙等建筑物。除水库建在河流上的混合式抽水蓄能电站外，与常规水电站相比，这些建筑一般在抽水蓄能电站中应用较少。

二、抽水蓄能电站的特点

抽水蓄能电站除与常规水电站有许多相似外，还有如下一些不同的特点：

(1)电站安装高程低。为了保证机组在水泵工况时不发生空蚀，蓄能机组的安装高程较常规机组低，因此它的厂房形式多采用地下式。

(2)水头较高。近几年，由于制造水平的提高，可逆式蓄能机组可以应用到相当高的水头范围，机电设备以及电站输水道和厂房的造价都可有效地降低，抽水蓄能电站的应用水头越高，单位千瓦的投资越小，故抽水蓄能电站向高水头发展的趋势是明显的。

(3)不需要大量水源。多数抽水蓄能电站调节形式为日调节和周调节，所需库容相对较小，且水量可重复利用，只需少量水源补充渗漏和蒸发损失，在站址选择上比常规水电站的限制少,容易找到高水头的站址。

(4)上、下水库水位升降幅度大,变化迅速。抽水蓄能电站的调节周期短,随着电站的运行和工况的转换,上、下水库的水位有大幅度的快速升降,对坝体和库坡的稳定性在设计时要特别注意。

(5)水库渗漏危害大。由于水头高,水库的渗漏损失引起的电量损失较大,库水位变化频繁、剧烈,渗漏易引起有关建筑物和库坡失稳;上水库位置较高,渗漏可能引起山体坍滑和凹地的浸没。

第二节　抽水蓄能电站的布置形式

抽水蓄能电站由于安装高程低,厂房多数建在地下,也有一些采用半地下式或地面式厂房。采用引水式布置的抽水蓄能电站,厂房在输水系统中的位置可以分为首部、中部和尾部三种布置形式。

一、纯抽水蓄能电站的布置形式

(一)首部式布置

当地面向下游逐渐倾斜,以致无法布置坡度较小的压力引水道时,宜采用首部式布置。首部式布置多用于电站水头不太高的情况下,这样厂房离地面不会太深,进厂交通洞、出线洞、通风洞都可能短些,多采用竖井或斜井。这种布置方式,高压引水道很短,用造价低的部分尾水道代替造价高的部分引水道,省去了造价高的上游调压室,即使需要建造压力较低的尾水调压室,造价也会低一些。另外,引水道短,水头损失也可小些。由于引水道短,可采用一机一管布置,也可采用一管多机供水,前者管数虽多,但可省去水轮机前阀门;尾水道较长,多采用多机一道的布置形式。

图 7-1 为德国萨欣根抽水蓄能电站布置图,属首部式布置。最大发电水头为 408 m,装机容量为 4×90 MW,采用二级离心泵－电动发电机－混流式水轮机横轴三机式机组。4 台机组由一根垂直竖井供水,由长 2 100 m 的尾水隧洞排水。

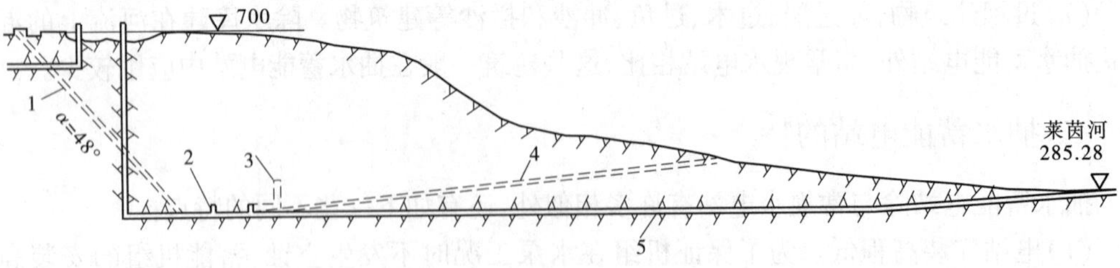

1—电缆道;2—厂房;3—调压室;4—交通道;5—尾水隧洞

图 7-1　德国萨欣根抽水蓄能电站布置图

(二)中部式布置

当引水道系统前半段的山岭较高,后半段较低,电站水头又较大时可以考虑采用中部式布置。地下厂房位于输水系统的中部,上、下游都有比较长的输水道。

我国广州抽水蓄能电站属于这种类型,如图 7-2 所示。该电站最大发电水头

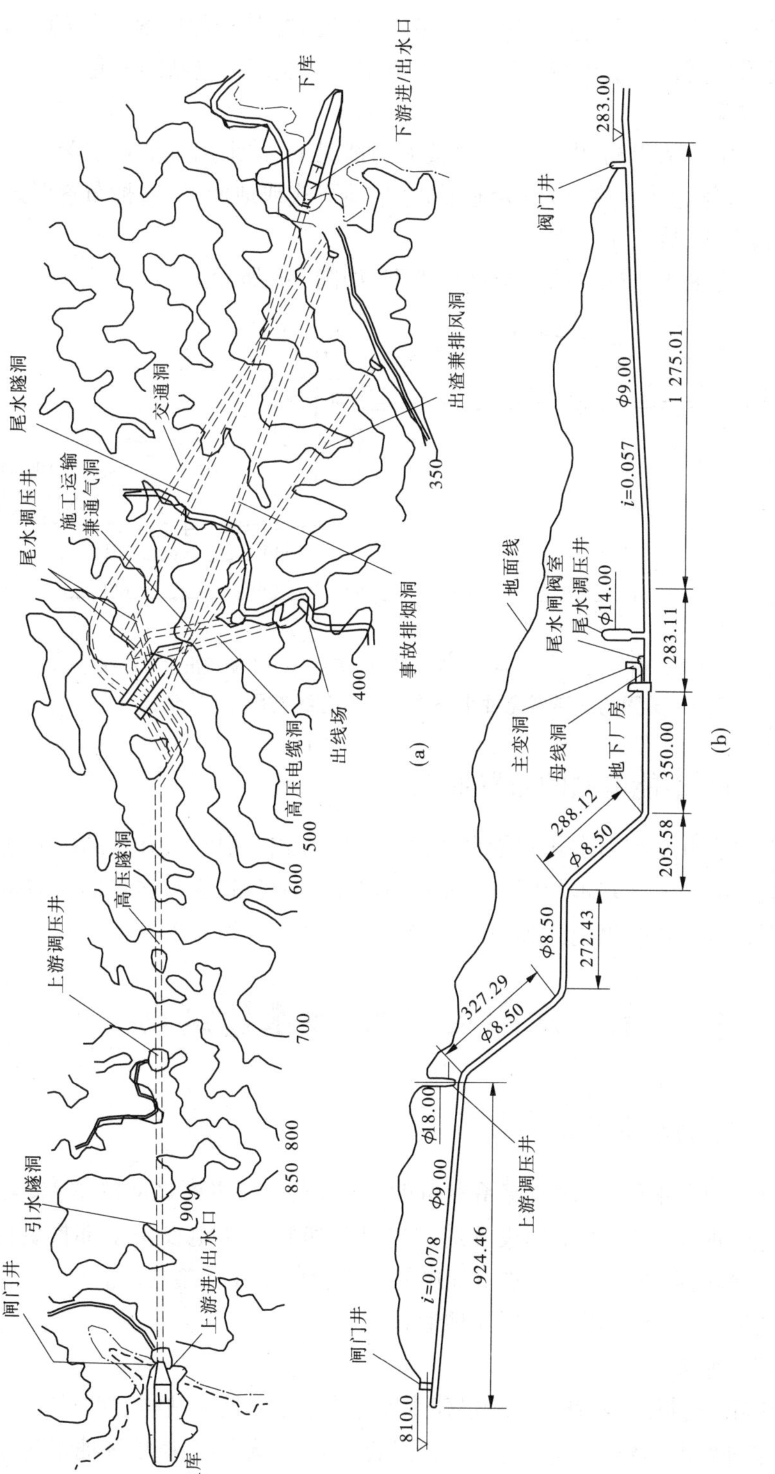

图7-2　广州抽水蓄能电站平面布置图（单位：m）

522.85 m，第一期装机容量为 4×300 MW，采用可逆式竖轴二机式机组。引水道长 2 160 m，尾水道长约 4 640 m，上、下游均设有调压室。主变压器置于与厂房平行的主变室内。厂房的对外交通用平洞，通气、出线用斜井。该电站为大亚湾核电站的配套工程。

（三）尾部式布置

在引水道沿线山岭都很高，电站水头也较大的情况下，常采用尾部式布置。厂房位于输水系统的下游侧，靠近下水库，可以为地下式、半地下式或地面式，这种布置形式有利于厂房施工、交通和出线，故应用较多。

英国的迪诺威克抽水蓄能电站属于这种类型，如图 7-3 所示。

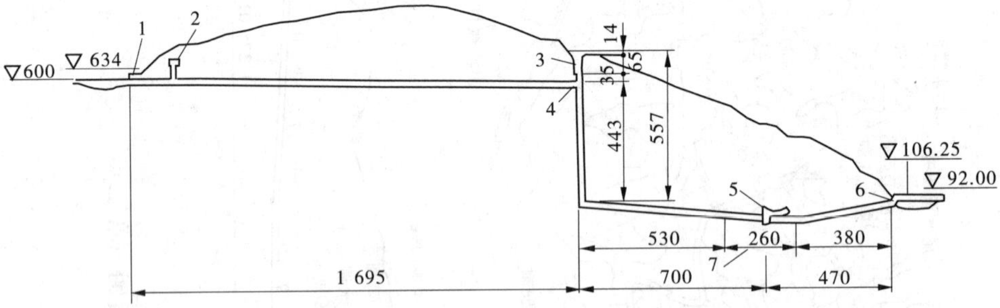

1—上游进水口；2—闸门井；3—调压室；4—阻尼井；5—厂房；6—下游进出水口；7—钢衬段

图 7-3 英国的迪诺威克抽水蓄能电站水道纵剖面 （单位：m）

二、混合式抽水蓄能电站的布置形式

混合式抽水蓄能电站有引水式和抬水式两种开发方式。引水式开发的组成建筑物和布置形式与纯抽水蓄能电站基本相同。抬水式开发的组成建筑物与布置形式与常规水电站也无很大区别，有坝后式、坝内式和河岸式等。

第三节 水库及挡水、泄水建筑物

一、上、下水库的基本类型

抽水蓄能电站的上水库，是用以储蓄能量的，上水库与下水库之间的落差越大，则存于上水库的能量也越大。上、下水库投资约占电站建筑物及机电设备全部投资的 35%，因此降低上、下水库的造价是降低抽水蓄能电站总造价的主要措施之一。

抽水蓄能电站的上、下水库有以下几种形式。

（一）利用已建水库

抽水蓄能电站进行枢纽布置时，利用已建水库作为抽水蓄能电站的上水库或下水库，既可节约投资，又能加快电站建设进度。例如：我国的潘家口、响洪甸、桐柏等抽水蓄能电站均利用已建水库作为上水库，下水库为新建；十三陵、泰安、张河湾和宝泉等抽水蓄能电站利用已建水库作为下水库，上水库为新建；天堂、白山等电站则上、下水库均利用已建水库。

（二）利用天然湖泊

抽水蓄能电站也常利用天然湖泊作为上水库或下水库。例如：我国西藏羊卓雍湖抽水蓄能电站上水库利用羊卓雍湖，下水库建在雅鲁藏布江上；美国路丁顿抽水蓄能电站下水库利用密歇根湖，赫尔姆斯抽水蓄能电站上、下水库均利用天然湖泊；英国迪诺威克抽水蓄能电站上、下水库均利用天然湖泊建成。

（三）新建上、下两个水库

上、下水库均为新建的专用人工水库。抽水蓄能电站中有很多是利用有利地形新建上、下水库，形成目标单一的专用水库，如广州、天荒坪、西龙池等抽水蓄能电站，这种组合在国内是最多的，天荒坪水库利用高处天然洼地，挖填形成上水库。

对于上、下水库均为新建形式，抽水蓄能电站所需水量应满足电站在上、下水库间循环用水的水量，以及水库和水道渗漏及蒸发水量损失，否则应修建必要的补水工程。

对于纯抽水蓄能电站，其上水库的防渗和安全是很重要的。渗漏水量即意味着能量的损失，这会导致经济效益的降低；安全问题也不能忽视，如果高山上的坝突然失事，对山坡下居民的生命财产安全将带来严重威胁。另外，上、下水库也需设置完善的排水系统，主要是因为抽水蓄能电站水库水位变化频繁，可能使防渗面受到反向水压力使库岸及库底的防渗面板抬起而损坏，设置排水系统可以将渗漏的水及时排出。

二、挡、泄水建筑物

（一）挡水建筑物的特点

上、下水库一般由挡水建筑物和泄水建筑物组成，有防沙和检修要求的上、下水库还包括拦排沙设施和放空设施。抽水蓄能电站挡水建筑物与常规水电站的挡水建筑物工作特点是相同的，但抽水蓄能电站的挡水建筑物有其自身特点。

（1）较多采用土石坝，有时也采用混凝土重力坝和拱坝等坝型。较多采用土石坝的原因如下：

①土石坝对坝基要求不高；

②抽水蓄能电站水库常建于高峻之处，特别是上水库，交通不便，可就地取材；

③当利用山谷、凹地甚至平地建库，采用土石坝可挖填结合，既能解决筑坝材料问题又可扩大库容，同时可解决挖方的堆弃问题。

（2）承受强烈的不稳定渗流作用。

常规水电站水库水位变化比较缓慢，一般水库库容较大，渗流基本稳定形态。而抽水蓄能电站水库（特别是纯抽水蓄能电站）库容小，调节周期短，日或周库水位变化每小时多达数米，特别是库水位快速降落时，挡水建筑物的工作条件非常不利。

库水位骤降的不稳定渗流不仅可能引起土石坝坝肩岸坡的失稳，对坝坡的稳定也极为不利。所以，对土石坝的设计不仅应进行较详细的渗流计算，还应该采取可靠的防渗和排水措施，以确保在各种不利渗流情况下的坝体安全。图 7-4 较详细地给出了普列森扎诺电站下水库堆石坝的防渗结构、排水措施及其与库底防渗结构的连接。坝坡迎水面坝坡为 1:2.0。坝体共分 2 区：上游 1 区石料要求有合理的级配，以便获得需要的渗透系数（$K \approx 10^{-2}$ cm/s）；2 区的石料为石灰岩，最大粒径不超过 400 mm，来自采石场。

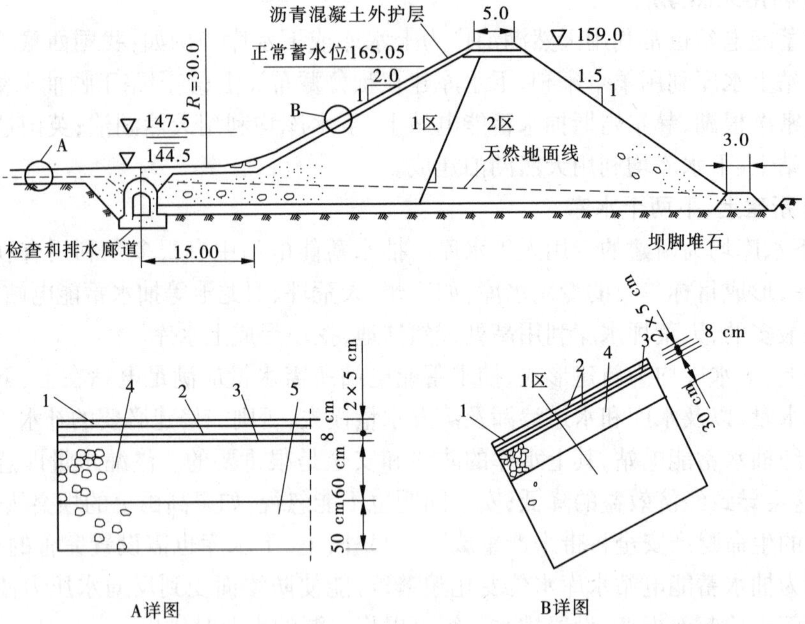

1—密封层;2—2cm、5cm 防渗层;3—结合层;4—碎石排水层;5—半透水碎石排水层

图 7-4　普列森扎诺电站下水库堆石坝剖面及坝体和水库防渗结构

(二)泄水建筑物的特点

除混合式抽水蓄能电站外,相当多的纯抽水蓄能电站以开挖和填筑相结合形成上、下水库,集水面积小,暴雨产生的洪峰不大,可以不专门设泄洪建筑物,通过坝顶和库岸超高来满足防洪要求,如国内的十三陵抽水蓄能电站。当洪量较大时,应设置泄洪建筑物,如广州抽水蓄能电站,设置专门的溢洪道。

第四节　抽水蓄能电站的进出水口和拦污栅

一、进出水口

(一)进出水口的工作特点

由于抽水蓄能电站是双向运行的,故上水库和下水库的进水口都是双向工作的,在发电工况时为进水口,在抽水工况时则为出水口,反之亦然。所以,这两个建筑物统称为进出水口。与常规水电站相比,其具有以下特点:

(1)由于流动是双向的,因此进出水口的体型轮廓设计要求更为严格,进水时要逐渐收缩,出水时要逐渐扩散,全断面流速尽量均匀,不发生回流脱落。抽水蓄能电站隧洞流速多为 3.5 ~5.5 m/s,拦污栅断面流速一般在 1.0 m/s 左右,需通过扩散进行流速转换。

(2)由于在发电和抽水时均要过水,因此水头损失要求更小些,不管哪一个流向的损失大都影响到整个系统效率的总效率。

(3)由于经济上的原因,进出水口常采用较大的流速,从而导致过栅流速较大,流速分布也常不均匀，水流在栅条尾部发生分离，形成旋涡脱落。如所产生的振动频率接近拦污栅的自振频率，即诱发共振。

(4)抽水蓄能电站的输水道与水库的接口是双向的。随着上水库构造形式的不同，上水库进出水口有侧式和竖井式两大类，下水库则一律使用侧式进水口。

(5)抽水蓄能电站水库的水位变幅一般较大，进出水口的作用水头、水下固体边界条件变化较大。

(二)进出水口的基本要求

(1)进流时，在各级运行水位情况下的进出水口附近不产生有害的旋涡。

(2)出流时，水流均匀扩散，水头损失小。

(3)进出水口附近库内水流流态较好，无有害的回流或环流出现。

(三)进出水口的形式

常规水电站上水库有一个进水口，而抽水蓄能电站两个水库均需有进出水口，形式与常规水电站差别很大。

1. 侧式进出水口

抽水蓄能电站的输水道如以水平方式与上水库相连接，则宜使用侧式进出水口，如图7-5所示，由扩散段及其末端的拦污栅和防涡梁组成。其建于岸边，因而开挖量大。主要用于下水库，因尾水洞多从水平方向与下水库连接，用侧式进出水口易于布置，上水库有时也采用。如我国的广州抽水蓄能电站，上、下水库均采用侧式进水口。

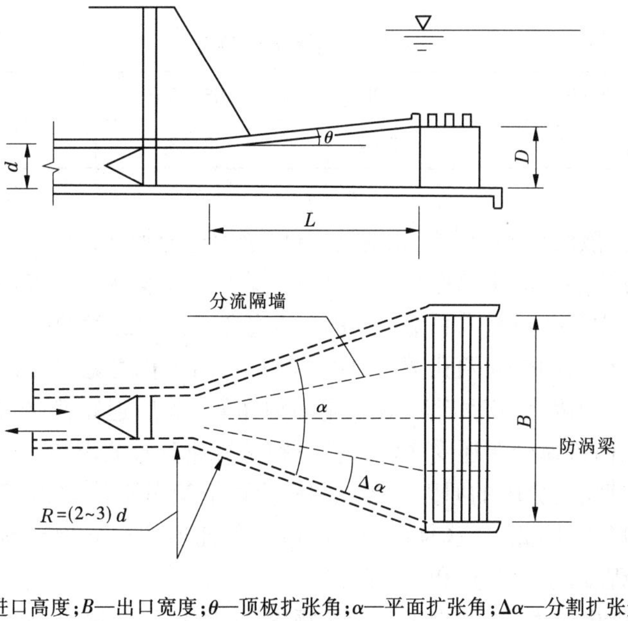

d—进口高度；B—出口宽度；θ—顶板扩张角；α—平面扩张角；$\Delta\alpha$—分割扩张角；L—扩散段长度

图7-5　侧式进出水口

侧式进出水口的水流属于有压缓流的扩散阻力问题，是一个三维流动问题。扩散段段长一般为 $L/d=4\sim5$，顶板扩张角 θ 宜在 $3°\sim5°$ 范围选用。国内荒沟、蒲石河等抽水蓄能电站工程的进出水口试验最终建议采用顶底板双向扩张，每侧为 2. 5°，这种布置是符合上述基本要求的。但考虑到实际工程的需要，当 $\theta > 5°$时，根据国内的研究成果，这时宜在扩散段末接一段平顶的调整段，其长度约相当于 0. 4 倍的扩散段长度，见图 7-6。如国内十三陵抽水蓄能电站下水库进水出口最终采用的布置为扩散段长 $L=26.16$ m，调整段长 $l=10$ m，顶板扩张角 $\theta=6.54°$，相当于图中的 AB 线，加 10 m 长调整段以后，实际上有效的顶板扩张角相当于 AC 线，此时扩张角为 $\theta=4.74°$，无负流速出现，其发电工况的水头损失系数为 0. 33 ~0. 36，抽水工况为 0. 22 ~0. 20。因此，推荐采用加调整段的布置。

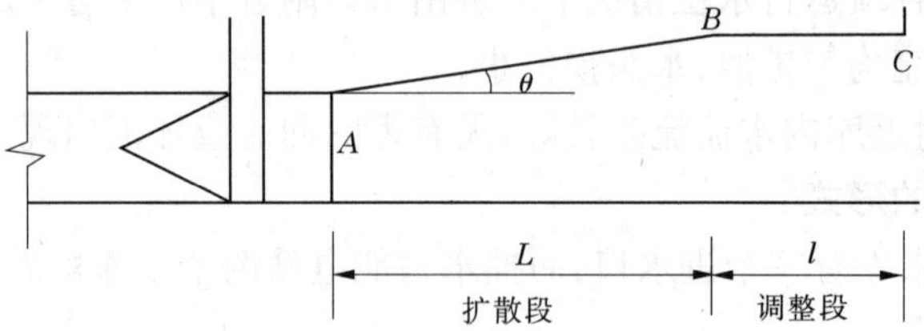

图 7-6　具有调整段的侧式进出水口

扩散段内流速分布的调整要从垂直流速和平面流速分布两方面进行，两者是相互关联的。前面讲述的顶板扩张角是调整垂直流速分布。在扩散段有分流隔墙的布置时，主要是调整平面流速的分布，力求使各孔流道过流量彼此接近，这是影响水头损失的大小的主要因素。扩散段分流隔墙的数目，以每孔流道的分割扩张角 $\Delta\alpha$ 小于 10°为宜，参见表 7-1。

表 7-1　分离隔墙数目

平面扩张角 α	<20°	20° ~30°	30° ~45°
隔墙数目 N	1 ~2	2 ~3	3 ~4

分流隔墙在扩散段首部的布置原则是，既要避免过分拥挤，又要有效地起到均匀分流的作用。因此，分流隔墙的头部形状以尖型或渐缩式小圆头为宜。其间距，对于二隔墙三孔流道的布置，以中间孔道宽占总宽的 30%，两边孔道宽占总宽的 70% 为宜；对于三隔墙四孔流道的布置，以采用中间两孔宽占总宽的 44%，两边孔道宽占总宽的 56% 为宜，且中间隔墙在首部较两边隔墙宜适当后退形成凹型布置，其后退距离约相当于进口宽度的 1/2。由于扩散段内流速分布还受来流条件特别是流速分布的影响，这正是难以做到使流量在各孔流道达到均匀分配的原因。当相邻孔道内的流量不均匀程度达到 10% 时，就会使水头损失明显增大，因此分流隔墙的布置，应使各孔道的过流量基本均匀，相邻边中孔道的流量不均匀程度以不超过 10% 为宜。

由于抽水蓄能电站发电、抽水工况转换频繁，水库水位变幅大，通常采用防涡梁来消除有害的旋涡。

2. 竖井式进出水口

当水流从竖直方向进入进出水口，采用竖井式进出水口，一般用于上水库靠近库中央处，对坝体施工基本无干扰，但引水隧洞长度相对较长。竖井式进出水口由压力管道与弯管起始断面间的连接扩散段、弯管段、直管段、喇叭口段、顶盖、分流隔墩和拦污栅组成，如图 7-7 所示。在竖井顶端四周有孔口，水流由此进出，在进流时一般问题不大，但在出流时每个孔口在立面上流速分布不均，增加了水头损失，如果进出水口下面直管段长度较短，立面上的弯道，会使出流在平面上分布不均匀，有的孔口出流大，有的孔口则小，因此需要用模型试验加以优化。

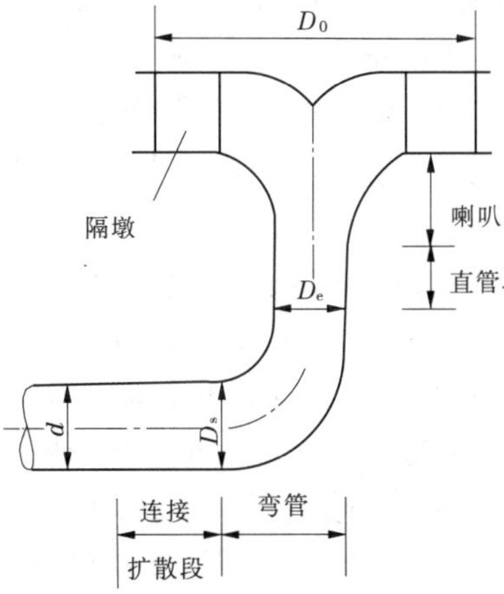

图 7-7 竖井式进出水口

在来流管道(d)与弯管起始段面(D_s)间扩散段连接 $D_s > d$，扩散段长度 L 大于或等于 D_s，该段的扩散角 $3° < \alpha_t < 7°$，弯管采用肘管段，其末端断面直径 $D_e \geqslant d$，且首末端断面比 $A_e/A_s = 0.6 \sim 0.7$，$v_e \leqslant 5$ m/s，弯管末向上宜有适当长度的直管段，用以调整水流，其上部的喇叭口段应与之呈渐扩式平顺连接。喇叭口可采用椭圆曲线或其他曲线。此外，井盖直径 D_0 的大小，依流量、直径 D_e 及过栅流速等条件，通过综合比较确定。

二、拦污栅

由于经济上的原因，扩散段长度不宜太长，拦污栅断面不可能太大，从而使过栅流速相对较高，分布不均匀，容易发生振动，导致拦污栅破坏，另外，长期的淤积物容易使拦污栅两侧产生压力差。美国的抽水蓄能电站 7 座都有尾水拦污栅事故，拦污栅破坏的部位都是垂直栅条，有的水流冲击造成弯曲，有的拉断，有的则明显是由于金属疲劳所致的。

第五节 抽水蓄能电站的输水建筑物

输水建筑物主要包括引水道、压力管道(高压隧洞或高压管道)、分岔管和尾水道等。有时，调压室也可归入输水建筑物。在抽水和发电两种工况下，水流以相反的方向在输水建筑物中流动。

抽水蓄能电站隧洞洞线布置在枢纽布置中统一考虑，力求平顺且较短，但由于地质、地形条件所限，可以布置成折线。纵向坡度根据布置需要确定，坡度通常小于 10%，因抽水蓄能电站机组的吸出高度都是比较大的，所以尾水隧洞一定是由厂房下游出水口开始需采用向上反坡布置的出水方式，无论厂房位于尾部、中部或首部都存在这种现象，尾水隧洞接近厂房的部分，多采用水平布置。

一、引水道

引水道是指压力管道和调压室上游坡度较平和内压较小的那部分输水道，一般为低压隧洞，静水头低于 100 m。但随着抽水蓄能向大容量、高水头方向发展，机组吸出高度大，安装高程低，出现静水头超过 100 m 的工程实例，如广东惠州抽水蓄能电站最大静水头达 172 m。纯抽水蓄能电站多为引水式开发，往往具有较长的引水道。断面形式多采用条件较好的圆形断面。在地质条件较好和内水压力不大的情况下，为了便于施工，有时也采用方圆(城门)形断面。

根据实际情况，引水道可不加衬砌或采用喷锚衬砌、混凝土衬砌和钢筋混凝土衬砌等。

(1)不加衬砌。一般用于以下情况：①围岩完整、坚硬和渗透性小；②隧洞顶部岩石覆盖厚度不小于 0.4 倍内压水头，即可保证隧洞不会被水力劈裂。

(2)喷锚衬砌。用于围岩较完整、坚硬，但抗风化能力和抗渗性较差的情况。根据具体的条件，喷锚衬砌又分为以下几种：①喷混凝土衬砌，主要用于提高洞壁岩石的抗渗能力和抗风化能力；②喷混凝土与锚杆组合衬砌，除可提高洞壁岩石的抗渗能力和抗风化能力外，还可提高围岩的稳定性，用于围岩稳定性较差的情况；③喷混凝土、锚杆与钢筋网组合衬砌，用于围岩的构造、裂隙较发育情况。

(3)混凝土衬砌。在引水隧洞中应用较多，作用是：平整洞壁，减少糙率；防止或减少渗漏；防止水流、大气湿度对围岩的破坏；承受围岩压力和其他荷载，与围岩共同承担内外水压力等。

一般用于围岩稳定性较好，但抗渗性较差，衬砌能满足强度、抗裂或限裂要求的情况，其厚度应根据强度、抗渗和构造要求确定，一般不小于 25 cm。

(4)钢筋混凝土衬砌。也是引水隧洞中较常用的一种衬砌。用于采用混凝土衬砌不能满足强度、抗裂或限裂要求时。钢筋可采用单层，布置在衬砌内层；也可采用双层，布置在衬砌内、外层。钢筋混凝土衬砌如图 7-8 所示。

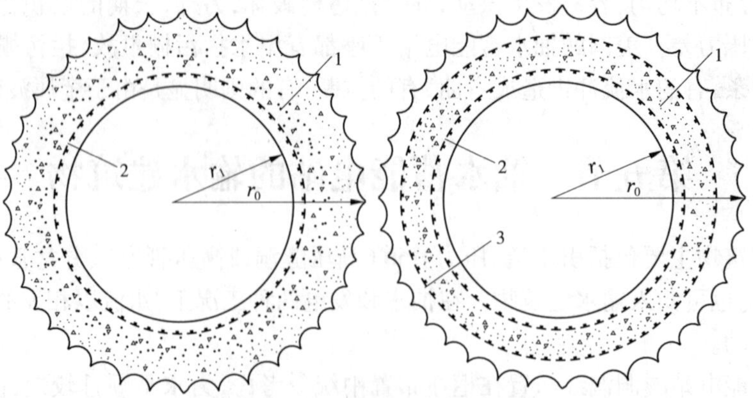

1—混凝土；2—内层钢筋；3—外层钢筋

图 7-8 钢筋混凝土衬砌

二、压力管道(高压隧洞或高压管道)

压力管道是指引水道和调压室下游较陡、内压较大的那一部分输水道。抽水蓄能电站的压力管道,除少数采用明钢管外,绝大多数采用地下管道,以便与地下厂房配合,降低工程造价。以下只介绍地下压力管道。

(一)地下压力管道的布置形式

地下压力管道轴线可以是斜的,也可以是垂直的,所以有竖井、斜井和平洞三种布置形式。

竖井常用于首部开发的地下厂房抽水蓄能电站,如德国萨欣根电站。英国的迪诺威克电站,厂房布置在尾部,压力管道的上段也采用竖井。

斜井形式压力管道在抽水蓄能电站中应用较多,其倾角常取决于施工要求。如斜井自上而下开挖,为了便于出渣,倾角不宜大于35°,这种施工方法应用较少;如斜井自下而上开挖,为了使爆破后的石渣能自由滑落,倾角宜大于45°,如我国广州抽水蓄能电站斜井式压力管道,斜井倾角为50°。

平洞一般为竖井和斜井的过渡段。竖井和斜井上游端用平洞和引水道连接,下游用平洞与厂房连接,管道分岔也多在平洞部分。有的高水头电站,斜井很长,为了加快施工进度,可在斜井中部适当位置设置一个平段,并用施工支洞通往地面,如广州抽水蓄能电站,如图7-2所示,使斜井开挖、钢管安装和混凝土浇筑等工作能分段同时进行。

(二)地下压力管道的布置要求

地下埋管应尽可能布置在坚固、完整的岩体之中。管轴线应与岩石的层面、裂隙、断层等构成较大的夹角,并有足够的埋深,以便使围岩能够承担内水压力。

(三)衬砌形式

高压管道(隧洞)衬砌形式可选择钢筋混凝土衬砌、预应力混凝土衬砌和钢板衬砌等。根据地形、地质条件,内、外水压力,管道(隧洞)尺寸,施工工艺等,经技术经济比较选择合适的衬砌形式。

地质条件良好,围岩透水性小,对防渗要求低,围岩完整、坚硬,围岩最小地应力大于该处洞内设计静水压力,可以防止内水外渗,布置上满足水力劈裂要求的高压隧洞,宜采用钢筋混凝土衬砌方案。

在地质条件下和水道布置上不能满足钢筋混凝土衬砌形式的要求时,围岩条件对防渗有一定的要求,混凝土开裂引起内水外渗危及相邻建筑物安全,可进行预应力混凝土衬砌方案的研究,保证不出现拉应力。

当高压管道处于地质条件较差,内水外渗将危及岩体稳定和附近建筑物的安全时,尤其靠近地下厂房的高压水道段,应采用钢板衬砌。

三、分岔管

当一根管道需要供应两台或多台机组用水时,需要设置分岔管,一般位于平洞部分,是压力管道的重要组成部分。

(一)分岔管的类型

根据采用材料不同,分岔管可分为钢筋混凝土岔管和钢岔管。在围岩条件较好,此时内水压力主要由围岩承担,采用钢筋混凝土岔管,此种岔管应用较多,如广州、天荒坪和惠州等抽水蓄能电站。当围岩地质条件较差、覆盖层不足,不适合采用钢筋混凝土岔管时,往往采用钢岔管。

高水头大容量水电站过去较多采用钢岔管。钢岔管的强度高,防渗性能好,但制造和施工工艺较复杂,特别是易受外压失稳。所以,从20世纪70年代开始,美、英、法等国在一些高水头、大容量的抽水蓄能电站中采用地下钢筋混凝土衬砌岔管(简称钢筋混凝土岔管),如英国的迪诺威克、法国蒙特齐克抽水蓄能电站,我国90年代初在广州抽水蓄能电站和天荒坪抽水蓄能电站中采用了钢筋混凝土岔管。

(二)分岔管的特点

(1)水头损失大。岔管用以分配水流,水流的方向和流态有较大变化,加上岔管由于受力条件差,要求尺寸尽量小,从而通过岔管的流速较大,因此岔管是引水系统中水头损失较大的地方。

(2)结构复杂。尤其对钢岔管而言,岔管由薄壳和刚度大的加强构件组成,管壁厚,构件尺寸大,有时需锻造,焊接工艺要求高,造价也比较高。

(3)抽水蓄能电站在发电和抽水工况下,具有相反的水流,因此对岔管体型设计有更高的要求。

(三)分岔管的布置和体型

1.分岔管的布置

水电站分岔管的典型布置有如下三种:

(1)卜形布置,如图7-9(a)所示,当压力管道从侧面进入厂房时,采用这种布置比较方便,对水流的分配不对称,用于一个支管的流量大而另一个支管的流量小的不对称分布情况。

(2)Y形布置,如图7-9(b)所示,当压力管道从正面进入厂房时,多采用这种布置方式。

(3)三岔形布置,如图7-9(c)所示,实际上这是前两种方式的结合,一侧支管和中间支管是不对称分岔,两侧支管构成对称分岔。

2.分岔管的体型

抽水蓄能电站的岔管在发电和抽水工况下的水头损失均应较小。电站在抽水时用的是基荷电能,电价较低,发电时向系统提供的峰荷电能,电价较高,减小发电工况的水头损失尤为重要。所以,抽水蓄能电站岔管的体型一般按发电工况进行设计,并适当照顾抽水工况。

对于发电工况,从水力学的观点,体型应尽量满足以下几点:

(1)水流通过岔管各断面的平均流速不变,或处于缓慢的加速状态;抽水蓄能电站岔管应符合平均流速不变的要求,否则,在发电时水流处于加速状态;在抽水时水流处于减速状态,容易引起旋涡,造成较大的水头损失。

(2)分岔角β较小,这对发电和抽水工况都有利,但分岔角太小会增加分岔段的长

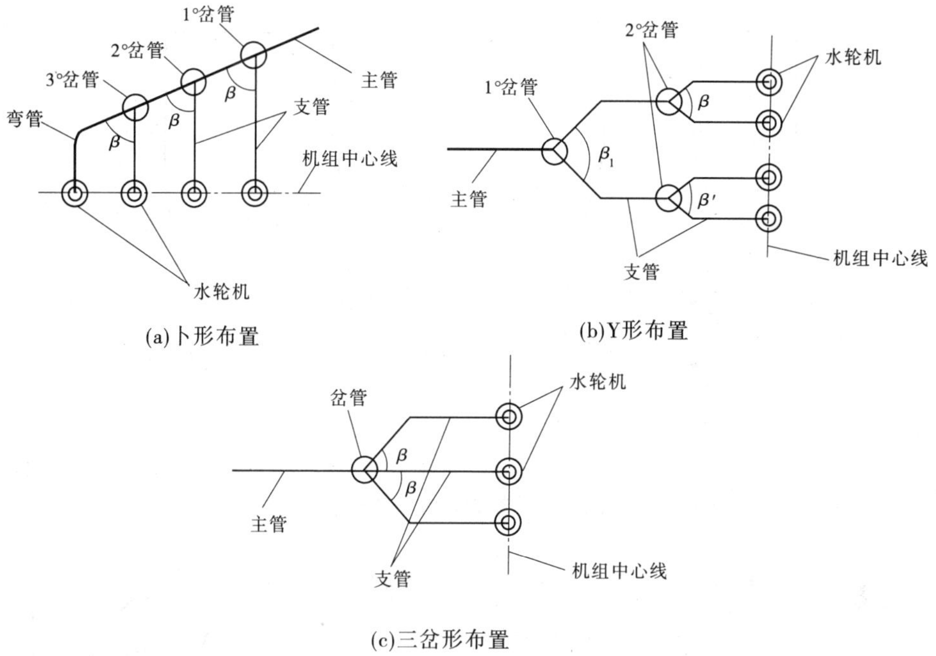

图 7-9　压力管道的分岔方式

度，需要较大尺寸的加固梁，并会给制造带来麻烦，于结构不利。所以，分岔角一般为 30°～75°，较常采用 45°～60°。

(3)各支管用锥管过渡，避免用柱管直接连接。半锥角 α 一般采用 5°～10°。

(4)支管上侧采用较小的顺流转角 γ，以免水流脱离管壁，形成旋涡。

(5)采用较小的岔档角 θ，以利分流(发电工况)和合流(抽水工况)。

以上要求难以同时满足，如图 7-10 所示，在同样的分岔角 β 情况下，增加半锥角 α 有助于减小顺流转角 γ，但又会增加岔档角 θ。试验表明，前者对水流的影响较大。

(四)钢岔管的结构形式

钢岔管按其所有加强方式或受力特点，可有以下结构形式：

(1)三梁岔管。如图 7-11 所示，在主、支管的相贯线外侧，设置 U 梁和腰梁，组成薄壳和空间梁系的组合结构。

(2)月牙肋岔管。如图 7-12 所示，由主管扩大段(主锥)和支管缩小段(支锥)组成一个切于同一公切球的圆锥壳，并沿支锥的相贯线，内插一月牙状的肋板，焊接在管壁上作为加强构件。

(3)贴边岔管。如图 7-13 所示，由在主、支管的相贯线两侧一定范围内的内侧或外侧，设置与管壳紧密贴合的补强板而成。

(4)无梁岔管。如图 7-14 所示，用主管和支管逐渐扩大的锥壳与中心的球壳比较连续、平顺地连接，不设置任何加固梁。

(5)球形岔管。如图 7-15 所示，通过球面进行分岔，沿主、支管与球壳交接处的相贯线，设置圆环形加强梁，组成球壳和加强梁的组合结构。

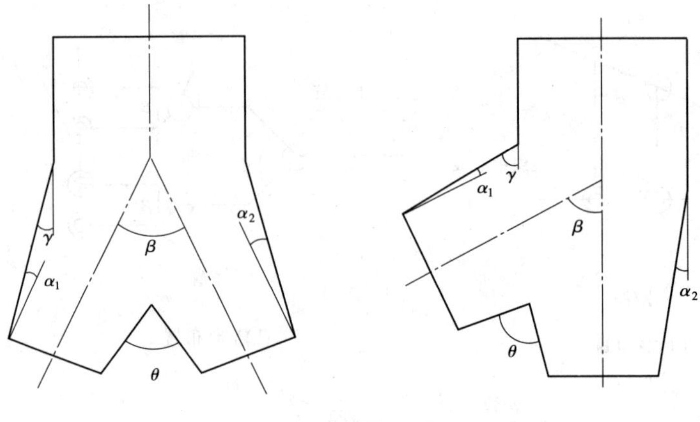

(a)Y形　　(b)卜形

图 7-10　岔管体型示意图

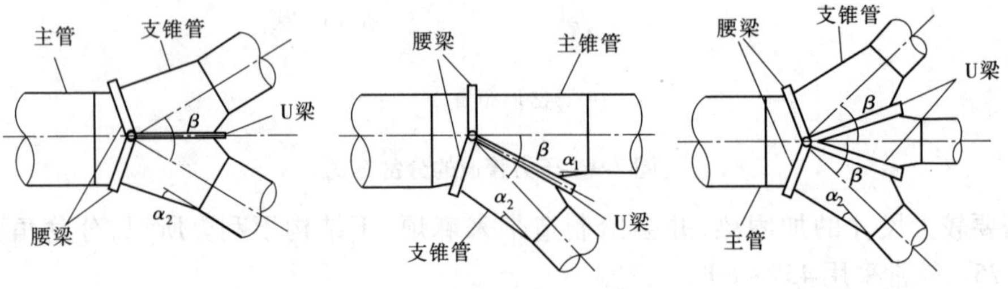

(a)　　(b)　　(c)

图 7-11　三梁岔管

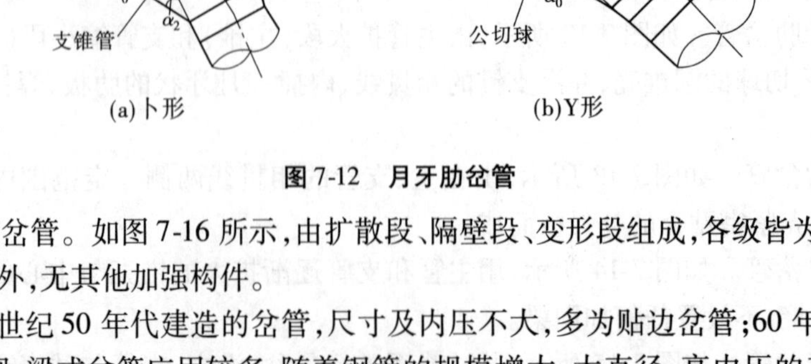

(a)卜形　　(b)Y形

图 7-12　月牙肋岔管

(6)隔壁岔管。如图 7-16 所示,由扩散段、隔壁段、变形段组成,各级皆为完整的封闭壳体,除隔壁外,无其他加强构件。

我国 20 世纪 50 年代建造的岔管,尺寸及内压不大,多为贴边岔管;60 年代由于高水头电站的出现,梁式岔管应用较多;随着钢管的规模增大,大直径、高内压的三梁岔管,制作安装困难较大,技术经济指标不佳,逐渐采有月牙肋岔管,少数工程还采用了球形岔管

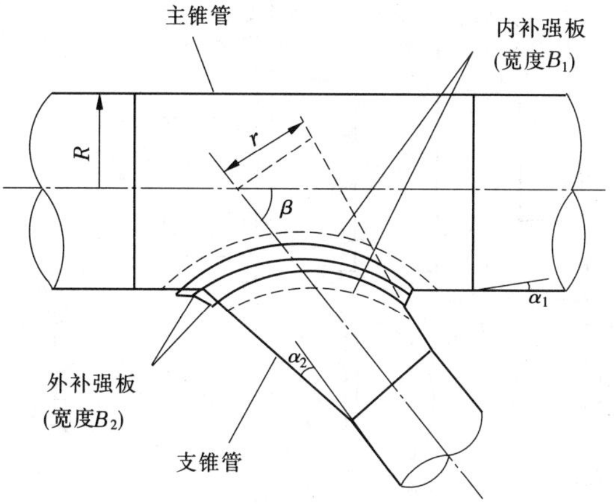

图 7-13　贴边岔管

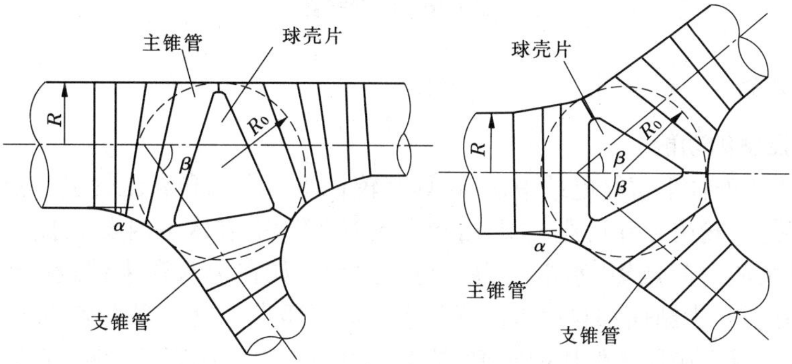

(a)卜形　　(b)Y形

图 7-14　无梁岔管

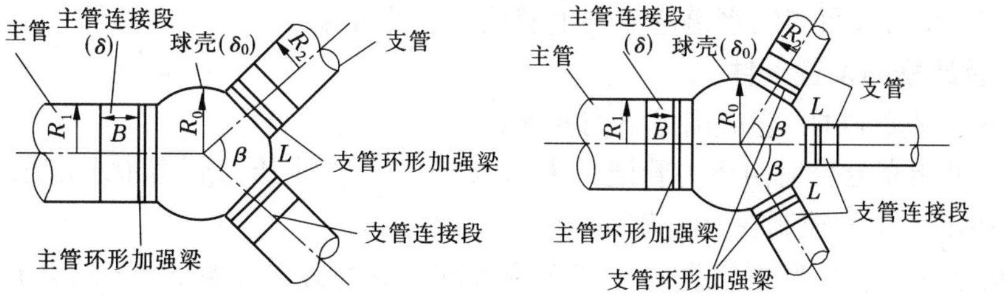

(a)　　(b)

图 7-15　球形岔管

和无梁岔管。隔壁岔管是国外新发展起来的适应性强、流态较优、受力条件较好而不需特大锻件的岔管,但我国尚无实践。

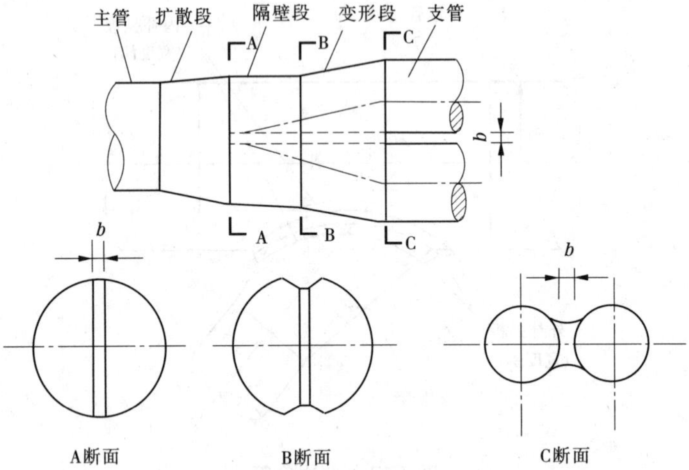

图 7-16　隔壁岔管

四、调压室

(一)调压室的功能

在中高水头的抽水蓄能电站中,一般具有较长的引水道和高压管道。当运行机组突然甩掉负荷后,水轮机导叶迅速关闭,由于水流惯性作用,在水道内发生水击压力升高,水道愈长,导叶关闭时间愈短,水击压力升高值愈大。如在引水道末端设一调压室(调压塔),则可利用其扩大断面和自由水面反射水击波的压力。设置调压室,等于把压力引水系统分为两段,其上游段为低压引水道,基本上避免了水击压力的影响,其下游段为高压管道,由于长度较短,水击波的传播相对较小,因而水击压力值亦较小,从而改善了机组在过渡过程中的运行条件。

对于尾水道较长的地下式抽水蓄能电站,一般还在尾水道上设置尾水调压室,它也将尾水道分成两段,从而使尾水道避免发生液柱分离的现象。

(二)调压室的设置条件

根据调压室的功能,它应满足下列要求:

(1)尽可能充分反射由压力管道传来的水击波,以减少压力管道中水击压力,并使传至引水道中的水击值控制在合理范围内。

(2)应能保证调压室中发生的一切水位波动都具有逐渐衰减的性质,并且衰减得愈快愈好。

(3)断面应满足稳定要求,负荷变化时,引起的波动振幅小,频率低,这样就可以减小调压室的高度,并有利于机组的稳定运行。

(4)在正常运行时,水流经过调压室与引水道连接处的水头损失应尽量小。

抽水蓄能电站是否设置引调压室,除满足调节保证要求(水击压力升高和转速上升等)外,主要考虑电力系统对电站调节性能的要求。

(三)调压室的基本布置方式

根据调压室与厂房的相对位置,调压室有四种基本布置方式,如图 7-17 所示。

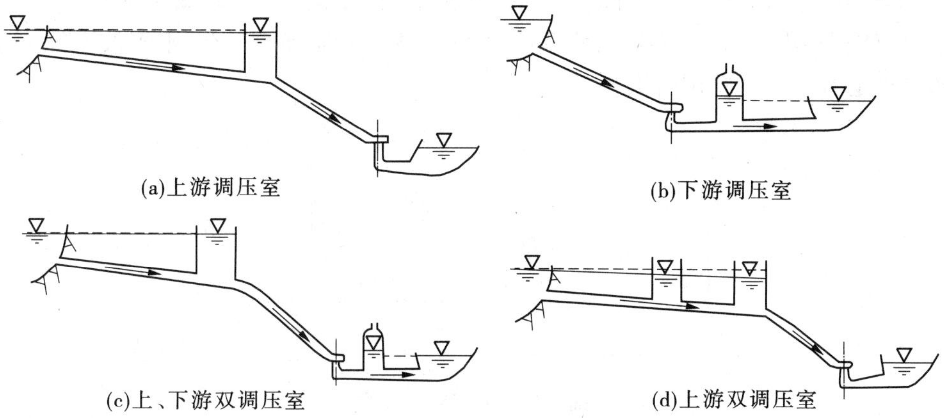

图 7-17　调压室的基本布置方式

(1)上游调压室(引水调压室)。调压室位于机组上游的引水道上,如图 7-17(a)所示,适用于尾部式开发的抽水蓄能电站。

(2)下游调压室(尾水调压室)。调压室位于机组下游的尾水道上,适用于首部式开发的抽水蓄能电站,如图 7-17(b)所示。

(3)上、下游双调压室系统。两个调压室串联在机组上、下游输水道上的系统,如图 7-17(c)所示,适用于中部式开发上、下游都有比较长的有压输水道的水电站,这种布置方式在抽水蓄能电站中的应用已日趋广泛,如我国的广州抽水蓄能电站和十三陵抽水蓄能电站等。

(4)上游双调压室系统。两个调压室串联在机组上游引水道上的系统,如图 7-17(d)所示。

(四)调压室的基本形式

1. 简单式调压室

简单式调压室又称圆筒式调压室(见图 7-18),是自上而下断面不变和底部有直径与引水道直径相通的连接管的调压室。结构简单,反射水击波效果好。但在正常运行时,水流通过引水道与调压室连接处水头损失大,当流量变化时调压室中水位波动的振幅较大且水位波动衰减慢,所需调压室横断面面积大。一般多用于低水头或小流量抽水蓄能电站。

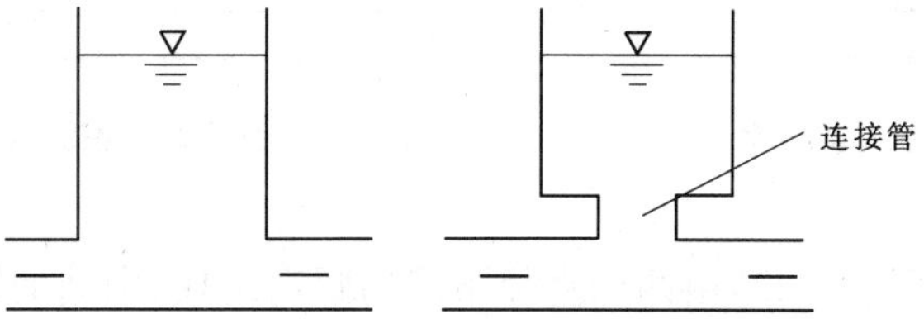

图 7-18　简单式调压室

2. 阻抗式调压室

底部断面小于引水道断面的孔口或连接管的调压室,如图 7-19 所示。进出调压室的水流在阻抗孔口处消耗了一部分能量，所以水位波动的振幅小了，衰减加快了。它比简单式调压室体积要小些，且正常运行水头损失小。但由于阻抗的存在，水击波不能完全反射，设计时必须合理选择阻抗大小。

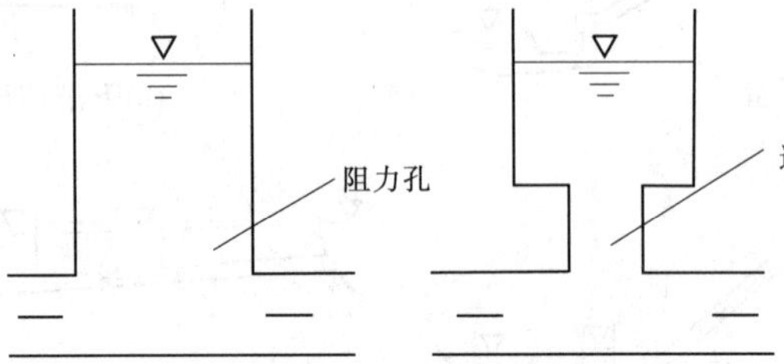

图 7-19　阻抗式调压室

3. 双室式调压室

双室式调压室是由一个断面较小的竖井和上、下两个断面扩大的储水室组成的，如图 7-20所示。上室供丢弃负荷时储水用，下室的水体积供增加负荷时补充水量使用。当丢弃负荷时，竖井水位迅速上升，一旦升到断面较大的上室后立即缓慢下来，从而减少了波幅；当增加负荷时，水位很快降到下室，并由下室补充不足的水量，因而限制了水位的下降。双室式调压室适用于水头较高，水库工作深度较大的抽水蓄能电站。

4. 溢流式调压室

调压室顶部有溢流堰，如图 7-21 所示。当丢弃负荷时，竖井中的水位迅速上升，达到溢流堰顶后，开始溢流，限制了水位迅速大幅度上升，能加速水位波动的衰减，溢出的水量可以排至下游，也可以储存于上室，待竖井水位下降时上室的水量经溢流堰底部的孔口返回竖井。

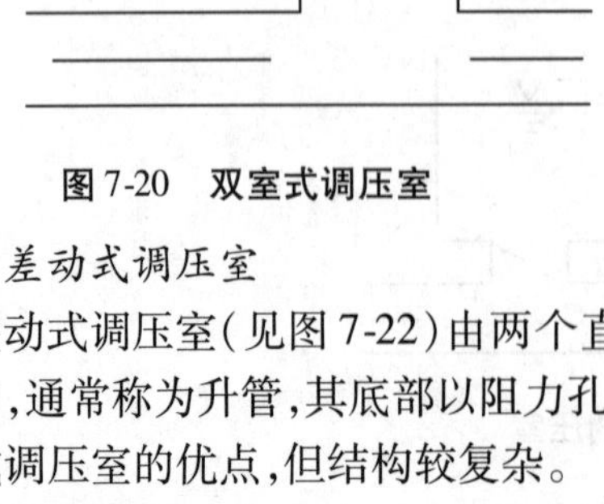

图 7-20　双室式调压室

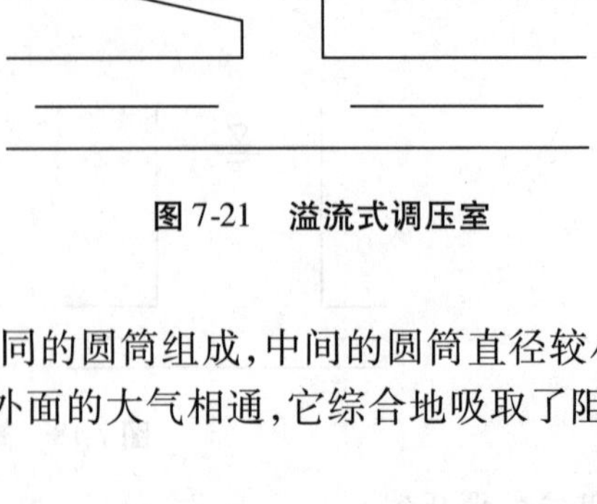

图 7-21　溢流式调压室

5. 差动式调压室

差动式调压室（见图 7-22）由两个直径不同的圆筒组成，中间的圆筒直径较小，上有溢流口，通常称为升管，其底部以阻力孔口与外面的大气相通，它综合地吸取了阻抗式和溢流式调压室的优点，但结构较复杂。

6. 气垫式调压室

气垫式调压室，如图 7-23 所示。在调压室水位变化过程中，气室内外无空气交换。

其中的气压随水位升降而增减,因而能够抑制水位波动的振幅。室内气压一般高于一个大气压。故能压低调压室的稳定水位。使气垫调压室具有较小的高度,可布置在较低的位置,但需要较大的稳定断面。

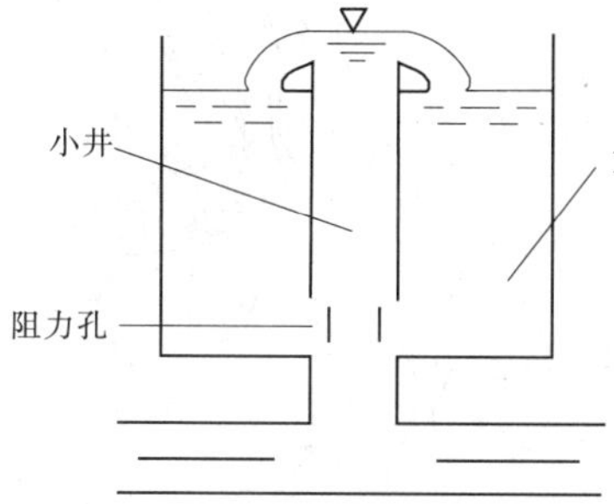

图 7-22　差动式调压室

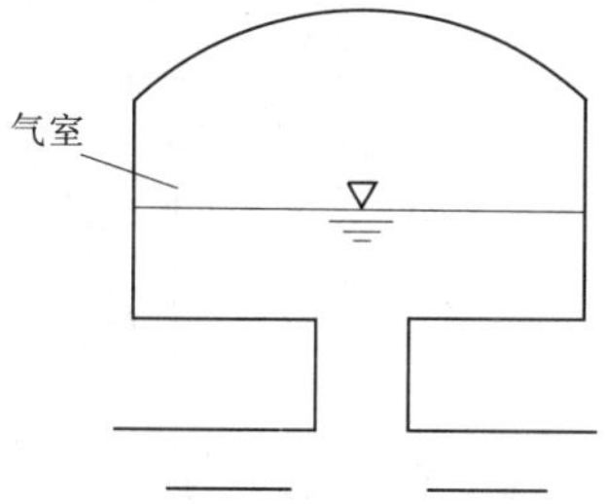

图 7-23　气垫式调压室

7. 组合式调压室

组合式调压室是吸取了上述两种或两种以上调压室特点组成的调压室,图 7-24 为其一例。组合调压室的结构形式和水位波动过程一般较为复杂,常用于要求水位波动衰减较快的抽水蓄能电站。

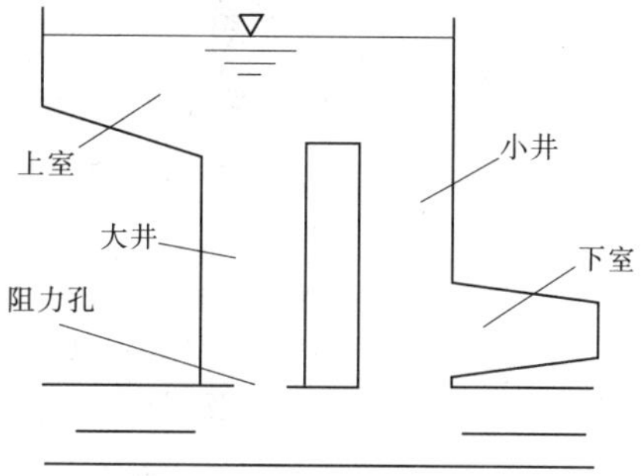

图 7-24　组合式调压室

一般而言,抽水蓄能电站机组工况转换频繁,调压室水位波动亦频繁,变化幅度大。因此很少采用简单式调压室,较多采用阻抗式调压室、双室式调压室和差动式调压室。气垫式调压室已有较多应用实例,水头越高,其优越性越明显,在高水头抽水蓄能电站中值得研究。

五、尾水道

抽水蓄能电站在抽水工况时,机组要求较低的安装高程,故多采用地下厂房,尾水道用有压隧洞。隧洞的长度取决于电站的具体条件和开发方式。

当尾水隧洞较短时,多采用一机一洞布置,如图 7-25 所示的天荒坪抽水蓄能电站,尾水闸门一般只设检修门。

当尾水隧洞较长时,多采用数机一洞布置,如图 7-2 所示的广州抽水蓄能电站,尾水道中需设分岔管,有时还需设尾水调压室。为了防止机组发生事故时水流倒灌,在尾水调压室或其他适当部位需设事故闸门。

尾水隧洞的断面常用方圆(城门)形或圆形。衬砌形式有钢筋混凝土衬砌、混凝土衬砌、喷锚衬砌等,若岩石较好,也可不加衬砌。

由于厂房位置较低,为了与下游水库连接,尾水隧洞常设有一定的负坡,如图 7-2 所示,也可将负坡集中在某一段。

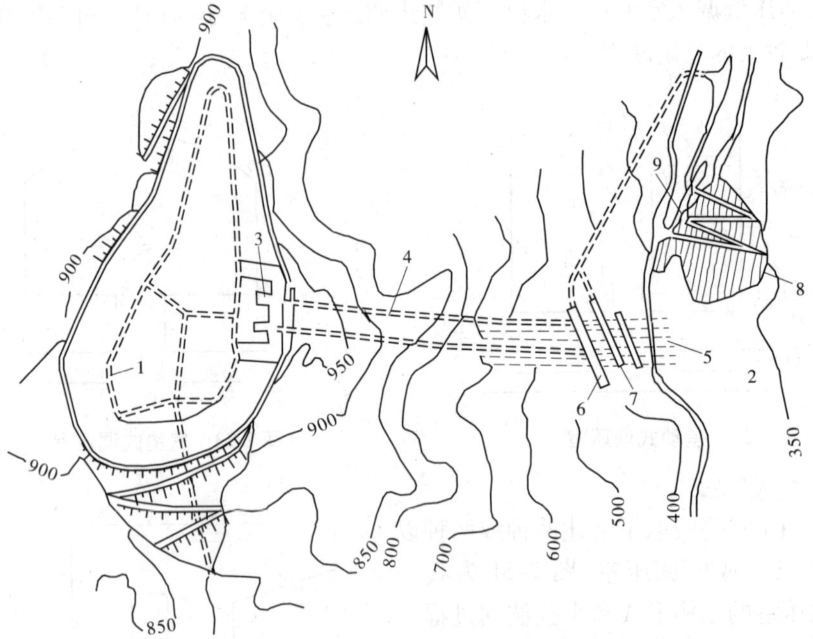

1—上水库；2—下水库；3—上水库进出水口；4—高压隧洞；5—尾水隧洞；
6—主厂房；7—主变洞；8—钢筋混凝土面板堆石坝；9—溢洪道

图 7-25　天荒坪抽水蓄能电站平面布置图

第六节　抽水蓄能电站的厂房

一、厂房的类型

(一)按机组形式划分

1. 四机式厂房

四机式厂房因机器台数较多，故厂房的平面尺寸较大。目前，除小型抽水蓄能电站外，四机式的机组已很少采用。

2. 三机式厂房

三机式机组装置方式有横轴和竖轴两种。

横轴机组的电动发电机一般居于中间，水泵和水轮机分别位于电机的两侧。为了便于进出水流道的布置，常使机组轴线与厂房轴线平行。因此，横轴三机式厂房的长度较大，但整个机组装置在同一高程上，故厂房的高度较小，下部结构简单。图 7-26 为德国萨欣根抽水蓄能电站横轴三机式厂房的横剖面图，该电站装有 4 台机组，总装机容量为 370 MW，水头为 406 m，主厂房(包括安装场)总长约 160 m。

三机式竖轴机组水泵居下，水轮机居中，电动发电机位于顶部，以适应水泵要求安装高程低的要求。图 7-27 为意大利加尔干诺抽水蓄能电站厂房横剖面图。机组的下部为两级双吸式离心泵，抽水扬程为 417 m。中间为水轮机，发电水头为 400 m，出力为 67

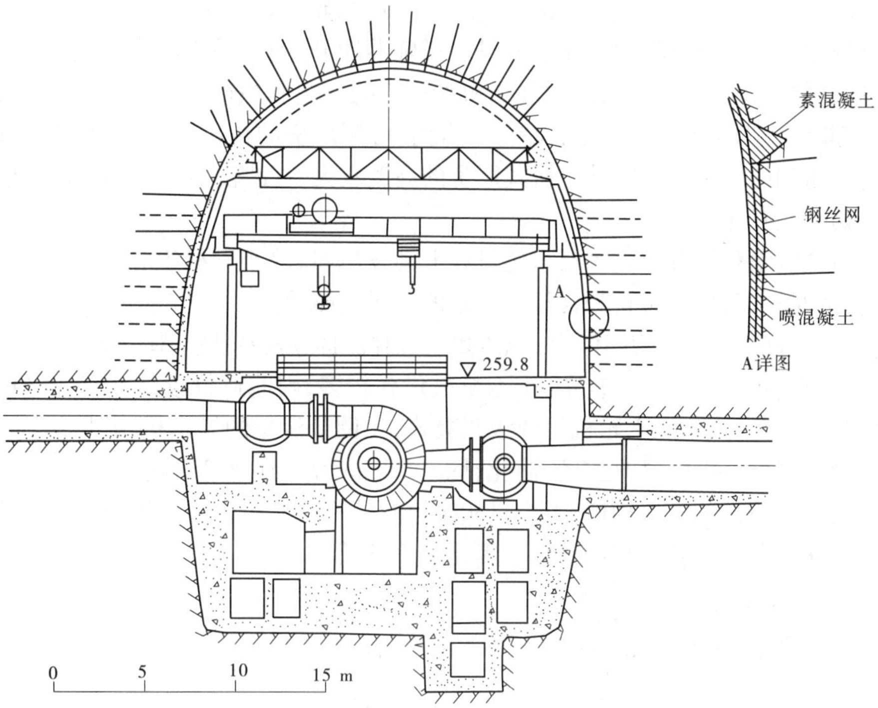

图 7-26 德国萨欣根抽水蓄能电站厂房的横剖面图

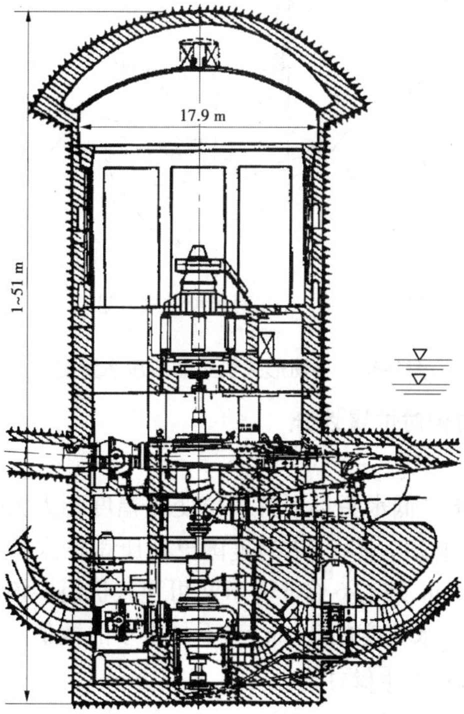

图 7-27 意大利加尔干诺抽水蓄能电站厂房横剖面图

MW。水泵和水轮机之间有联轴器。在抽水时，向水轮机转轮室内充气压水，使水轮机转轮在空气中旋转以减小阻力。在发电时将联轴器脱开，使水泵不随水轮机旋转。水泵层和水轮机层均有较大的空间，以利水泵和水轮机的安装和检修。厂房高约 51 m，宽 17.9 m，水泵和水轮机的上游阀门均布置在厂房内，可用厂房的桥机起吊；下游阀门则分别置于厂房下游侧的廊道内。竖轴三机式厂房的高度较大、宽度较小，下部结构较为复杂。

3. 两机式厂房

两机式机组包括可逆式水泵水轮机和电动发电机，除小型机组和低水头的贯流式机组外，多为竖轴，其厂房布置与常规水电站的厂房很相近。

图 7-28 为三种容量相同但形式不同的竖轴机组厂房布置图。图 7-28(a)为三机式机组厂房，厂房较高，下部结构复杂，水力机械设备较多，因此造价较高；图 7-28(b)为两机式机组厂房，可逆式水泵水轮机为两级双吸式，无调节流量的导水机构，厂房高度比三机式厂房显著降低，下部结构也有所简化；图 7-28(c)为具有单级可逆式机组的厂房，水泵水轮机有调节流量的导水构件，因为只从转轮的一侧吸水和泄水，厂房的下部结构得到了进一步简化，厂房的高度也有所降低，因此造价较低。

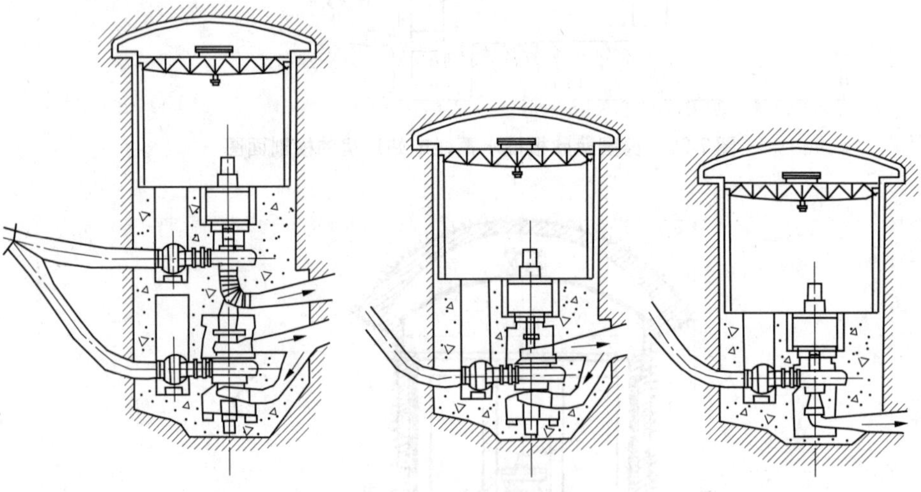

(a)三机式机组　　(b)两级可逆式机组　　(c)单级可逆式机组

图 7-28　不同形式机组的厂房布置图

(二)按厂房与地面的相对位置划分

1. 地面式厂房

地面式厂房，一般用于中低水头且下游水位变化幅度不太大和地质地形条件较差不宜做地下厂房的抽水蓄能电站。图 7-29 为美国巴斯康蒂抽水蓄能电站的地面厂房。厂房长 152 m，宽 52 m，高 61 m，装有 6 台 350 MW 可逆式机组。该电站水头 329 m，水泵水轮机的吸出高度 -20 m，尾水位变幅 24 m，都不是很小的数值，故厂房采用封闭式结构，厂房外墙按抵抗下水库的外水压设计。

2. 半地下式厂房

半地下式厂房有竖井式和窑洞式两种。前者顶部与地面相通，因能适应抽水蓄能机

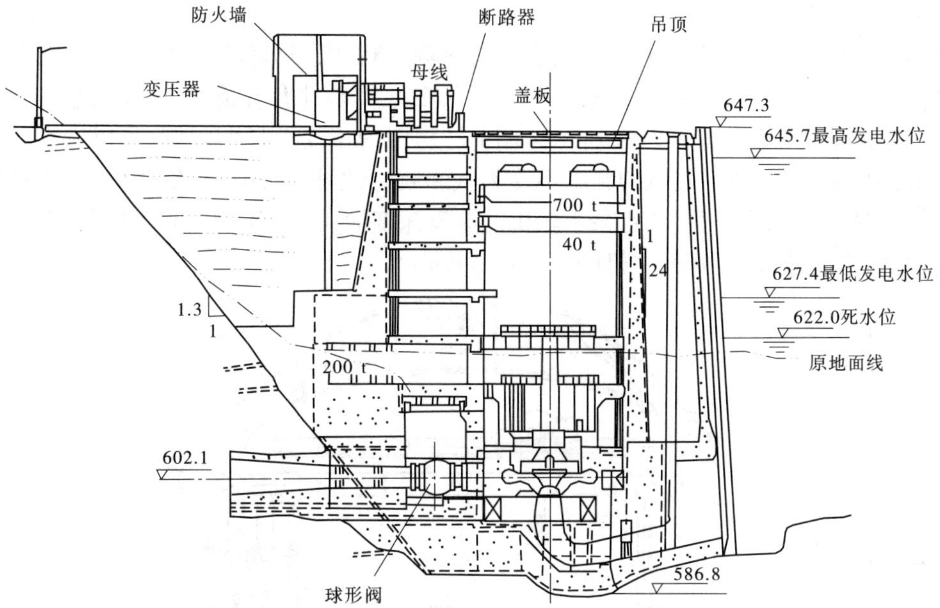

图 7-29　巴斯康蒂抽水蓄能电站厂房横剖面图　（单位:m）

组较大的淹没深度和下游水位较大的变幅,故在抽水蓄能电站中应用较多。后者的一端与地面相通,在抽水蓄能电站中应用不多。

图 7-30 为意大利普列森扎诺抽水蓄能电站的竖井式厂房剖面图。该电站装有 4 台 250 MW 单级混流可逆式机组,最大发电水头 489 m。厂房包括 4 个竖井,每个竖井安装一台机组。竖井内径 21 m,深 71 m,彼此中心距 40 m。4 个竖井在 160 m 高程以上部分彼此相连,形成一个宽阔的地下场地,内设安装场及通风和压气设备等。竖井顶部平台高程为 167 m,设有 2 台 250 t 门式起重机,用以向井内吊运设备。

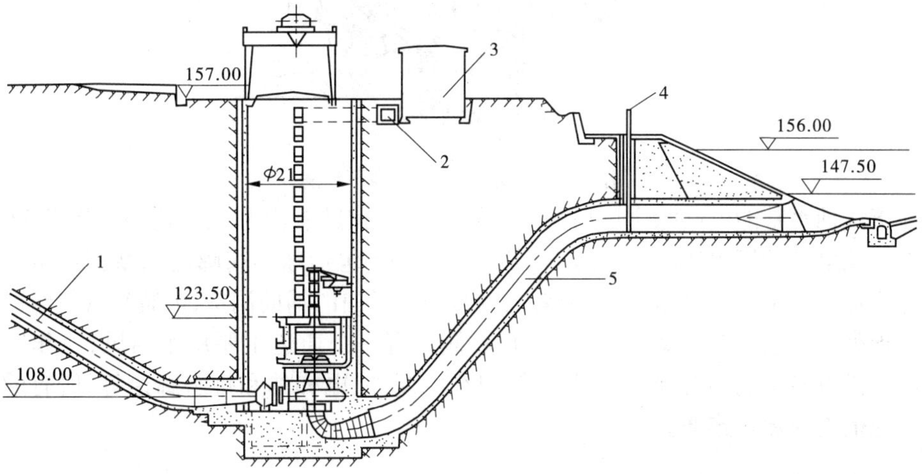

1—压力钢管;2—交通洞;3—中央控制室;4—闸门;5—尾水管隧洞

图 7-30　意大利普列森扎诺抽水蓄能电站的竖井式厂房剖面图(半地下式厂房)　（单位:m）

3. 全地下厂房

半地下式厂房一般都是建在很长的引水道末端，随着应用水头的提高，建造压力管道投资增大，厂房的挖深也在增加，故现在趋向于凡在地质条件允许情况下，少用半地下结构而尽量使用地下厂房，如图 7-31 所示。地下厂房因为不受地形的限制，可以选在地质条件较好的位置，同时地下建筑的施工不受天气影响。此外，电站一旦定为地下式，即有可能将厂房高程多下降一些，使水泵水轮机的淹没深度加大，因而可以选用比转速较高的机组，提高机组转速，从而降低主机的体积及造价。

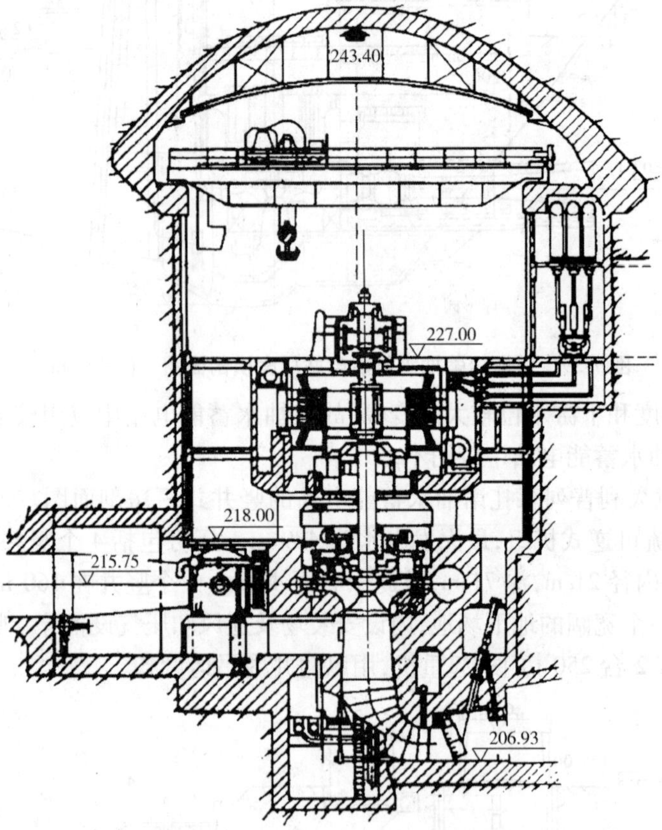

图 7-31　抽水蓄能电站地下厂房

地下式抽水蓄能电站除主厂房洞室外尚需很多辅助洞室和工作通道。图 7-32 为广州蓄能一期电站的厂房透视图。地下厂房由主厂房（包括球形阀廊道）、变压器室和尾水调压井廊道三个主要洞室组成，前两者之间有四条纵向的辅助洞室，内装每台机组的换相开关。远处的一条纵向洞室是进厂通道，右侧还有一个通道主要用于通风，兼作安全出口。图中没有显示的还有向上的通风井、出线电缆井、电梯井和排水廊道等，所有的竖井都与相应的地面建筑连通。

二、抽水蓄能电站的地下厂房

对于抽水蓄能电站，厂房系统采用地下厂房较多，主厂房、副厂房、主变压器室等常置于地下，开关站及出线场布置于地面或地下洞室的都有，还包括母线洞、出线洞、进厂交通

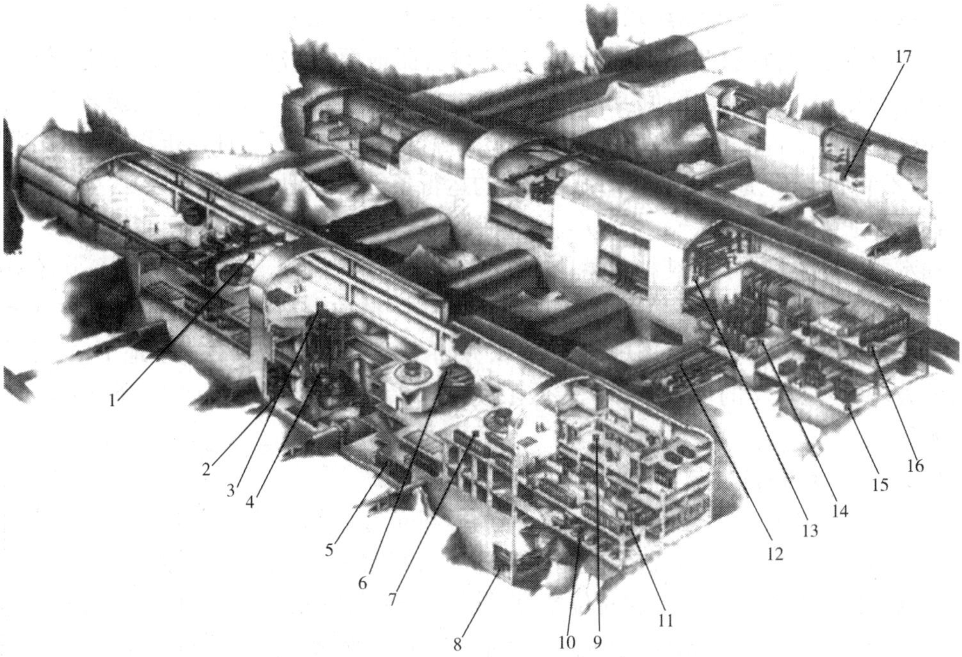

1—双车桥吊;2—球形阀;3—电动发电机;4—水泵水轮机;5—水过滤器;6—低压出线;7—机旁控制盘;8—排水设备;9—主控制室;10—压缩机组;11—变频设备;12—换相开关;13—高压气体绝缘开关;14—主变压器;15—厂用变压器;16—厂用配电盘;17—尾水闸门启闭机

图 7-32　广州蓄能一期电站的厂房透视图

洞、通风洞、排水廊道等附属洞室,地下洞室群空间纵横交错,规模庞大。其地下洞室群的布置及厂区建筑物的组成基本上同常规水电站。另外,根据厂房在输水系统中的位置可分为尾部式、中部式和首部式三种布置形式。当厂房靠近下水库布置时称为尾部式,当厂房靠近上水库布置时称为首部式,当厂房布置在输水系统中部时称为中部式。

(一)地下厂房特点(地下水电站厂房设计)

1. 可利用围岩的承载能力,节约材料,降低工程投资

地下厂房总是力求布置在较好的岩体内。在引水隧洞及高压管道的设计中,随着围岩弹性模量的提高,围岩分担的内水压力则愈高。衬砌厚度可以减薄,钢筋用量也较少,甚至可以采用喷锚支护作为永久衬砌,造价就更低。

2. 能适应高程和水平位置变化

地下厂房沿高程上下移动基本上不影响厂房的开挖量,因此能够适应水泵水轮机大淹没深度的要求。同时,地下厂房也能够适应下游水位的大幅度变化,这是为什么抽水蓄能电站较常采用地下厂房的重要原因之一。

地下厂房水平位置的移动同样不影响厂房的开挖量,只影响引水道和尾水道的工程量。利用地下厂房的这一特点,可以缩短高压引水道的长度,用造价较低的尾水道部分代替造价较高的高压引水道,以降低造价,满足调节保证的要求,同时可以给地下厂房选择

一个地质条件较好、便于施工的厂址。

3. 维修费用一般比地面建筑物少，使用年限较长

建筑物位于山体内，基本上不受大气的影响，而地面厂房可能会受到滑坡、滚石、雪崩、山洪、河流冲刷及人类活动的不利影响，因此维修费用较大，运行维修人员较多。地面厂房还受到严寒和酷暑的气象条件影响，不但维修工作量增加，而且建筑物的使用年限也较短，在不利的地形、地质条件下，地下厂房的运行条件要比地面可靠。

4. 能保护环境

抽水蓄能电站(特别是纯抽水蓄能电站)多位于负荷集中、人烟稠密地区，因有山有水，又常为风景、旅游点。因此，保护当地的环境往往是抽水蓄能电站设计中的一个重要课题，世界各国都极为重视。采用地下厂房，并将引水道和尾水道都置于地下，可减小对植被的破坏，使对环境的负效应降至最低限度。如果考虑周全，还可使上、下水库形成新的旅游区。

(二)厂区枢纽布置

水电站厂房是抽水蓄能电站的心脏，厂区枢纽布置实际上是围绕电站厂房为中心展开的。厂区布置的主要任务就是：要充分利用厂区的地形、地质条件，并考虑施工条件，合理布置地下厂房各洞室之间的相对位置、纵轴线方向、与输水管道之间的关系；充分考虑地下厂房洞室群围岩稳定条件，合理选择各洞室之间的距离。如果有调压室，应注意研究主厂房、主变压器室、调压室三者之间的关系。地下厂房附属洞室是厂房重要的辅助建筑物，如通风洞和交通洞施工位于施工总进度的关键线路上，将直接影响发电工期。

抽水蓄能电站地下厂区并不需要将全部建筑物都布置在地下。根据发电机组、主变压器和开关站之间的相对位置来划分，可以将主变压器和开关站布置在地面，也可以布置在地下，或者将主变压器布置在地下，将开关站布置在地上。

1. 地下主洞室群布置

抽水蓄能电站地下厂房区主要有四大洞室：主厂房、主变压器室、尾水闸门室和尾水调压室，地下开关站通常和主变压器室合为一个洞室。地下厂房的布置优先考虑这些主要洞室的位置选择。

尾部式电站及部分中部式电站没有尾水调压室；尾水闸门室可以布置在厂房下游，也可布置在下水库进出水口处；主变压器室通常布置在主厂房下游单独洞室内，也有和主厂房同在一个洞室。根据四大洞室的布置，主要可分为四类：一室式、两室式、三室式和四室式。

当主厂房、主变压器室、尾水闸门室和尾水调压室分别布置在四个不同的洞室内，称为四室式，常见于首部式和中部式厂房系统，如十三陵、泰安和宜兴等电站。

当主厂房、主变压器室、尾水闸门室三个洞室并列布置，称为三室式，主要见于没有尾水调压室及部分中部式电站，如天荒坪、白莲河等抽水蓄能电站。

对于两室式电站，较常见于尾水洞较短的尾部式电站，没有尾水调压室，尾水闸门室布置在下水库进出水口处，只有主厂房和主变压器两个洞室，如西龙池抽水蓄能电站。

如果将发电机组和主变压器布置在一起，没有尾水调压室，尾水闸门室布置在下水库进出水口处，称为一室式布置，常见于尾水洞较短的尾部式电站，如日本的盐原、大河内等

抽水蓄能电站。

2. 主变压器布置

主变压器靠近发电机布置，可以缩短发电机至主变压器间母线的长度，减小电能损耗，因此大多数抽水蓄能电站将主变压器布置在地下。主变压器布置在地面的工程较少，国内仅有沙河、溪口和响洪甸等三个电站。主变压器可以单独布置在一个洞室内，此种布置形式在国内外最为普通，特点是主变压器布置在厂房下游，低压母线较短，设备布置明晰，如图 7-33 所示；当机组台数不多，只有一台或两台时，主变压器也可以布置在主机间两端或一端，如我国的琅琊山抽水蓄能电站，将主变压器布置在主机间的两端，日本的沼原抽水蓄能电站，如图 7-34 所示，主要特点是减少了专门的主变压器洞和母线洞且变压器紧靠主机间，机电设备较集中，但主厂房洞室需加长，出线布置复杂；最后一种布置形式是将主变压器与主机布置在同一跨度的洞室内，主变压器布置在主厂房内，这种布置形式在我国目前还没有应用，如图 7-35 所示。

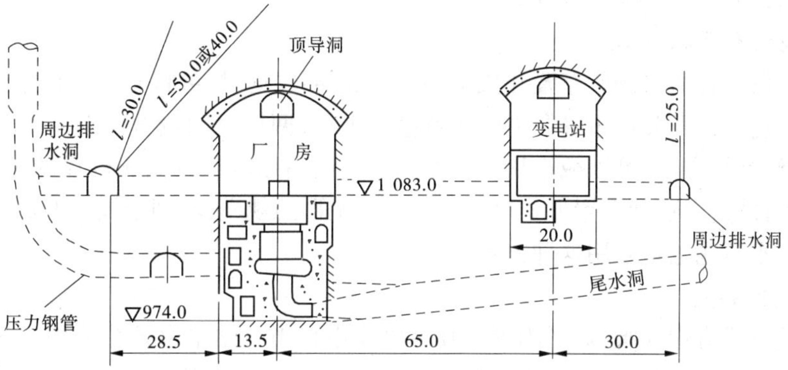

图 7-33　主变压器在下游洞室中　（单位：m）

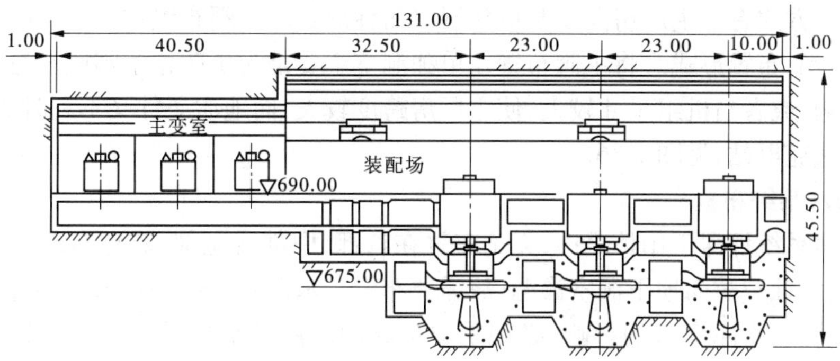

图 7-34　沼原抽水蓄能电站厂房纵剖面图　（单位：m）

（三）开关站布置

1. 开关站布置在地面

当地表有合适的平台或较缓地形时，可采用地面开敞式开关站或地面 GIS 组合式开关站。

地面开敞式开关站，占用面积大，所需运行维护费用比采用 GIS 组合式开关站方案

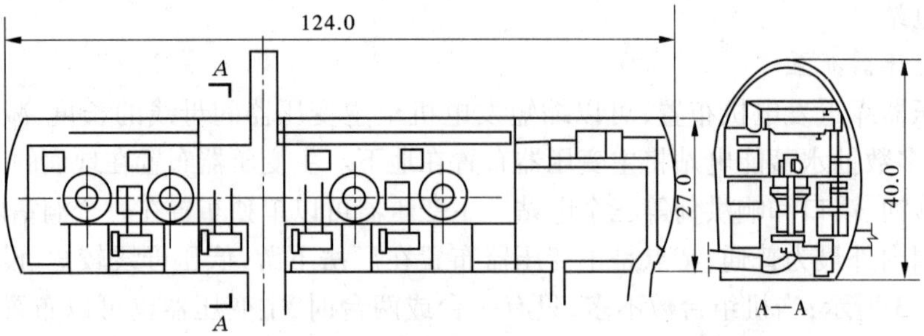

图 7-35 主变压器布置在主厂房内 （单位:m）

高,但可靠性比 GIS 组合式开关站低。早期的电站地下厂房开关站均采用地面开敞式。

地面 GIS 组合式开关站占用面积小,边坡开挖处理工程量相对较小,质量整体较好且可靠性高,设备投入运行后维护量较小,但电气设备投资较地面开敞式开关站高。国内抽水蓄能电站大多采用这种布置方式。

2. 开关站布置在地下

当地表没有合适的场所布置开关站,或出线距离较远时,可将开关站布置在地下。大多数将 GIS 组合式开关站布置在主变压器室的上层,两层之间设置电缆层。此种布置方式紧凑、检修维护方便,可以减小从变压器到开关站高压电缆或高压母线的长度,从而节省机电设备投资,但这种布置方式增加了地下洞室群的规模,不利于围岩的稳定。国内的呼和浩特抽水蓄能电站采用这种方式。

(四)主阀布置

主阀的形式有蝴蝶阀、球形阀等。其主要作用是当电站水道系统采用一管多机布置时,或当某台机组出现严重漏水或需要检修时,可利用支管上的主阀对其进行关闭;另外,当机组或机电设备发生意外事故时,为防止机组出现飞逸转速,则需启动主阀,切断水流。其常用的布置方式有与主厂房同室及单独洞室两种形式。主阀布置在主厂房内是国内外水电站最流行的布置形式。将主阀布置在单独洞室主要是为了防止主阀或管道爆裂对厂房的不利影响,或者当机组尺寸较大,使主厂房跨度较大,而地质条件又不利时的情况,如英国的迪诺威克电站,见图 7-36。

(五)排水系统布置

地下厂房系统埋深于山体之中,无论布置在首部、中部或尾部,难免有地下水通过结构面、裂隙及溶蚀裂隙向地下洞室渗漏,故需要布置排水系统。特别是采用首部布置的地下厂房,直接受上水库渗水的影响,必须采取可靠的防渗排水措施。对于尾部式地下厂房,也应研究下水库渗漏对厂房的影响。地下洞室的排水系统一般分为厂前截水、厂区排水和厂内排水三个部分。厂前截水在相邻厂房上游的高压管道段应用钢板衬砌,要求厂房前应设置一定长度的钢板衬砌段,并在钢管首部进行环向高压帷幕灌浆和设阻水环。厂区排水系统一般由纵横向两层或三层布置的排水廊道组成,为有效地排除发电机层以下厂房上游壁的渗水,最好能在高压钢管以下设一层排水廊道,距离厂房不宜太远,一般距离为 15 ~20 m。对于厂内排水,一般在洞室周边按一定的孔距、孔向布设 4 ~6 m 深的浅排水孔,用来降低地下水渗透压力,并采用纵横交错的排水明、暗槽或排水明、暗管等方

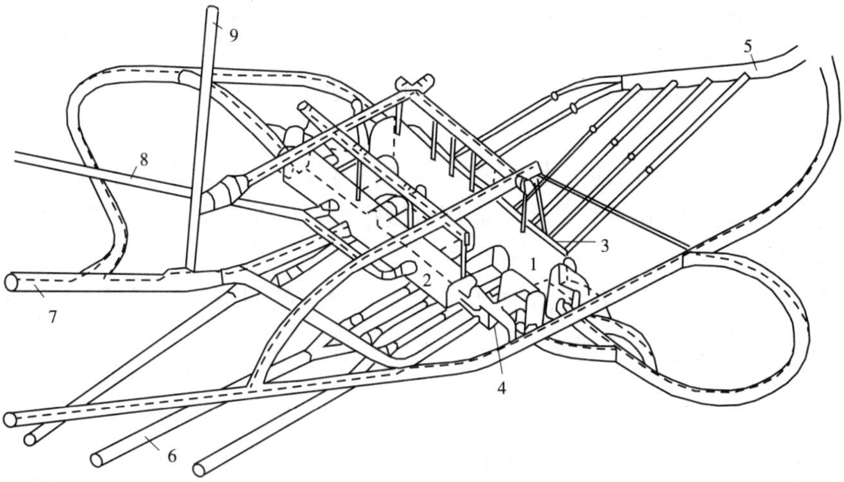

1—主厂房；2—主变室；3—主阀室；4—尾水隧洞；5—压力管道；6—尾水道；
7—主交通洞；8—100 kV 母线洞；9—高 225 m 的通风洞

图 7-36　迪诺威克电站地下厂房主要洞室示意图

式将水引走。

厂房区域的渗漏水、检修排水、事故排水，最终均通过排水设施排至地表。目前厂房排水方式采用水泵排水或利用自流排水洞自流排水。

（六）附属洞室布置

地下厂房除主厂房、主变压器室、调压室等主洞室外，还需根据交通、出线、通风等要求，布置若干附属洞室，其空间纵横交错，使地下厂房系统形成一组洞室群。

1. 交通洞

交通洞可从厂房端部沿厂房纵轴方向进入厂房，也可从下游侧垂直厂房纵轴方向进入厂房，从上游侧进厂者较少。

抽水蓄能电站厂房的位置低于下游尾水位。为了缩短交通洞的长度，使其出口在下游最高尾水位以上，交通洞常具有趋向厂房的顺坡，坡度为 6% ~10%。当厂房离开地面较近而用平交通洞较长时，也可采用垂直交通洞。

交通洞应尽量与其他洞室结合，如进风道和施工洞等。

2. 出线洞

出线洞指将电线引至地面的洞室。若主变室位于地下，则为高压出线洞；若主变室位于地面，则为低压出线洞。前者应用较多。在高压出线洞内，布置有封闭母线式高压电缆，在低压出线洞内则为低压母线。

出线洞可采用竖井、斜井或平洞，或两种形式以上的结合。

出线洞的首尾高差不宜过大，一般不宜超过 150 m，若采用高压电缆出线，下部电缆的油压将随高差的增大而增大，油压过大，电缆的漏油问题难以解决。

出线洞常与排风道结合，利用其高差抽风。

3. 通风洞

通风洞包括进风道和排风道，前者用以向厂房引入新鲜、干燥、温度较低的空气，后者用以将厂房内的较污蚀、潮湿、温度较高的空气引出厂房。进、排风道和厂内的通风设备构成了地下厂房的通风系统。

进风道经常和交通洞结合，排风道经常和出线洞结合。

4. 排水洞

为了降低厂区围岩中的地下水位，在厂房周围开挖一层或两层排水廊道。位置较高的排水廊道可自由排水，位置较低者则需用机械排水。厂外排水应和厂内排水结合。

5. 施工洞

施工洞是为了地下厂房开挖、出渣等施工需要设置的洞室。施工洞应尽可能地与其他永久洞室如交通洞、尾水洞和通风洞等结合，以降低工程造价。

三、厂房布置

厂房布置应根据机电设备的布置、设备的安装检修及运行，并结合水工结构的布置要求，统筹考虑。抽水蓄能电站多采用地下式厂房、立轴单级可逆混流式机组。

由于水泵水轮机组具有转速高、双向运转、启动运行频繁、需要专门启动设施、过渡过程复杂等特点，所以其厂房布置与常规水电站厂房有较显著的差别，如机组安装高程较低，防渗要求高，防火、防淹难度大和电气辅助设备较多等。

（一）主机间布置

1. 主洞室断面形状的选择

地下厂房轮廓体形和尺寸主要根据地质条件、厂内布置以及围岩的应力状态，并考虑施工方法等统筹确定。大型抽水蓄能电站主厂房大多采用城门洞形或曲线形，其中曲线形包括马蹄形、椭圆形和卵形等断面形状。曲线形断面的优点是周边应力分布均匀，特别是在软弱岩层和地质构造较复杂的岩石体中采用这种断面较多，图 7-37 是德国瓦尔德克抽水蓄能电站地下厂房，洞室围岩为砂、页岩，构造极为发育，岩体强度较低，厂房尺寸很大，宽33.5 m，高 46 m，采用卵形断面并用锚杆支护，取得了良好效果。

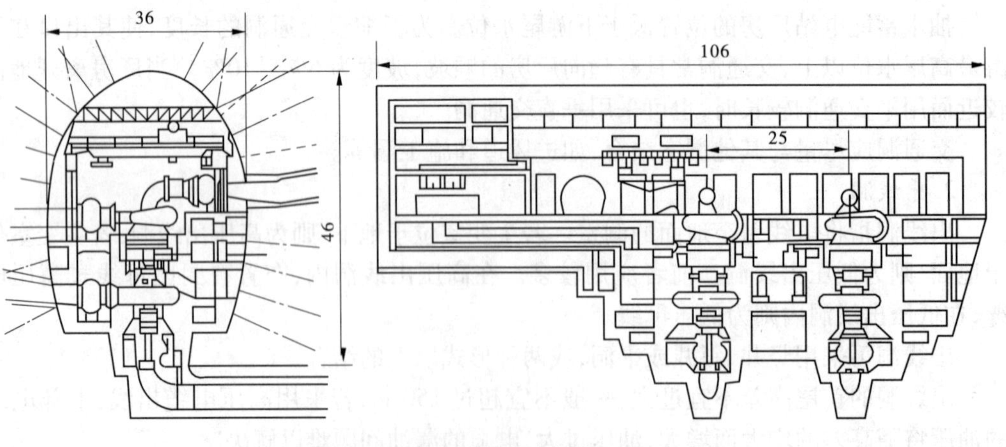

图 7-37 德国瓦尔德克抽水蓄能电站厂房 （单位：m）

国内多采用城门洞形，顶拱总是做成曲线形以利稳定。以往常常采用带有拱座的钢筋混凝土顶拱，不仅加大了厂房跨度，而且还使拱座处产生应力集中，不利于围岩的稳定。

所以,目前倾向于采用无拱座的喷锚支护顶拱。若岩体比较完整坚硬,也可以不作支护或只作局部的喷锚支护措施。图7-38是我国回龙山电站地下厂房的顶拱喷锚支护。边墙一般做成直立的,便于施工。在岩体性能较差,而水平构造应力又比较大的情况下,采用曲线形边墙或倾斜边墙,均能改善边墙围岩的稳定性。

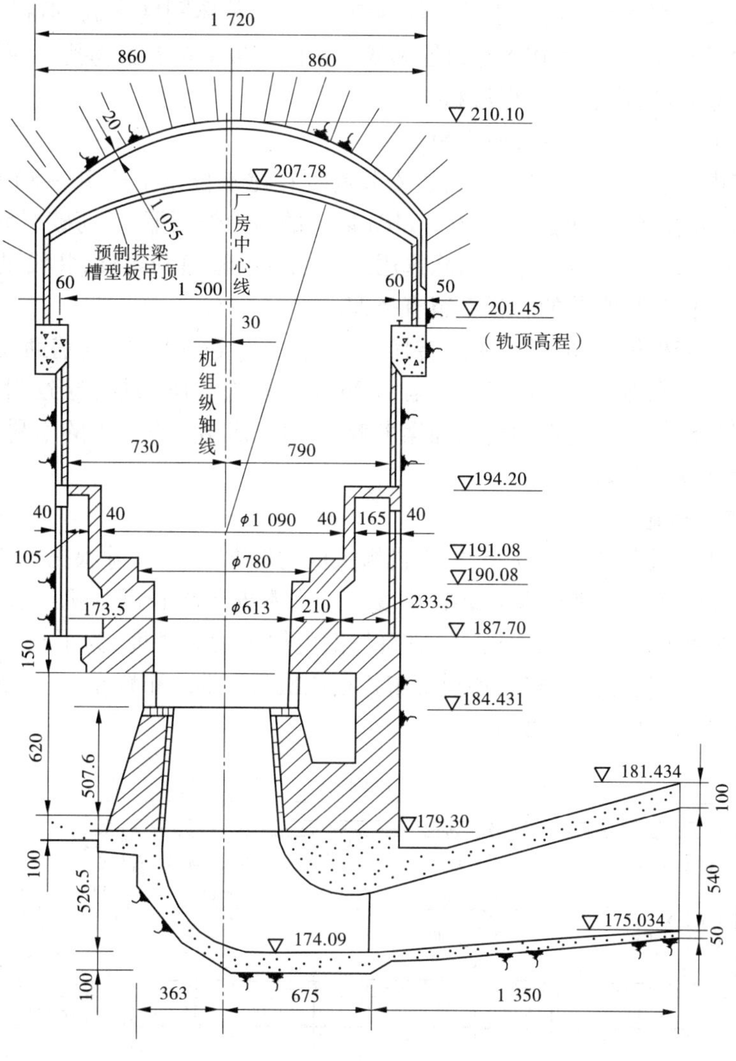

图7-38　回龙山电站地下厂房　(高程单位:m;尺寸单位:cm)

2. 主洞室控制尺寸的选择

地下厂房轮廓尺寸主要包括厂房高度、宽度和机组长度。抽水蓄能电站地下厂房控制尺寸的确定原则与常规电站相差不大,但抽水蓄能电站特殊的运行工况要求对厂房控制尺寸的选择会产生一定的影响。如水泵水轮机的淹没深度往往很大,对厂房的总高度影响虽然不大,但由于埋深加大,使得交通、通风、出线等附属洞室的工程量增加。抽水蓄能电站厂房的最大宽度一般由水轮机层决定,主要控制尺寸是水泵水轮机尺寸、机墩厚度和机墩外的运行通道和消防通道宽度,再加上布置调速器、油压设备、推力外循环等设备所需的宽度。

3. 机组拆卸方式对厂房布置的影响

转轮拆卸方式有上、中、下拆三种方式，就水工结构而言，采用上拆方式对厂内的布置和结构比较有利，机墩、尾水管外包混凝土结构完整。中、下拆方式优点是节省检修时间，缺点是对机墩或尾水管外包混凝土结构削弱较大，厂房整体刚度降低，不利于结构稳定。同时为将转轮吊至安装场，需在水轮机层和发电机层楼板上留有吊物孔，从而加大了机组间距以及厂房总长度，增加了工程量和投资。

4. 其他辅助设备对厂房布置的影响

抽水蓄能电站的吸出高度较大，机组安装高程在尾水位以下达 70 ~ 80 m，也就是在电站所有管道和阀门经常处于 0.7 ~ 0.8 MPa 以上的压力作用下，任何破裂都有可能造成厂房淹没，其损失将不可估量。所以，除选用足够强度的管道和阀件，装设足够容量的排水泵外，条件允许时，集水井的容积宜留有裕度。

由于抽水蓄能机组启动频繁、工况转换多，控制复杂等，使得电气辅助设备多。如蓄电池室、低压供水设备、空气压缩机的容量和数量等均有所增加，导致附属面积增加 20% ~ 30%。另外，因空压机振动荷载和噪声较大，对厂房结构有一些的不利影响，建议尽量将空压机室布置于基岩上。

（二）安装场布置

安装场是进厂设备卸货及安装、检修机组大件的地方，其面积除根据安装工位的要求确定外，还要考虑施工总进度及安装程序要求。通常安装场长度为机组长度的 1.5 ~ 2 倍，采用与主机间相邻的布置形式。其地面与发电层采用同高度，为了与主厂房共用吊车，其跨度应与主厂房相同。安装场通常布置在主机间一端或布置在主机间中部，有利于对外交通直接进入，如图 7-39 所示。

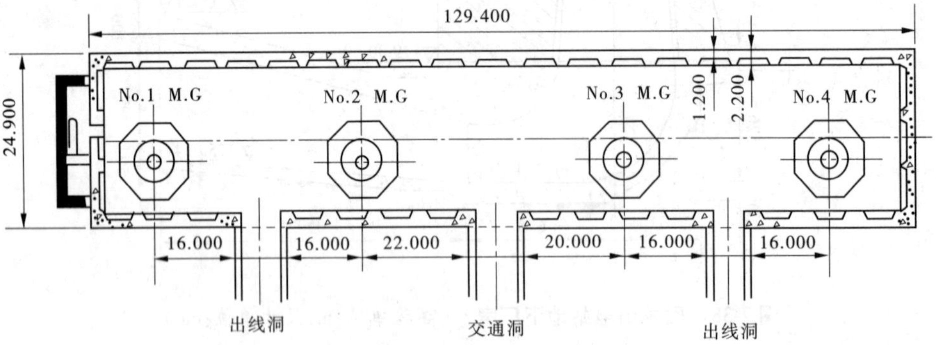

图 7-39　安装场在主机间中部图

如果当地质条件不利时，将安装场设在主机间中部，可保留安装场下部的部分岩体，对厂房高边墙有一定支撑作用，减小高边墙的连续长度，对围岩稳定有利。国内的西龙池、十三陵等抽水蓄能电站均采用此布置形式。

若安装场设在主机间一端，则布置紧凑，施工安装期间场地利用率较高，且一般情况下纵轴线方向较中部安装场方案短，工程量较小；另外，进厂交通可采用端部进入，能避免从上、下游进厂对高边墙造成的不利影响，我国大多数抽水蓄能电站采用这种形式。

（三）副厂房布置

副厂房是各种辅助设备布置和运行人员工作的场所，由生产副厂房和办公副厂房组成。布置原则是运行管理方便和最大限度地利用一切可以利用的空间，尽量减少不必要的房间面积，以节省投资。当由于地形陡峻，水平方向的洞口及主厂房顶部地表没有合适的场地布置副厂房时，一般将生产副厂房布置在地下紧靠主机间的洞室内，这样运行管理方便，自动化水平要求不高；当开关站布置在地面时，也可将生产副厂房布置在地面。由于地下副厂房受主机间机组运行的影响，结构振动是不可避免的，特别是副厂房内的中控室，电气实验室及办公副厂房，是电站运行值班人员的主要工作与活动场所，振动的有害影响较大。

四、厂内交通布置

厂内交通布置主要是指主机间、安装场、副厂房各层之间的水平向交通和竖向交通布置。抽水蓄能电站由于大部分在厂房上游侧布置有球阀或蝶阀，为减小厂房机组支承结构的振动，厂房布置通常采用机组中心线尽可能往下游靠的布置形式，将蜗壳外围混凝土紧贴下游岩壁，因此水轮机层以上各层在厂房上、下游侧布置有水平向通道，以下各层往往只有厂房上游侧设水平通道，通道的宽度应满足设备安装、运行和维护的需要。同时，在主机间布置楼梯，以做竖向通道，从发电机层经母线层、水轮机层到达蜗壳层，通过楼梯还可至蜗壳进人门、尾水管进人门等处。

思考题

1. 抽水蓄能电站的输水建筑物包括哪些部分？
2. 为什么抽水蓄能电站的上、下水库防渗要求特别高？
3. 抽水蓄能电站的厂房类型怎么划分？
4. 抽水蓄能电站进出水口的特点？与常规水电站有何区别？
5. 说明抽水蓄能电站的水工建筑物组成及其特点。
6. 抽水蓄能电站有几种布置形式？
7. 抽水蓄能电站中为什么设置调压室？设置调压室的条件是什么？

第八章　抽水蓄能电站的运行

第一节　抽水蓄能机组的工况转换

一、抽水蓄能机组的运行工况及工况转换

与常规水电机组相比，抽水蓄能可逆式机组的运行工况多，工况转换复杂，特别对于水泵工况启动，其过程更为复杂。不同启动方式，其启动程序（流程）又大不一样。抽水蓄能可逆式机组工况转换要求在尽可能短的时间内完成，以满足系统负荷急剧变化和事故应急需要。

常规水电机组只有三种基本工况，即静止、发电和调相，工况转换也只有如图 8-1（a）所示的六种。对于抽水蓄能机组则具有五种基本工况，即静止、发电、发电调相、抽水和抽水调相；而这五种工况之间的转换，若按任意排列组合则有24种。实际上常用工况转换为如图 8-1（b）所示的 12 种，即静止⇌发电，静止⇌抽水，静止⇌发电调相，静止⇌抽水调相，发电⇌发电调相，抽水⇌抽水调相等 12 种基本工况转换。此外，还有发电⇌抽水 2 种特殊工况转换。对于抽水→发电，在正常情况下，它由抽水→静止，再由静止→发电两种转换程序组合。但在应急情况下则可由抽水直接转换到发电，如果机组是满抽水和满发电工作的，则这样直接转换对系统而言一下子增加了相当于单机容量 2 倍的功率，对付事故应急很有用。而对于发电→抽水，在正常情况下也是由发电→静止，再由静止→抽水两种转换程序的组合，但对于用同轴电机启动的机组还可以进行发电直接转换到抽水，对系统而言一下子减少相当于单机容量 2 倍的功率。晚峰过后系统负荷急速下降，有可能要采用这种工况转换方式。

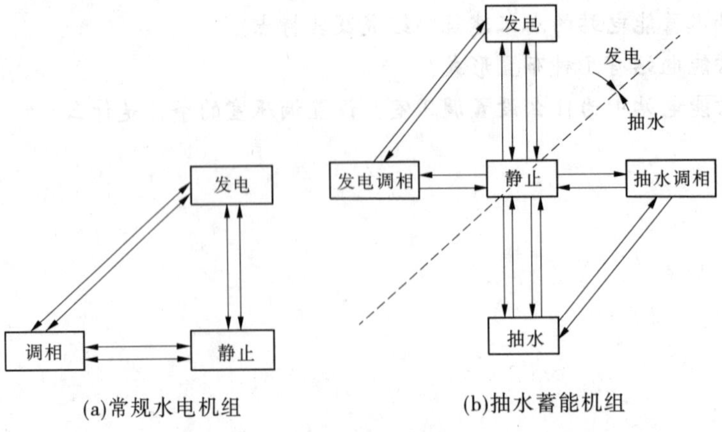

图 8-1　常规水电机组和抽水蓄能机组的运行工况及工况转换

二、工况转换所需的时间

抽水蓄能机组具有调节电力系统负荷峰谷变化，提供紧急备用，稳定系统频率等功能。抽水蓄能电站和机组的工况转换时间的要求也越来越严，在水力系统、机组机械应力等方面允许条件下，工况转换所需时间应尽可能短，但工况切换过程加快，会使机组承受较大的冲击和振动，使水道系统水击现象加剧。

图 8-2 给出十三陵抽水蓄能机组工况转换过程中各主要流程所需时间。图中标明了各主要流程所经历的时间。例如，机组从静止状态经抽水调相工况转换到抽水工况整个过程，在做好换相开关切换到水泵旋转相序和投入顶转子高压油泵等启动准备工作之后，接下来主要流程所需时间是：转轮室压气排水 30 s，投励磁 10 s，水泵启动 240 s（同步启动）或 290 s（变频启动），进入抽水调相工况，紧接着转轮室排气注水造压 50 s，球形阀半开 30 s（它表示球形阀半开后即可开导叶），投调速器 10 s，机组加载 30 s，之后进入正常抽水工况。整个工况转换过程共需 400 s 或 450 s。

应该指出，图 8-2 所列的时间，只提供一个量值概念，不同机组不尽相同，这是因为工况转换所需时间是各流程操作所需时间的总和，而有些操作在时间上可能相互搭接，而其准确起始时间及结束时间也难于测定。

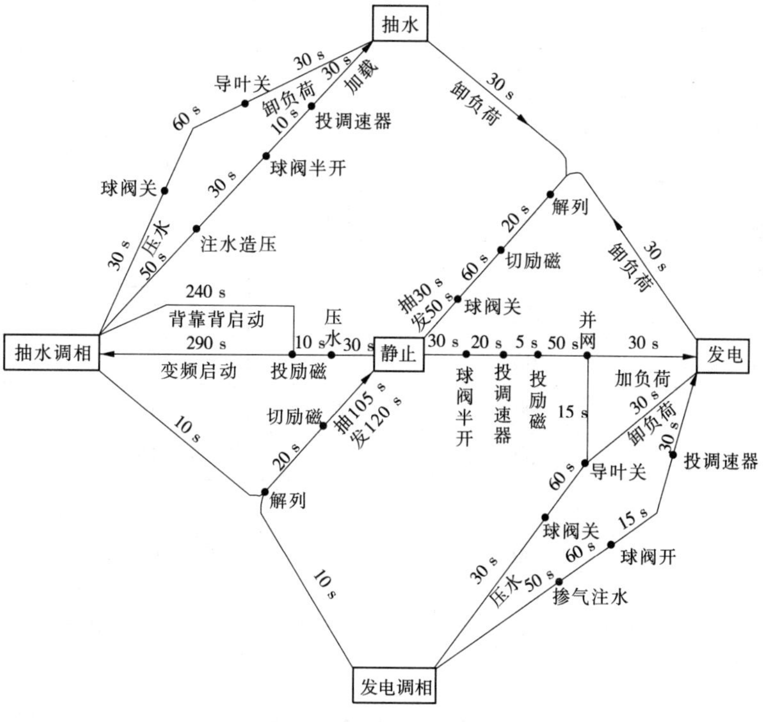

图 8-2　十三陵抽水蓄能机组工况转换各主要流程所需时间

表 8-1 给出了三个抽水蓄能电站各种工况转换所需的时间，其中包括单级混流可逆式机组工作水头最高的保加利亚的茶拉电站、以反应迅速著称的英国迪诺威克电站，以及

我国的广州抽水蓄能电站。

迪诺威克抽水蓄能电站能在 10 s 内使全厂出力从零增至 1 300 MW,或在 15 s 内使电站达到满出力 1 800 MW 运行,而在紧急情况下,能在 90 s 内从水泵满载运行到发电满载运行。正是这种机动灵活快速的反应能力,使抽水蓄能电站成为给系统提供调峰电力和紧急备用的理想电源。

表 8-1　三个抽水蓄能电站各种工况转换所需的时间　　(单位:s)

项目	茶拉电站	迪诺威克电站	广州电站	估计可能最小转换时间
单机容量(MW)	216	300	300	
设计水头(m)	701	517	500	
转速(r/min)	500	500	500	
启动方式	变频	变频	变频	
静止→发电空载	160	90	95	60
发电空载→满发	160	10	25	10
静止→抽水调相	320	540	340	105
抽水调相→满抽	140	60	120	
静止→发电调相	220			
满发→发电调相	100		120	45
满发→静止	220	370		125
发电空载→静止		360	315	120
满发→满抽	660	1 020		220
发电调相→满发	160			40
发电调相→静止	220		420	
满抽→抽水调相	100		120	40
满抽→静止	200	370	240	95
抽水调相→静止	200		370	
满抽→满发				
正常	660	480	360	145
紧急	210	90	150	65

第二节　抽水蓄能电站在电网中的运行方式

抽水蓄能电站的建成和投产对于改善系统的能源结构、调峰(填谷)、事故备用、调频、调相等,提高电网的安全经济运行和火(核)电站的综合利用率,减少能耗等方面均发挥了重要作用。抽水蓄能电站由于开停机迅速，工况转换灵活，以各种不同方式参与电网运行。其中，提供峰荷电力和吸收剩余电量是抽水蓄能电站最基本的运行方式。下面列举数例，说明抽水蓄能电站在电网中的实际运行情况。

一、广州抽水蓄能电站在广东电网中的运行

（一）电站简介

广州抽水蓄能电站位于广州东北方向的从化市境内，距广州市 120 km，总装机容量 2 400 MW，第一期工程安装 4 台 300 MW 的可逆混流式抽水蓄能机组，是为缓解广东电网和香港电网的峰谷矛盾和保证大亚湾核电站的安全、稳定运行而建设的大型纯抽水蓄能电站。上、下水库共用，其他建筑物各自施工，建成后集中管理。广州抽水蓄能电站第一期的机组归广东电力发展股份有限公司和香港中华电力有限公司共同调度。

电站上、下水库正常蓄水位各为 816. 8 m 和 287. 4 m，死水位各为 797 m 和 275 m，对应有效库容上水库为 1 686 万 m^3，下水库为 171. 3 万 m^3，单机最大发电流量为 71. 8 m^3/s，最大水头为 535. 7 m，最小水头为 493. 7 m，单机最大抽水流量 60. 03 m^3/s，最大扬程 552. 8 m，最小扬程 514. 5 m。电站运行综合效率，初步统计结果为 74. 7%。

（二）调峰运行

广州抽水蓄能电站投产后，一个重要的作用是协助电网在低谷段吸收核电和火电，在低谷负荷期间，抽水蓄能，减少了核电和火电机组的调荷幅度；而在高峰负荷期间，则由抽水蓄能电站机组发电顶峰。图 8-3 清晰地记录了广州抽水蓄能电站的调峰填谷作用。

为了调峰填谷，机组需频繁启停。据统计，1994 年机组发电启动 1 631 台·次（成功率 96. 3%），抽水启动 1 108 台·次（成功率 89. 1%），平均每天启动 7. 5 台·次。

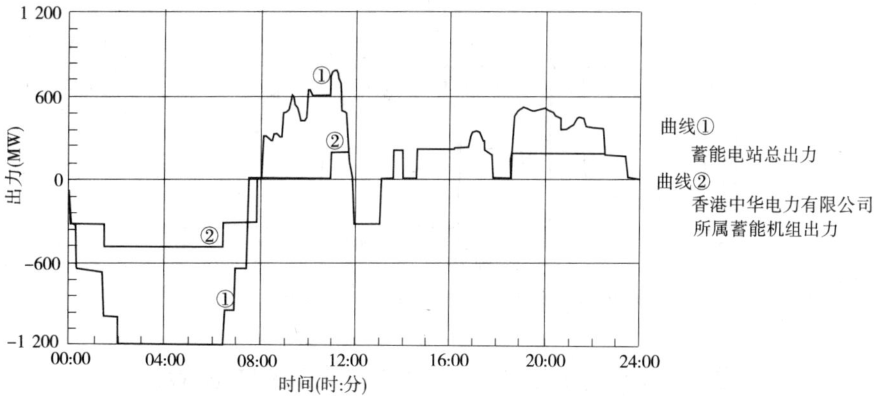

图 8-3　广州抽水蓄能电站日出力过程

（三）事故备用

广州抽水蓄能电站的机组，由于启动迅速，运行灵活，升荷速度快，调荷幅度大，因而承担系统事故备用是其主要任务之一，表现在下列三个方面：一是旋转备用。通常每台机组预留 60 ~ 100 MW 的旋转备用容量，这种备用容量对事故反应迅速，能及时补充事故缺供容量和电量，使电网迅速恢复正常供电。例如，图 8-4 是 1994 年 8 月 29 日广东电网运

行实测日负荷图,从图上可清楚地看出,这天西电东送发生两次事故,核电发生一次跳闸事故。在这三次事故中,广州抽水蓄能电站能及时增发出力 190 ~ 380 MW,发挥了应有的事故备用作用。二是停机备用。1994 年广东电网统调机组发生了 354 次临修,由于开启蓄能机组顶替因设备故障需要临时检修机组的工作,因而拉闸限电次数大幅度减少。三是抽水备用。通过低频切泵停止抽水或自动由抽水工况转入发电工况并带满负荷。此措施除保证大亚湾核电机组(发电最大出力可达 985 MW)在试运行期间成功地进行了甩负荷试验外,还承受了 10 余次核电机组突发性跳闸故障,对防止事故恶化,恢复正常供电起到显著作用。

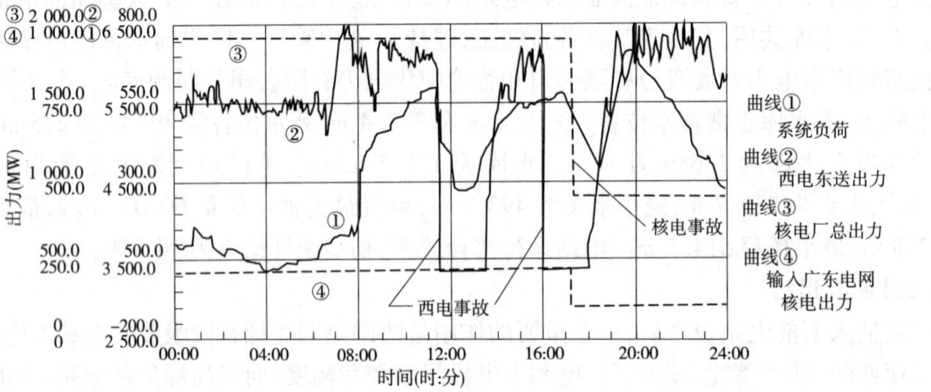

(a)电网运行中出现三次突发事故

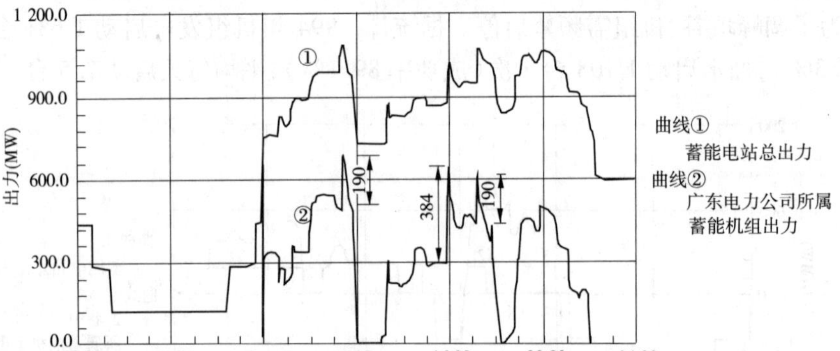

(b)广州抽水蓄能电站对事故的快速反应

图 8-4 1994 年 8 月 29 日广东电网运行记录图(事故情况)

在大亚湾核电站(2 × 900 MW)核电机组试运行期间,除有计划地进行甩负荷试验外,还发生了多次无计划的满负荷(985 MW)跳闸突发性故障,抽水蓄能电站均能及时启动投入运行,在迅速恢复系统运行频率、平衡由于核电机组跳闸而产生的系统功率缺额等方面都发挥了其应有的作用。

(四)调相运行

广州抽水蓄能电站的机组,在发电、抽水、发电调相和抽水调相 4 种工况下,均可发出无功功率,提高电网电压,也可吸收无功功率降低电网电压。1995 年春节期间,广东电网负荷都很低，除夕那天，最低只有 1 920 MW，500 kV 电网电压有时高达 540 kV 以上，这时充分利用抽水蓄能机组调相运行方式，吸收电网多余无功功率。在春节 8 天期间，4 台抽水蓄能机组共计调相运行 84.38 h，吸收无功功率 2 074 万 kW·h。对稳定 500 kV 网架运行电压，达到理想效果。

二、潘家口混合式抽水蓄能电站在京津唐电网中的运行

（一）电站简介

潘家口混合式抽水蓄能电站位于河北省迁西县境内，电站安装 150 MW 的常规水轮发电机组一台和 90 MW 的可逆式抽水蓄能机组 3 台，1981 年常规机组并网发电，1992 年年底 3 台抽水蓄能机组全部投入运行，是我国第一座大型混合抽水蓄能电站。上水库主要任务是向天津和唐山两市供水，给合供水发电，因此常规机组只能在供水期内运用，而安装抽水蓄能机组后常规机组、蓄能机组互为补充，参加电网的调峰运行，运用方式灵活，并可获得更多的峰荷电量。

由于上水库是多年调节水库，水库水位变幅大，电站水头为 86～360 m。为了使蓄能机组在如此大幅度变化的水头保持高效稳定运行，选用 ABB 集团制造的 48 极和 42 极的变极电机（双转速电机），它有 125 r/min 和 142.85 r/min 两个转速，前者用于抽水扬程小于 65 m 运行，后者用于扬程大于 60 m 运行。变极电机虽可改善可逆式机组在水头变幅较大的运行条件，但在低水头段运行机组效率仍然偏低。为解决此问题，在机组上加装了一个由 ABB 集团提供的容量为 90 MW 的静止变频器，从而使水泵扬程 36～45 m 和水轮机水头 36～56 m 的低水头段内效率有明显提高，因而电站综合效率也由 59% 提高到 77%；同时，气蚀减轻，机组振动和噪声减低。所以潘家口电站的可逆式机组既能变极运行，又能变速运行（用于低水头段）。

（二）运行情况

潘家口水库是以供水为主，兼有发电功能的多年调节水库，最大库容 29 亿 m^3。抽水蓄能机组利用此库为上水库。下水库为新建的径流式水库，库容约 1 000 万 m^3。3×90 MW 抽水蓄能机组于 1993～1997 年运行数据统计见表 8-2。

表 8-2　3×90 MW 抽水蓄能机组于 1993～1997 年运行数据统计

项目	1993 年	1994 年	1995 年	1996 年	1997 年
运行方式	调峰、抽发满负荷	调峰、第四季调频、抽发满负荷第四季负荷变动	第一调频厂	第二调频厂	第三调频厂
发电量（万 kW·h）	34 771.57	49 340.9	57 567.9	63 433.3	42 768.3
抽水耗电量（万 kW·h）	45 515.6	46 017.9	48 708.3	40 079.3	35 821.7
运行小时(h)	3 858	5 118	6 510	7 039	5 480
启动次数（合计）	2 789	3 071	2 836	2 436	2 197
启动成功率（平均）	91.4%	99.29%	99%	98%	97.62%

续表 8-2

项目	1993 年	1994 年	1995 年	1996 年	1997 年
等效可用率(平均)		88.57%	93.65%	94.2%	93.14%
备注		利用洪水发电,发电量 1 亿 kW·h	利用洪水发电,发电量约 1 亿 kW·h 按混合式电站调度	按混合式电站调度	按混合式电站调度

从潘家口抽水蓄能机组投入华北电网运行五年的统计数据中可以明确看出,其运行方式和作用如下。

1. 调峰运行

1993 ~ 1994 年基本运行方式是机组满负荷发电和抽水运行,称为纯抽水蓄能运行,其综合效率为 76%。

综合效率 = 全年发电量/全年抽水耗电量 = 76%

由于抽水蓄能机组参加电网调峰运行,取代了同容量的燃煤或燃油机组在日负荷曲线调峰的位置。华北电网主力机组是燃煤机组,而水电比重很小,在不得已的情况下,要求 200 MW、300 MW 的燃煤机组在 50% 负荷下稳定运行,尽管煤耗增高,但为了解决调峰问题,也只能如此。由于抽水蓄能机组投入,使带腰荷的机组增加了负荷率,减少了峰荷火电机组容量,起到了调峰填谷缩小峰谷差的作用,减少了调峰所带来的火电机组的煤耗增高和附加损失。

2. 调频运行

1995 ~ 1997 年间分别担任电网的第一、二调频厂,利用发电工况与中调联合调峰调频,具体调度办法按日负荷曲线由调度按负荷上升或下降的陡度将火电机组调整在允许的频率下稳定运行,而具体保证频率的跟踪细调由抽水蓄能机组担负,使火电机组脱离了频繁调整跟不上频率变化而使频率超标和效率下降的状态,充分发挥了抽水蓄能机组启停调整快速灵活的特点。按华北电网要求的频率合格(50 ± 0.1) Hz 的标准仍达到 99.7%。因而每日 8 点至 22 点,抽水蓄能机组作为调频机组,其余时间为抽水运行。虽然机组在零至满负荷之间变动运行,耗水率高些,综合效率不在最高点,但对电网起到安全、稳定作用。特别是保证供电质量,代替火电机组调频,在节煤上也有明显的效益。

为扩大调频能力,充分发挥潘家口水利枢纽工程的整体效益,提高电网高峰时段可调容量,由中调按系统需要联合调度,扩大了蓄能机组的调频能力,更好地发挥了调频作用。这就是 1995 ~ 1997 年发电量远大于抽水耗电量的原因,充分显示了混合式抽水蓄能电站的优越性。

3. 事故备用

在电网有特殊需要的时候,如首都重大活动、节日庆典、大容量机组并网试验等情况,潘家口三台抽水蓄能机组往往处于备用状态(一是发电带部分负荷备用,二是停机备用,三是抽水工况运行备用),发挥了快捷灵活的特点,特别是抽水工况的备用是最为迅速和有效的办法。在这几年运行中,多次起到了在系统发生故障时,保频率和稳定系统的作用，如较大机组故障解列，外部原因使联络线跳闸等情况，抽水蓄能机组能以其转换调整灵活达到调度满意。

4. 利用洪水发电

1994～1995 年，上水库大量泄洪，此三台机组连续满负荷发电运行，两年共利用洪水发电 2 亿 kW·h 以上，同时改善了水库泄洪调度方案，这就是混合式抽水蓄能电站的明显效益。

第三节　抽水蓄能电站的过渡过程

首先介绍抽水蓄能电站水泵水轮机的全特性曲线，然后介绍几种典型的抽水蓄能电站水力过渡过程。关于水泵水轮机水力过渡过程数值模拟方法参见有关文献。

一、概述

随着电力系统的不断扩大，火电站和核电站的日益发展及单机容量的增加，系统负荷的调峰成为十分重要的问题。当系统负荷处于低谷时，系统中有多余的电能，抽水蓄能电站利用此多余电能抽水，将水抽到上游水库中存储；当系统负荷出现高峰时，抽水蓄能电站利用水库原有的水和抽上来的水一起发电，加大发电量，并在峰荷工作，在系统负荷图上起到了填谷削峰的作用。因此，抽水蓄能电站能取得很好的经济效益。

抽水蓄能电站既要发电又要抽水，发电时担负着系统尖峰负荷，因此在它运行的过程中，工作状况变动频繁，机组调节次数很多。有的抽水蓄能电站，1 h 内工况变换竟超过 5 次。因此，抽水蓄能电站水力过渡过程有其特殊性。除常规水电站的启动、停机、增、减荷、调相、飞逸等过渡过程外，抽水蓄能电站还有水泵的启动、停机、流量的增减变化、断电、调相、飞逸以及水泵工况和水轮机工况的相互转换等过渡过程。

二、水泵水轮机的全特性曲线

水泵水轮机在过渡过程中，其工作工况区是很广泛的，而常规的特性曲线只给出了狭窄的正常工作区，为了能计算和了解全部过渡过程，必须要有包括各种工况的全特性曲线。全特性曲线一般覆盖四个象限。

全特性曲线有不同的表示方法，目前常用的是单位转速 n_{11} 做为横坐标和单位流量 Q_{11} 做为纵坐标，表示水泵水轮机工作特性的曲线，叫做流量全特性曲线，如图 8-5 所示；用单位转速 n_{11} 做为横坐标和单位转动力矩 M_{11} 做为纵坐标，表示水泵水轮机工作特性的曲线叫做转动力矩全特性曲线，如图 8-6 所示。流量全特性曲线分布在四个象限内，转动力矩全特性曲线则分布在三个象限内。水泵水轮机的流量与导叶开度 a 有关，故在全特性曲线中要表示出开度和流量、转矩的关系。绘制水泵水轮机全特性曲线，通常将水轮机工况放在第一象限，以水轮机转动方向和发电水流方向为正。由于抽水蓄能电站有固定的上、下水库水位，水头 H 总为正值。

水泵水轮机全特性曲线可分为五个工况区，即：Ⅰ区，水泵工况区；Ⅱ区，水泵制动工况区；Ⅲ区，水轮机工况区；Ⅳ区，水轮机制动工况区；Ⅴ区，反水泵工况区。

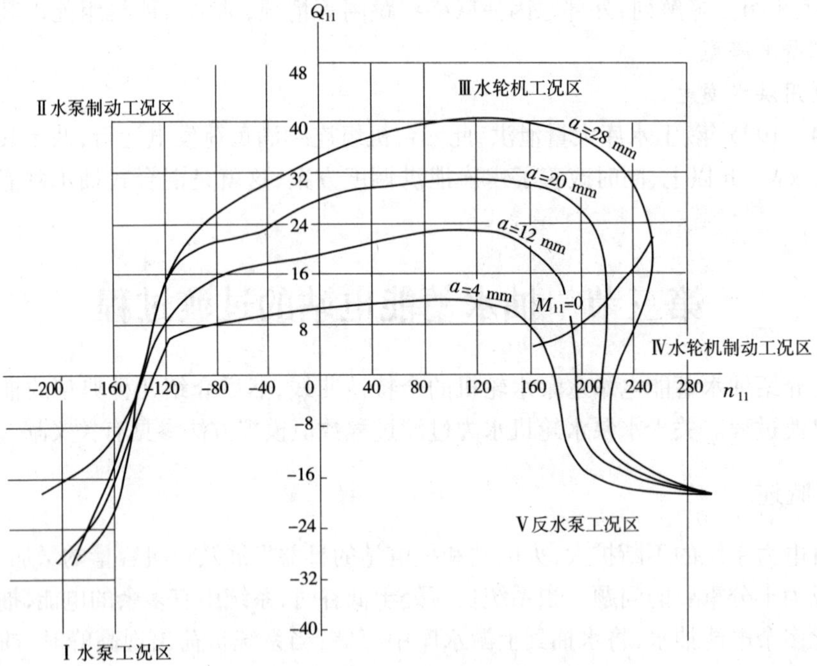

图 8-5　流量全特性曲线

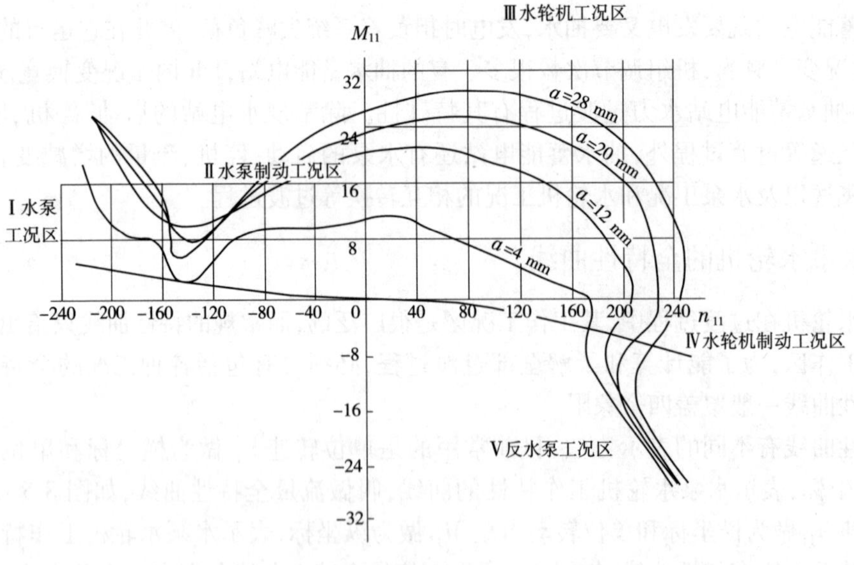

图 8-6　转动力矩全特性曲线

(一)水泵工况区

在水泵工况区,转速 n 和流量 Q 均为负值,水头 H 和水流转动力矩 M 为正值,功率 P 为负值。流量全特性曲线位于第三象限,转动力矩全特性曲线则在第二象限。导叶开度 a 的大小对水泵单位转速的影响很小,因此等开度线集中在较窄的范围内并有交叉。只有在小开度时开度的变化对单位转速的影响较显著。水泵开机时,从导叶小开度变到大开度，即使水泵转速不变，也会大幅度增大抽水流量，在管道中产生较大水击压力。

水泵流量逐渐减小，转动力矩也逐渐减小，当单位流量 $Q_{11}=0$ 时，单位转矩 M_{11} 达到最小值。随着导叶开度 a 的减小，单位转矩值也逐渐减小。这说明在水泵关机过程中，电动机功率随导叶关闭而逐渐减小。

（二）水泵制动工况区

水泵制动工况区流量全特性曲线和转矩全特性曲线都在第二象限内。由于机组和水流的惯性作用，机组按水泵旋转方向旋转，故转速为负；水流动方向与水轮机水流流向相同，故流量 Q 为正，水流对机组转动起制动作用。水流力矩的作用方向和水轮机工况相同，故转矩为正。等开度线由陡变缓，流量随着转速的降低而增大，在流量由负变正的附近，开度线往往相交，在转速接近于零的时候，等开度线与 Q_{11} 轴线接近垂直，此时导叶开度 a 对流量的影响较大。由于水流流向和叶轮旋转送出的水流互相冲撞，所以水流不稳定，脉动现象严重。

（三）水轮机工况区

水轮机工况区流量 Q、转速 n、水头 H、转矩 M 和功率 P 都是正值，流量全特性曲线和转动力矩全特性曲线都在第一象限内。导叶开度 a 对流量 Q 的影响很大。转速超过最优工况点后，受离心力作用，流量迅速下降。在靠近飞逸转速附近（$M_{11}=0$ 线为飞逸转速线），等开度线以近乎平行纵坐标轴线下降，流经水轮机的流量急剧下降。这时由于流量的巨大变化，即使导叶开度 a 不变也可能产生很大的水击现象。

（四）水轮机制动工况区

经过飞逸，转矩 T 从正值转变为负值。水轮机制动工况区流量全特性曲线在第一象限，转矩全特性曲线落到第四象限。因此，该区流量 Q 和转速 n，都是正值。等开度线大体垂直于 n_{11} 线。由于转速的微小变化，就有可能造成机组沿着等开度线下降到 $Q_{11}=0$ 线。这时机组转速 n 很高，转轮对水流起堵塞效应，水流制止机组转速提高，所以也叫制动区。由于机组这时是按水轮机方向转动，故又叫做水轮机制动区，以区别于水泵制动区。

水轮机制动工况区等开度曲线出现反坡情况 $\frac{\partial Q_{11}}{\partial n}>0$，在同一个导叶开度 a 和同一个单位转速 n_{11} 下，出现多值情况，即有两个不同的 M_{11} 和 Q_{11} 值，对调节不利，会导致机组调节不稳定现象，水流会对过流部分产生很大的脉动压力，这种情况多产生在高水头低比转速混流式水泵水轮机中。

（五）反水泵工况区

反水泵工况区的特点是，机组按水轮机方向旋转，转速 n 是正的。水流按水泵方向流动，流量 Q 是负的，水流转矩也是负的。该区流量全特性曲线和转矩全特性曲线都在第四象限中。流量随转速增大而增大，但增加缓慢。转矩随转速增大而增大，且增加很快。由于水流是负向流动，机组正向旋转，故转轮出口水流和导叶方向互相矛盾，导叶开度 a 对流量 Q 和转矩 M 的影响都不明显，因此等开度线聚在一起，低比转速混流式机组全特性曲线在该区呈反 S 形。低比转速机组特性曲线在Ⅳ区和Ⅴ区呈反 S 形，如图 8-7 所示，产生多值现象，一个开度 a、一个单位转速 n_{11} 可有三个 Q_{11} 和 M_{11} 值，使机组很容易由飞逸进入反水泵工况，造成运行困难。该区水流状态紊乱，水流互相撞击，产生很大脉动压力，机组震动也很大。

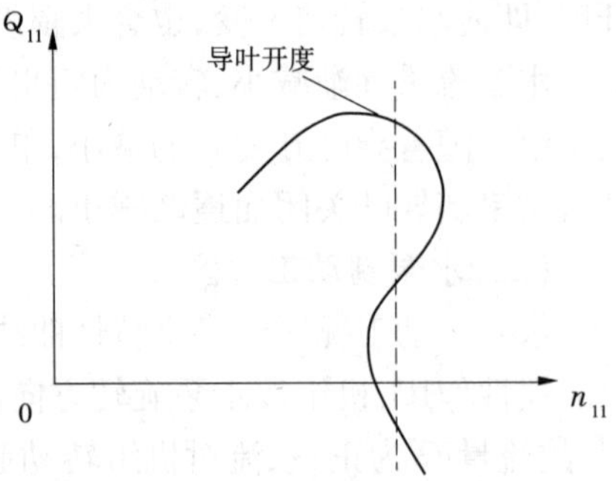

图 8-7　多值特性曲线

三、几种典型的过渡过程

抽水蓄能电站水泵水轮机水力过渡过程工况主要有：水轮机工况甩负荷、水泵工况断电、水轮机工况启动、水泵工况启动。其中，水轮机工况甩负荷和水泵工况断电是最重要的工况，会造成严重的后果。

（一）水轮机工况甩负荷

与常规水轮机相比，水泵水轮机甩负荷的过渡过程有许多不同。常规混流式水轮机机组一般仅经历水轮机工况区和水轮机制动工况区，在导叶完全关闭后流量才为零，水轮机飞逸后，流量平顺地减小到零。而水泵水轮机甩负荷后一般经历三个工况区，即水轮机工况区、水轮机制动工况区和反水泵工况区，在导叶关闭前流量已为零，水泵水轮机飞逸后往往发生很大的流量振荡。为了减小水泵水轮机管道系统水击压力，抽水蓄能电站导叶往往采用分段直线关闭规律，开始时关闭速度较快，而后关闭速度放慢，但不能避免进入反水泵工况区。

图 8-8 给出了一个高水头抽水蓄能电站甩负荷的过渡过程。该电站安装了两台可逆机组，比转速为 95 r/min，出力为 300 MW，压力引水隧洞长 8 km，高压管道长 1 500 m 分别供应两台机组。每台机组都有单独的尾水洞，其长度为 300 m，电站的净水头为 545 ~ 610 m，水轮机埋置在下游水位以下 54 ~ 74 m。为了避免水击压力采用分段关闭，甩负荷后 2 s 内，导叶从 100% 快速关到 58%，接着 8 s 保持开度不变，然后在 20 s 内匀速关闭到零。图上给出了两台机组的过渡过程，一台关闭（实线），一台拒动（虚线）。甩负荷后，第一台机组相对转速升高到 1.35，第二台机组升高到 1.40。第一台机流量开始减小得比较慢，接近飞逸时急速减小；第二台机流量开始保持不变，接近飞逸时开始急剧振荡，振幅达 50%，流量已出现负值，表明已进入反水泵工况。两台机流量变化相位相反。上游侧压力变化 $\frac{H'}{H}=1+\xi'$，下游侧 $\frac{H''}{H_0}=1+\xi''$，蜗壳最大压力升高 $\frac{H'}{H}=1.55$（$H_0=570$ m，$H'=883.5$ m），转轮后出现激烈的压力脉动（图 8-8 中仅给出水击压力值），$1+\xi''$ 达到 0.2，即 115 m，在 10 s 时，转轮下的压力降为零。

（二）水泵工况断电

水泵水轮机在水泵运行过程中，电力突然中断称为水泵断电。电网停止供电、供电线路中断、转轴断裂或操作失误等均可能造成供电中断。

图 8-9 是某抽水蓄能电站水泵断电过渡过程（图中符号 $\xi=\frac{H}{H_0}$，$m=\frac{M}{M_0}$，$x=\frac{n}{n_0}$，$q=\frac{Q}{Q_0}$，a 表示开度，以 mm 计）。该抽水蓄能电站扬程为 90 ~ 110 m，机组功率为 200 MW，转速 $n_p=150$ r/min，机组加速时间 $T_n=9.85$ s，上游管道水流加速时间 $T_w=4.2$ s，导叶关闭规

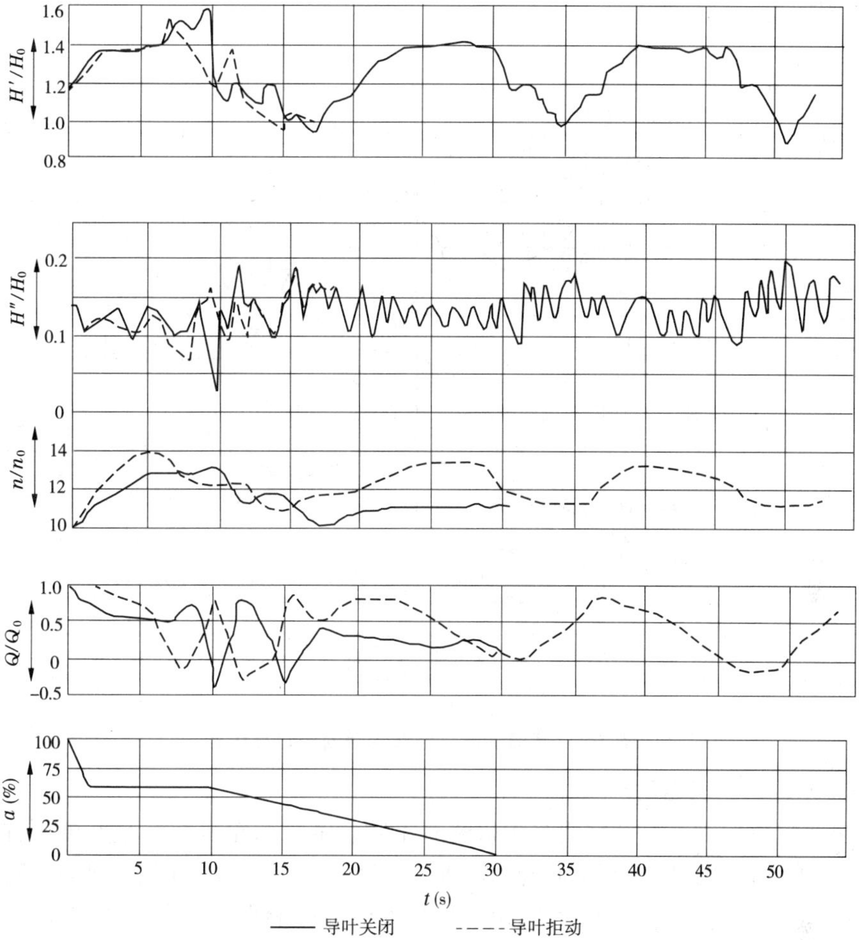

图 8-8　高水头抽水蓄能电站甩负荷的过渡过程

律为直线，$T_s=40$ s 断电后转速迅速降低，当 $t=T_{n0}=15$ s 时转速降到零，开始进入水轮机工况。当 $t=T_{n\max}=31$ s 时，转速达到最大值 $x=\dfrac{n}{n_0}=1.15$，接着转速慢慢地减小。力矩的初值 $m_0=\dfrac{M}{M_0}=1.07$，断电后轴上力矩迅速减小。当 $t=8.2$ s 时，力矩达到最小值，$m_{\min}=0.25$，此时机组进入反向流工况。以后力矩开始增大，当 $t=t_m$ 时，几乎又接近初值。接着力矩又开始减小，当 $t=T_{n\max}$时，力矩减小到零，进入制动工况区。流量初值 $q_0=\dfrac{-Q}{Q_0}=-0.86(Q_0=226\ \mathrm{m^3/s})$，断电后，流量急剧减小，当 $t=T_{Q0}=8.2$ s 时，通过零值，然后改变为按水轮机工况的方向流动。当 $t=19$ s 时，流量达到最大值，$q=0.7$。随着导叶开度变小，流量慢慢地降低，当 $a=0$ 时，$q=0$。随着流量变化，蜗壳处的压力 $1+\xi=\dfrac{H}{H_0}$也随着变化。初值 $1+\xi=1.05(H_0=100\ \mathrm{m})$，压力急剧减小，当 $t=8.2$ s 时，压力达到最小值 $1+\xi=0.38$。接着水头又开始增大，最大压力 $1+\xi=1.1$。导叶完全关闭后，压力出现不大的振荡，周期为 $t_r=\frac{2L}{a}$。

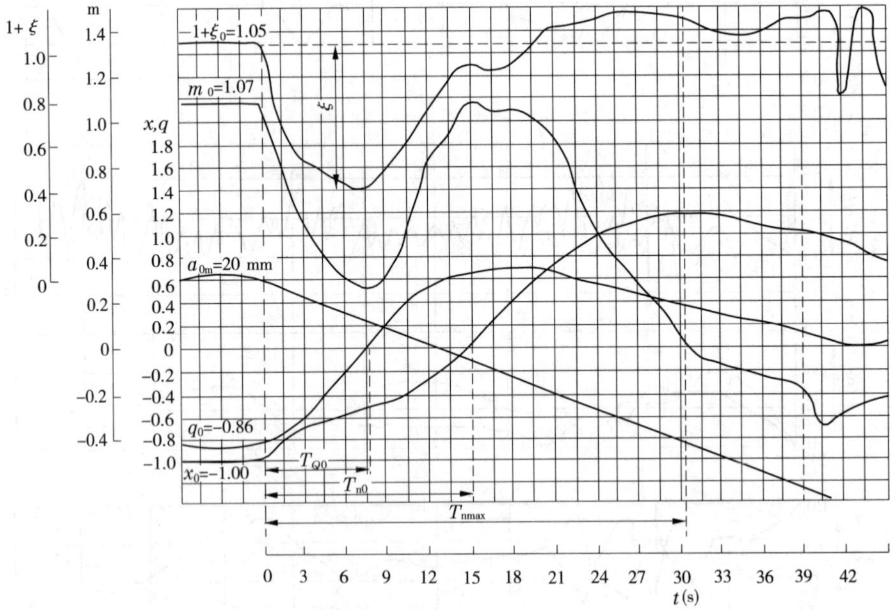

图 8-9　某抽水蓄能电站水泵断电过渡过程

（三）水轮机工况启动

水泵水轮机启动工况和常规水轮机略有不同。常规水轮机在空载开度下，能够稳定地运行，只要转速达到同步转速后并入电网，逐渐开启导叶，即可逐渐增加负荷。而水泵水轮机在水轮机工况从空载增荷时，反 S 形特性曲线影响很大。在有些情况下机组不能由空载直接带上负荷，而不可避免地要进入反水泵区。其过程如下：导叶小开度开启，少量水进入水轮机转轮。水轮机开始空载旋转，转速逐步增大，到达空载状态特性曲线 A 点，见图 8-10。这时机组实际上是处于空载小开度下的飞逸状态。由于小开度特性曲线上有急转直下或反 S 形的曲线，因此机组有可能很快通过制动区而进入反水泵区 C 点，此时机组由电网吸取能量，向上游水库送水，所耗功率可达额定功率的 30% ~40%。一旦进入反水泵工况区，不要立即打开导叶，如果打开导叶，机组不但不进入水轮机区（图中 B 点），反而更向反水泵区深入。

避免产生这一现象的一个方法是在机组并网后，降低导叶开度速度，减小压力波动，慢慢开大导叶到 5% ~10%，使机组尽快离开飞逸状态。电站水头高时，机组单位转速值较小，A 点偏向左方，离反 S 区较远，启动后比较容易顺利带上负荷而达到水轮机工况区的 B 点。电站水头低时，机组单位转速大，A 点进入反 S 区，并网后就容易先进入反水泵区，在 C 点停留，等导叶开度增大，流量变大以后，才能达到 B 点。

（四）水泵工况启动

水泵工况启动方式有两种：一种是水力启动，另一种是电气启动。前面已介绍过电气启动。水力启动实质是借助阀门或导叶把水按水轮机方向从上游送到下游，使机组按水泵方向旋转(使导叶开启到机组沿水泵方向旋转的位置),到达同步转速以后,将电机并网,并操作阀门或导叶,使水流方向改变。

目前,大型水泵水轮机机组最常用的方式是由另一台作水轮机工况运用的机组来启动,即同步启动。启动过程如下:在开机之前把被启动机组电动机和启动机组在电气上连接,并分别加以励磁。先启动发电机使其产生变频电流,直接加在电动机的定子上,电动机跟随发电机逐渐升速。随着启动机组的导叶缓缓开启,发电机转速上升,电动机亦随之同步升速,转速达到额定转速的80%时,投入各自励磁调节器。然后以准同期方式并入电网,启动时间为2~4 min。启动发电机的容量应不小于被启动电动机容量的15%~20%。

这里需要指出的是,对于中、高比转速混流式水泵水轮机的水泵工况的扬程特性曲线,在小流量范围内,都有一个驼峰区,见图8-11。抽水蓄能电站设计时,应将水泵的正常工作范围选在驼峰区以外。但在高水头时也可能避不开驼峰区,在该区工作的机组,在水泵工况启动后,噪声很大,流量不足,水压振荡很大。导叶开到40%时,工作点为D,再开到50%时,工作点应为F点,但由于水压振荡波动,工作点又跳回到E点。解决的办法是在工作点D时,维持开度不变30~60 s,待水压力振荡平息后再继续开大导叶,使工作点达到F点,远离驼峰区。

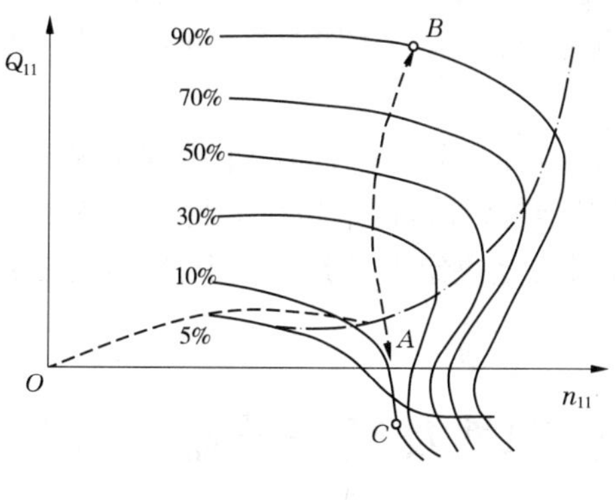

图8-10　水轮机工况启动

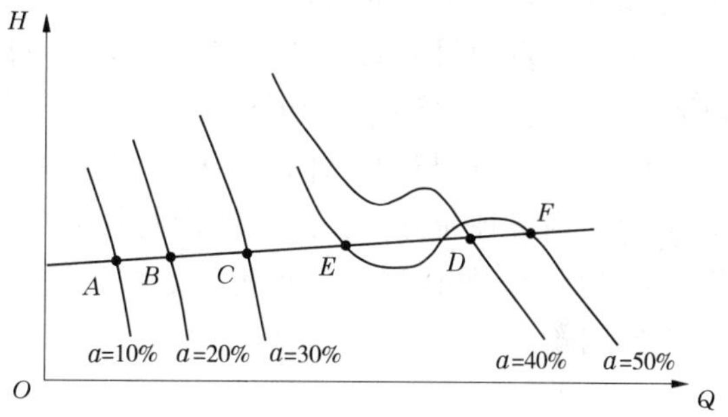

图8-11　水泵水轮机水泵工况断电过渡过程

思考题

1. 水泵水轮机的全特性曲线分为几个区?每个区的特点是什么?
2. 抽水蓄能电站的工况转换的特点,与常规水电站有何不同?
3. 抽水蓄能电站在电网中的运行方式有哪些?
4. 抽水蓄能电站水泵水轮机水力过渡过程工况包括哪些内容?

第九章　抽水蓄能电站的经济评价

第一节　经济评价的意义和内容

抽水蓄能电站经济评价是可行性研究的重要组成部分，是项目或方案选择的重要依据。抽水蓄能电站的经济评价，即根据国民经济发展战略和行业、地区的发展规划，在进行产品市场需求预测和完成电力系统发展预测、站址选择、技术方案选择等工程技术研究的基础上，分析计算电站的投入（费用）和产出（效益），通过多方案比较，对拟建项目的经济合理性进行分析论证，推荐最佳方案，为项目的科学决策提供依据。

经济评价分为国民经济评价和财务评价。国民经济评价是从国家整体角度考察项目建设需要付出的代价和建立后对国家所做的贡献，采用影子价格和国家通用的经济参数来计算项目的费用和效益，分析项目给国民经济带来的净效益，以评价项目的经济合理性，考察项目在经济上的可行性。财务评价是从企业角度根据国家现行财税制度和市场价格，分析测算项目的效益和费用，考察项目的获利能力，贷款的清偿能力等财务状况，以判别项目的建设在财务上的可行性。

国民经济评价与财务评价的关系非常密切，因为它们都是针对同一个拟建电站的。总的来说，财务评价是国民经济评价的基础，因为国民经济评价通常是在企业财务评价的基础上进行的。而国民经济评价又是财务评价的前提，是决定电站是否投资的先决条件和主要依据。

第二节　抽水蓄能电站的经济合理性及经济效益分析

一、抽水蓄能电站的经济合理性

抽水蓄能电站是一种电能的转换和储备措施。它要消耗能源，电能在转换过程中会有损失。目前，抽水蓄能电站的综合效率为70%～75%。但应该看到，火电机组的单位能耗与机组运行工况及它在负荷图上的工作位置有关，基荷处火电单位煤耗较低而峰荷处单位煤耗较高，基荷、峰荷火电厂的热效率是不同的。因此，一般情况下，利用低谷时火电空闲容量抽水蓄能，等到高峰负荷时发电，与火电站担负峰荷的方案相比较，可能节省一些燃料。据国外资料表明：即使纯抽水蓄能电站一次循环的效率为70%～75%（以电能计算），高效率抽水所消耗的燃料能源也可以接近或小于效率较次的峰荷火电机组在替代抽水蓄能电站机组发电时所消耗的燃料。

另外，抽水蓄能电站的填谷作用，提高了腰荷火电机组的设备利用率，改善了它们的运行条件，使得这部分机组均匀地接近满载运行，降低了它们的单位煤耗。因此，抽水蓄能电站虽然抽水用电，但可以从有关电站避免无形的浪费中得到部分补偿。

修建抽水蓄能电站是否经济，要看抽水蓄能电站与其替代电站在投资和年运行费用方面的比较。以火电为主的系统中，替代电站是调峰火电站。根据我国各地区估算，纯抽水蓄能电站的单位千瓦投资与替代火电站的单位千瓦投资差别很小，但抽水蓄能电站的年运行费用可比火电站节省一半，因此在一般情况下修建抽水蓄能电站总是有利的。随着电网中将有更多大容量、高参数火电机组和核电机组以恒定出力投入运行，以及电网的负荷率进一步降低，抽水蓄能电站将发挥比目前更为重要的作用，其经济合理性将更为明显。

二、抽水蓄能电站的经济指标

分析抽水蓄能电站是否经济的原则，是将抽水蓄能电站与其替代电站在投资和年运行费方面进行比较。抽水蓄能电站最基本的经济指标有以下几项。

（一）抽水蓄能电站投资

抽水蓄能电站投资（即基本建设投资），是指达到设计效益所需的全部国民支出，包括国家、企业、集体和个人以各种方式投入的一切资金，用 I 表示。一般分为以下几项：

（1）主体工程及附属工程的投资，包括上、下水库挡水、泄水和输水建筑物，发电厂房及机电设备等的投资。

（2）配套工程的投资。

（3）移民安置和淹没、浸没、挖压占地的赔偿费等。

（4）勘测、规划、设计、科研和试验等前期费用。

（5）工程建筑单位的生产管理费用。

（6）施工期间生活设施和临时建筑物的费用。

对上述投资进行修正得到工程造价。工程造价是指构成固定资产和流动资产价值的那部分投资，在抽水蓄能电站工程投资中考虑下列两项构成本工程造价的投资后，可得抽水蓄能电站的造价。

（1）增加为保证工程生效所需的抽水用电和发供电必需的输变电工程投资 $I_{输}$。

（2）扣除工程竣工时可回收的那一部分施工建筑物和设备、工具等资金 $I_{回}$。回收投资可按施工建筑物和设备的剩余价值计算。

抽水蓄能电站的造价 $I_{抽}$ 可表示为：

$$I_{抽} = I + I_{输} - I_{回} \tag{9-1}$$

（二）抽水蓄能电站年运行费用

年运行费用是指抽水蓄能电站在运行管理中为保证工程正常生产工作，每年需支付的费用，以字母 C 表示。一般包括大修理费、工资和职工福利费、材料费、厂用电费、抽水电费和其他费用、流动资金利息、库区维护基金及补水费等。其中大部分与电站装机容量相关。

1. 大修理费

大修理费是用于抽水蓄能电站固定资产大修理的专用基金，其计算式为：

大修理费 = 大修理费率 ×（固定资产形成率 × 固定资产 + 建设期投资利息）

大修理费率可取1.0%～1.5%，固定资产形成率为85%～95%。

2.工资和职工福利费

工资是指抽水蓄能电站全部生产经营管理人员的工资，包括基本工资、附加工资、工资性津贴等，按电站定编人员乘人均年工资计算。不同规模电站的定编人员可查有关规程，人均年工资按当地电网或电站上年度统计平均值计算。

职工福利费，一般按上年度统计工资值的某一百分数确定。

3.材料费

材料费是指电站运行、维修、事故处理等所耗用的材料、备品及低值易耗品等费用，其计算式为：

材料费＝材料费用定额×电站装机容量

4.抽水电费

抽水电费是抽水蓄能电站年运行费用的可变部分，是抽水蓄能电站抽水时所耗电能的费用。

5.其他费用

其他费用是指办公费、差旅费、科研教育费及其他杂费等，其计算式为：

其他费用＝其他费用定额×电站装机容量

6.库区维护基金及补水费

由于蒸发、渗漏等造成水量损失，补充这部分水源的费用。有些水电站提取库区维护费计入发电成本，以促进和改善上游水库区的建设。

当年运行费难以分项计算时，为粗略计算，亦可用固定资产的某一百分数计算，后者称年运行费率，一般可取2.5%～3.5%。

财务评价年运行费中应计入税金和保险费。

（三）抽水蓄能电站年费用

1.固定资产

固定资产是长期有效的生产资料，它以其本来的物质形态参加生产过程，在多次反复循环的生产周期中，将其价值以提取折旧费的形式，逐步地转移到产品价值中去。固定资产应同时具备两个条件：①使用年限在一年以上；②单位价值在规定限额以上，限额值应根据有关的财务规定确定。不同时具备上述两个条件的劳动资料，称为低值易耗品。

抽水蓄能电站的各类建筑、机电、交通、通信等设备，都是固定资产的范畴。固定资产的价值来自工程投资，当工程建成交付使用时，除去不符合固定资产的投资外，其余的全部转为固定资产价值，形成固定资产原值。哪些建设费用可计入固定资产，应根据有关的财务规定确定。固定资产有实物和货币两种表现形态，固定资金是固定资产的货币形态，固定资产是固定资金的实物形态。

固定资金与固定资产投资的比值，称为固定资产形成率。在工程规划阶段初步估算时，水力发电工程可采用0.8～0.85。

2.固定资产折旧

固定资产在其使用过程中，由于生产因素和自然因素的作用，不断地磨损，通过提取年折旧费的办法，将其磨损价值转移到产品成本中，故折旧费是构成产品成本的重要组成部分。目前,国内外计算固定资产折旧费的方法较多,《国营企业固定资产折旧试行条例》规定:计算提取折旧费,一般采用平均年限法和工作量法。

抽水蓄能电站按平均年限法计算提取,即根据固定资产原值、规定的折旧年限和净残值比例,每年均等计算、提取。根据国家有关建设期投资利息计入固定资产价值的规定,年折旧费的表达式为:

年折旧费 D =(固定资产投资×固定资产形成率+建设期利息-预计净残值)/规定的折旧年限=年综合基本折旧率×固定资产原值

年综合基本折旧率=(固定资产原值-预计净残值)/(固定资产原值×折旧年限)×100%

预计净残值是指固定资产报废时剩下的残料价值减去清理时拆卸、搬运等费用后的价值。

3. 总费用

总费用是经济分析中常用的指标。总费用是指折算到基准年的总投资与折算到基准年的总运行费之和;年费用是指折算的年投资和年运行费用两项之和。

4. 成本、利润和税金

1)成本

成本是构成产品的基本因素。产品价格不变,降低成本,就相应增加了利润。成本是衡量企业经营管理水平的一个综合指标。

(1)总成本费用。抽水蓄能电站总成本费用包括项目在一定时期内为生产、运行及销售产品和提供服务所花费的全部成本和费用,即包括年运行费、折旧费、摊销费和利息净支出,年运行费组成如前所述。因此,总成本费用如下:

总成本费用=生产成本+销售费用+管理费用+财务费用
=年运行费+折旧费+摊销费+利息净支出+其他费用

(2)生产成本。产品的生产成本是指在一定时期内企业为生产该产品所须支出的全部费用,包括年运行费、折旧费、保险费和借款利息等。产品的销售成本则由生产成本和销售费用组成,而销售费用是指产品在销售过程中所需的包装、运输、储存及管理等费用。对于抽水蓄能电站来说,售电成本由发电成本和供电成本两部分组成。

2)税金

国家为了实现其职能,按照法律规定,向经营单位或个人无偿征收的货币或实物,称为税金,对国家而言可称为税收。

3)利润

利润是指实现销售收入后扣除销售成本和税金后的余额。

利润=销售收入-销售成本-税金

(四)抽水蓄能电站工程寿命或年限

1. 施工年限

施工年限是指从工程开始施工至全部投入正常运行的间隔年数。工程的投资是在施工年限内分期投入的,对大型工程,由于工程量大,工程投入和效益发挥是逐步增加的。

此时工程投资的主要部分在施工的前一段时期(可称为建设期)投入,以后随着工程配套还有部分投资继续投入,而部分工程则相继投入生产(可称为投产期)。

2. 工程物理使用年限

工程物理使用年限是指工程从建成投产至终止发挥效益(工程完成报废)的年限,即工程的实际寿命。这与工程本身的性质及材料构成有关。一般水利水电工程建筑类的寿命较长,如坝、闸及电站厂房等,而机电设备及输变电线路的寿命则较短。

3. 经济寿命和折旧年限

工程或设备在使用过程中,由于磨损老化使维修费日益增多,这种依靠高额维修费以保持工程设备发挥正常效益的做法不一定经济合理。一般来讲,一项工程或一台设备,若使用年限长,则每年折旧费就少,但年运行维修费就大;反之,若使用年限短,则每年折旧费大而年运行费小。因而,在整个有效使用年限内,可以找到一个年度,当工程或设备使用到这一年时,在该年限内平均每年的费用(包括折旧费和年运行维修费之和)最小,这个间隔使用年限就是经济寿命。此寿命一般都小于工程或设备的物理寿命。

折旧年限是用于提取折旧费的一个计算年限。它与工程及设备的性质以及其他社会、经济因素有关。一般情况下,常以经济寿命作为折旧年限。

分析抽水蓄能电站是否经济的基本原则是将抽水蓄能电站与其替代电站在投资和年运行费方面进行比较,特别是对电能成本进行比较,看修建哪种电站经济上更为合理。替代电站指在电力系统中能够替代抽水蓄能电站起调峰作用的电站。燃气轮机火电站因需燃油,运行费高,加之我国实行节约用油政策,不予考虑。我国只有煤电作为替代电站。

三、抽水蓄能电站的经济效益分析

抽水蓄能电站的经济效益由静态效益和动态效益构成。

所谓静态效益,即由调峰填谷作用产生的经济效益;而担任系统的调峰、调频、调相,负荷和事故备用等任务取得的经济效益,称为动态效益。

(一)静态效益

1. 容量效益

抽水蓄能电站能够有效担任电力系统的工作容量和备用容量。由于抽水蓄能电站的站址选择受到的限制少,常具有良好的地形、地质条件和优越的地理位置,其造价一般要低于常规水电站、火电站和核电站的造价,建设工期比同容量的常规水电站短。与火电相比,其运行费用低,不仅不会污染环境,而且可以美化环境。当系统中缺乏调峰电源时,建设抽水蓄能电站可减少其他火电装机容量,改变能源结构,减少电力建设投资。

2. 能量转换效益

抽水蓄能电站抽水时的填谷作用,可以改善提供抽水电源的火电机组的运转条件。使该部分机组能均匀出力在最优工况下运行,这样可提高火电设备利用率和运转效率,而且可延长机组使用寿命,减少运行维护费用,降低发电煤耗和厂用电消耗。抽水蓄能电站通过能量转换,将低谷处电能转换为峰荷处电能,可以取代高发电成本的峰荷火电机组,节约系统的燃料费用和运行维护费用。

(二)动态效益

1. 调峰效益

抽水蓄能电站不仅可以顶峰发电,以补充系统负荷高峰时容量的不足,而且可以迎峰发电,即在负荷高峰出现时,快速启动、增加负荷运行,弥补火电机组承接负荷慢的缺点。

随着电力系统的不断发展和扩大,系统负荷的变化也愈来愈大。据初步分析,当最高发电负荷达30 000 MW以上时,高峰负荷变化平均约为50 MW/min,在晚间高峰时将达100 MW/min左右。火电机组由于受到锅炉燃烧稳定性、汽轮机转子应力和疲劳损坏的限制,对负荷的反应速率比较小,根据200~300 MW的大型火电机组资料,其负荷反应速率仅为1%~2%。因此,火电机组很难适应电力系统负荷的急剧变化。

抽水蓄能电站在承担负荷调整和满足日负荷曲线陡坡部分的变化要求方面,只有燃气轮机可以与其相比。抽水蓄能电站可以在系统中替代燃气轮机承担调峰任务,节约燃油消耗,减少运行费用。

2. 旋转备用效益

为满足电力系统的正常供电需要,除要求电站有足够的工作容量外,还必须预留一定数量的备用容量。电力系统设置各种备用容量的数量与系统总负荷的大小、负荷年内变化情况、各电站发电机组的数量、单机容量的大小、机组的运行特性等因素有关,有时还应考虑用户特性和电源结构。

备用容量一般可分为负荷备用、事故备用和检修备用三类。负荷备用容量用来应付难以预测的负荷增加;事故备用容量用来迅速顶替发生事故的发电机组,使系统迅速脱离事故状态,避免大面积停电甚至系统瓦解的危险;检修备用容量是为保证检修要求而设置的备用容量。为保证系统安全可靠运行,负荷备用容量及事故备用容量中的一部分必须经常处于旋转状态,这部分备用容量称为旋转备用容量。

火电机组承担的旋转备用容量,一般分散于系统中若干效率较低的机组上,即一些机组要处于空转或少负荷运行状态,由于这些机组偏离最优工况运行,使系统中火电站的燃料消耗量增加。抽水蓄能电站能够快速启动,工况转换迅速,由它承担系统旋转备用容量,可以减少火电机组所承担的旋转备用容量,改善火电机组的运行方式,减少系统的燃料消耗量,对稳定系统频率和缓解事故起到重要作用。由此而取得的效益称为旋转备用效益。

3. 调频效益

电力系统负荷瞬间及突然变化,影响着电网的频率稳定。为应付电力系统负荷的瞬间波动,在一些发电机组上常需装设自动调整装置。具有活动导水叶设备的抽水蓄能电站出力变化范围一般为50%~100%。调整灵活,运行效率变化较小,负荷跟踪性能远比火电机组优越,可保持周波和电网运行稳定。由此而取得的效益称为调频效益。

4. 调相效益

电力系统的无功电力不足,会造成电网电压下降,这不仅影响到供电质量,还直接影响电力系统的安全可靠运行。因此,在电力平衡中,除进行有功电力平衡外,还要进行无功电力平衡。当系统无功电力不足时,常需装置调相机,有时也将同步发电机改做调相运行增发无功出力,以补充系统无功的不足。

抽水蓄能电站的机组是同步电机，不单在空闲时（即不发电也不抽水时）可供调相用，在发电及抽水的同时也可以供给电力系统无功电力，从而减少设置专门的无功补偿设备。由此而获得的效益称为调相效益。

5. 提高系统运行可靠性效益

电力系统中突然发生的事故停电，将给国民经济带来巨大经济损失。提高电力系统供电可靠性，除系统中设置足够的备用容量外，还必须采用运行可靠性较高的发电设备，并提高电网的自动化水平。抽水蓄能电站机组与火电机组相比，发电及控制设备相对简单，自动化水平比较高。根据国内外水、火电站运行资料分析，水电站及抽水蓄能电站机组的运行事故率大大低于火电站。因此，采用抽水蓄能电站作为电力系统的功率调整手段，可减少系统中火电机组强追停运的次数和时间，提高供电可靠性，减少电力系统的停电损失。由此而获得的效益，称为提高系统运行可靠性效益。

应该指出，由于电力系统特性、电源构成情况、抽水蓄能电站地理位置和布局特点的不同，并不是所有抽水蓄能电站都具有以上各个方面的动态效益。对于火电为主的电力系统来说，抽水蓄能电站的主要作用是替代火电机组承担电力系统调峰与备用的任务。一般情况下，纯抽水蓄能电站的调节库容相对较小（一般仅进行日调节或周调节），其机组埋没深、吸出高度负值大，承担电力系统的调频、调相的比大型常规水电站和火电站要少些。

抽水蓄能电站的静态效益和动态效益在电力系统运行中是相互联系的，承担不同方式的动态效益也没有一个严格的界线。过去的系统经济分析工作中，多偏重于对其静态效益的分析，对发电站所提供的电量与容量效益，一般可以用具体的货币指标来表示，而对其动态效益研究较少，更缺乏定量分析。

第三节　资金的时间价值及折算公式

一、资金的时间价值

在经济评价和可行性研究中，都考虑资金的时间价值，即资金随时间而变化，称为动态分析。由此得到结果与静态分析相差很大，但却更符合经济建设的实际。目前我国规定，在工业建设项目的评价中（包括水利水电工程）应以动态分析为主，辅以若干静态指标。

所谓资金的时间价值则指一定量的资金在生产流通过程中能产生的新价值，即其价值随时间而发生变化。例如，将一定量的资金存入银行或用于其他有利可取的企业投资，它就具有增值的能力（取得利息或利润），今天的 1 元钱若有一个投资机会或存入银行，如果投资利润率或存款年利率为 5%，则一年后即可取得 1.05 元。反之，如能按年利率 5% 获利，一年后的 1.05 元相当于今天的 1 元。由此可知，同一票面价值或同一笔资金，它在不同时间，其价值是不相同的。

考虑时间因素的资金计算中，资金在某一时段开始时刻的值称为现值 P，亦可指为某一特定时刻的值。而在某一时间段结束时刻的值称为期值或终值 F。上述说明中，以一年为期，开始时的1元为现值，一年后的1.05元为期值。这种现值与期值之间的换算，称为"等价值"的换算或称折现。这是考虑资金时间因素后动态分析中的一个重要概念。

在实际项目建设中，投资、年运行费及效益是在不同时间投入或产出的，其价值受到时间因素的影响。为了进行相互间的分析比较，应将它们按照一定的要求，折算到某一个相同的时刻而取其现值，这个时刻称为基准年（点）。

考虑资金时间因素后的经济评价，实质上就是要计及利息。而利息的计算有单利和复利。目前经济评价中，一般都采用复利计算的动态分析方法。

复利法是指借存款的各期本利和（本金与其利息之和）作为下一期初的新本金进行计息。它意味着"利上加利"，俗称"利滚利"。复利法到期的本利和计算公式为：

$$本利和 = 本金 \times (1 + 利率)^{借期}$$

利率是指一定时间内的利息额与本金之间的比率，有年利率、月利率、日利率之分，通常用百分数（%）表示。

二、动态分析的折算公式

动态分析中折算公式中常用的几个符号：

P——本金或资金的现值，元；

F——期末的本利和或期值，元；

A——等额年金值，元；

G——等差系列的相邻级差值，元；

i——利率或折现率（%）；

n——选用的某一计算期，年。

（一）一次性收付的折算公式

1. 一次性收付期值公式

一次性收付的现金流程如图9-1所示。

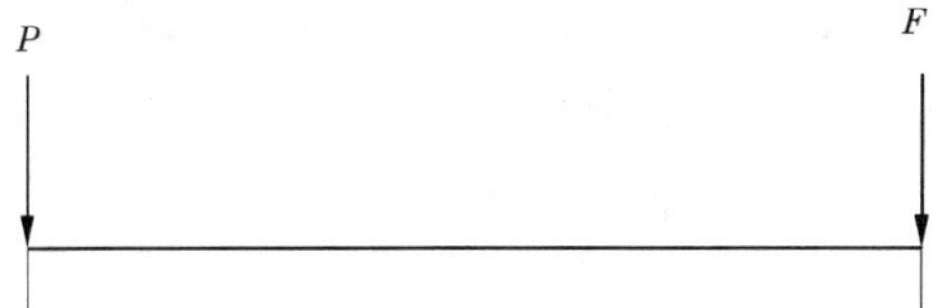

图9-1　现金流程图

当已知现值 P，年利率 i，计算期 n，欲求 n 年末的期值即本利和 F。此时，第1年年末的期值 $F = P(1+i)$，第2年年末的期值 $F = P(1+i)(1+i) = P(1+i)^2$，依次类推，可求得第 n 年年末的期值为：

$$F = P(1+i)^n \tag{9-2}$$

这是复利动态分析中最基本的公式，式中的 $(1+i)^n$ 称为一次收付复利因子，以符号 $[F/P,i,n]$ 表示。

例:已知某工程,一次初始投资 $P=100$ 万元,年利率 $i=10\%$,则 $n=30$ 年后的本利和 $F=P(1+i)^n=100\times(1+10\%)^{30}=100\times17.449=1\ 744.9$(万元)。

2. 一次性收付现值公式

当已知计算期 n 年年末一次支付期值 F,且年利率为 i 时,欲求 n 时段年初的现值 P。这种将未来值(期值)折算为现值的方法,称为贴现或折现。

由上式可知:

$$P = F/(1+i)^n \tag{9-3}$$

式中,$1/(1+i)^n$ 称为一次收付现值因子,以符号[$P/F,i,n$]表示。

例:已知某工程 30 年后可获得年效益 $F=100$ 万元,且知 $i=10\%$,则相当于现在的价值 $P=F/(1+i)^n=100/(1+10\%)^{30}=100/17.449=5.73$(万元)。

(二)均匀收付折算公式

均匀收付又称为等额多次收付,其现金流程如图 9-2 所示。

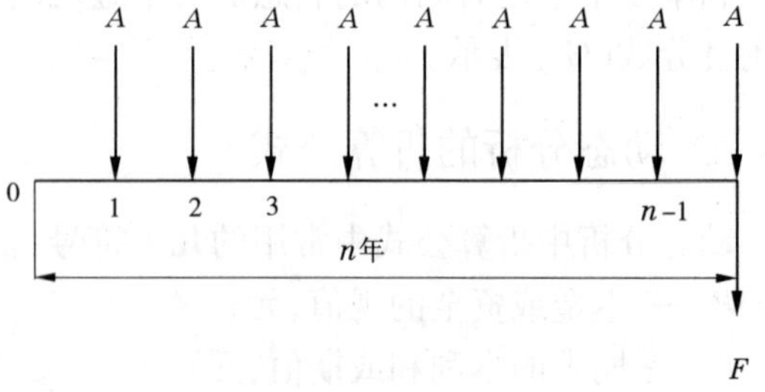

图 9-2 现金流程图

1. 分期等付期值公式

如在每年年末支付等额年金值 A,且年利率为 i 时,欲求 n 年年末的期值 F。从现金流程图可知,期值 F 就是各年等额年金 A 的期值之和,其推导过程如下:

第 1 年年末 A 值的期值为 $A(1+i)^{n-1}$;

第 2 年年末 A 值的期值为 $A(1+i)^{n-2}$;

第($n-1$)年年末 A 值的期值为 $A(1+i)$;

第 n 年年末 A 值的期值仍为 A。

所以,n 年年末各等额年金值 A 的期值为:

$$F = A + A(1+i) + A(1+i)^2 + \cdots + A(1+i)^{n-2} + A(1+i)^{n-1} \tag{9-4}$$

将上式两端各乘以$(1+i)$,化简移项得

$$F = A\frac{(1+i)^n - 1}{i} \tag{9-5}$$

式中,$\frac{(1+i)^n-1}{i}$称为分期等付期值因子,以符号[$F/A,i,n$]表示。

例:某水电站正常运行期每年发电效益 $A=50$ 万元,若年利率 $i=10\%$,则 $n=30$ 年后的期值 $F=A\frac{(1+i)^n-1}{i}=50\times\frac{(1+10\%)^{30}-1}{10\%}=50\times164.494=8\ 225$(万元)。

本公式计算,相当于银行存款中的“零存整取”。

2. 偿还基金公式

若预期在 n 年年末欲一次取得(偿还)基金 F,当年利率为 i 时,欲求在前面 n 年内,每年末均应存入的等额年金值 A。这种情况是上一种情况的倒数,故很容易得出下列公式:

$$A = F\frac{i}{(1+i)^n - 1} \tag{9-6}$$

式中，$\frac{i}{(1+i)^n-1}$称为偿还基金因子，以符号$[A/F,i,n]$表示。

例：欲在 $n=30$ 年后一次偿还债款 $F=8\ 225$ 万元，若年利率 $i=10\%$，则 30 年中每年应存款 $A=F\frac{i}{(1+i)^n-1}=8\ 225\times\frac{10\%}{(1+10\%)^{30}-1}=8\ 225\times0.006\ 08=50$（万元）。

3. 分期等付现值公式

分期等付现值资金流程图如图 9-3 所示。

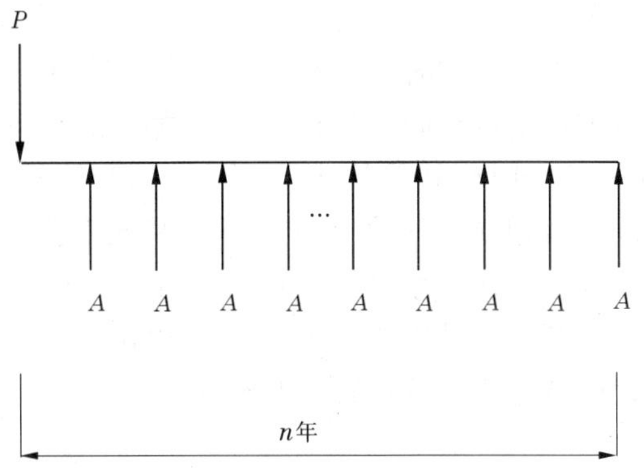

图 9-3　资金流程图

若 n 年中每年支付等额年金值 A，则计及年利率 i 后 n 年本利和（期值）的现值是多少。

先由公式可得 $F=A\frac{(1+i)^n-1}{i}$将其代入式(9-3)得

$$P = F\frac{1}{(1+i)^n} = A\frac{(1+i)^n - 1}{i(1+i)^n} \tag{9-7}$$

式中，$\frac{(1+i)^n-1}{i(1+i)^n}$称为等付现值因子或年金现值因子，以符号$[P/A,i,n]$表示。

例：某工程建成投入正常运行后，每年效益为 $A=50$ 万元，若年利率 $i=10\%$，欲求 $n=30$年效益的现值。利用公式 $P=A\frac{(1+i)^n-1}{i(1+i)^n}=50\times\frac{(1+10\%)^{30}-1}{10\%(1+10\%)^{30}}=50\times9.427=471.35$（万元）。

4. 资金回收公式或本利摊还公式

若计及年利率 i，现在一次支付现值 P，则在 n 年内每年可以等额提取年金 A 值为多少，使到 n 年年末可以回收初始现值 P。这种情况是前一种情况的倒数，因而可知：

$$A = P\frac{i(1+i)^n}{(1+i)^n - 1} \tag{9-8}$$

式中，$\frac{i(1+i)^n}{(1+i)^n-1}$称为基金回收因子或本利摊还因子，以符号$[A/P,i,n]$表示。

例：某水电站设备初始投资为 $P=100$ 万元，若年利率为 i，则在 $n=30$ 年内，每年应提取的折旧费（动态值）或本利摊还费

$$A=P\frac{i(1+i)^n}{(1+i)^n-1}=100\times\frac{10\%\times(1+10\%)^{30}}{(1+10\%)^{30}-1}=100\times0.106\ 08=10.608(\text{万元})。$$

（三）复利折算中的几个问题

上述复利折算的几个公式中，共有五个主要数值，即现值 P、期值 F、年金值 A、折现率 i 及计算期 n。在每一个公式中，一般均包括四个参数，在实际应用中，常已知其中三个，再求另外一个未知数。为了便于使用，上述公式中各因子与折现率 i 及计算期 n 的关系，均已制成图表，以备查用。

1. 基准年（点）的选择

在动态分析中，必须考虑资金的时间因素。在现金流程中，不同时刻的资金收付，必须按照一定的折现率，将它们折算至同一时刻，计算出相应的经济效果指标以进行方案间的相互比较和经济评价。这个时刻就是基准年（点）。参与比较各个方案或同一方案的不同工程，不论开工时间是否相同，都是按选定的同一基准年进行时间价值的折算。一般来讲，基准年可选现金流程中的任一年而不影响相对指标及方案比较的成果。我国有关规程已经明确规定，用项目开始建设年作为基准年，并以该年初作为折算的基准点。工程项目的投资、年运行费及效益等均按每年的年末收付。

2. 计算期

计算期是经济评价中选定的各比较方案或工程项目共同使用的一个计算时段。它包括建设期（施工和部分投产期）和生产期。建设期根据工程项目的设计确定。生产期一般是指固定资产的经济寿命或折旧年限。经济寿命是指工程或设备在此寿命期内，平均每年的费用（包括年运行费和年折旧费）为最小。经济寿命一般比实际寿命要短。有人建议以经济寿命作为工程或设备的折旧年限。在水利水电工程中，机电设备和输变电线路的生产期一般为 25 年，而水工部分（坝、间等）为 50 年或以上。

3. 折现率

折现率是指经济评价中，考虑资金时间因素时进行现金流程折算所采用的比率 i，在国民经济评价中，此值统一采用国家规定的社会折现率 $i=10\%$。在财务评价中，折现率应为各有关业务领导部门规定的基准收益率 i_c 或贷款的年利率 i。后者根据不同的资金来源确定。利用国外资金的工程，可按双方协议规定取值。

第四节　经济评价的动态方法

一、概述

在经济建设中，为了达到相同的目的和满足国民经济同样的要求，人们常常可以采取不同的工程技术措施或不同的工程方案。如为满足地区供电需求，可以修水电站及抽水蓄能电站、火电站、核电站及这些不同类型电站的组合体。如果采用抽水蓄能电站方案，站址的选择与选择什么样的开发方式以及如何确定电站的主要参变数等，都应进行技术

经济分析和论证,通过比较,选定最优开发方案和工程规模。

工程经济评价的目的,就是要论证工程的经济合理性和财务可行性。其基本内容就是要对修建工程的得失进行分析评价。“得”是工程建成后的效益,“失”是施工和运行期所需的费用。这就是一般所说的效益费用分析。这是建设项目前期工作的可行性研究中的一项重要内容。一般来讲,在工程方案中,通过国民经济评价选定最优方案,通过财务评价确定其财务可行性。

工程的经济评价,既有工程或企业本身的经济评价(今后统称财务评价),还有国家或社会的经济评价(今后统称国民经济评价)。

在进行水利水电工程开发方案的经济评价和方案比较时,一般应满足以下的一些可比性条件:

(1)各方案在产品数量和质量上都有满足国民经济发展的需要。例如,为满足地区系统供电需求,在比较水电、火电方案时,由于这两类电站在厂用电、保证程度、输变电损耗等方面的差别,火电方案的装机容量及设计发电量,都大于水电站的相应数值。

(2)各方案在技术上都应是可行的,所需人力、物力和资金都能得到保证。不同方案所包括的费用,均应考虑一次性投资和经常性年运行费;主体、配套及辅助工程的费用;以及其他相关费用。例如,在电力开发中,应从一次能源开发工程至二次能源转变完成并输送至负荷中心为止。对水电方案要包括水库、输引水建筑、电站及输送工程全部费用。对火电方案,除火电厂本身外,尚应考虑煤矿开采及运输等费用。

(3)各方案必须用同一时间的价格指标,还要考虑时间因素,即采用动态分析的计算方法。

(4)各方案在环境保护方面,应同样满足有关规范的要求。

工程的经济评价一般都是在初步规划、设计的基础上进行的。这时,工程方案的投资、年运行费和效益及现金流程是已知的。通过不同评价方法的分析计算,求得若干主要经济效益指标按照一定的经济衡量标准(经济准则),即可评价其经济合理性和财务可行性。

二、效益费用分析法

欧美国家在水电工程的可行性研究和经济评价中,普遍采用效益费用分析法。我国有关部门规定,在水利水电工程建设经济评价中亦应用本法,其中包括效益费用比法、内部回收率法及净现值法等。

(一)效益费用比法

效益费用比 R 是指工程效益 B 与工程费用即投资 I 和年运行费 C 之和的比值,用此值评价工程的合理可行性。在考虑资金时间因素的动态分析中,一般都要将某一选定的计算期内的效益和费用,折算到某一基准年的现值加以比较,并分别以 B_P、I_P 及 C_P 表示之(下标 P 表示现值)此时效益费用比为:

$$R = \frac{B_P}{I_P + C_P} \tag{9-9}$$

一般水利水电工程的现金流程,如图 9-4 所示。若以建设期初为基准年(点),则效益

和费用的现值为:

效益现值　　$B_P = \sum_{m_1+1}^{n} B_t(1+i)^{-t}$

投资现值　　$I_P = \sum_{1}^{m} I_t(1+i)^{-t}$

年运行费现值　　$C_P = \sum_{m_1+1}^{n} C_t(1+i)^{-t}$

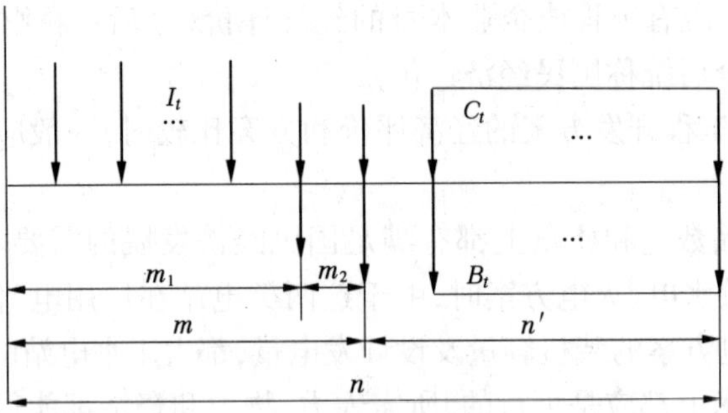

图 9-4　现金流程图

效益费用比

$$R = \frac{B_P}{I_P + C_P} = \frac{\sum_{m_1+1}^{n} B_t(1+i)^{-t}}{\sum_{1}^{m} I_t(1+i)^{-t} + \sum_{m_1+1}^{n} C_t(1+i)^{-t}} \tag{9-10}$$

当 $m_2 = 0$ 即 $m = m_1$,且效益 B 及年运行费 C 均为常数时,则效益费用比为:

$$R = \frac{B\dfrac{(1+i)^{n-m}-1}{i(1+i)^n}}{\sum_{1}^{m} I_t(1+i)^{-t} + C\dfrac{(1+i)^{n-m}-1}{i(1+i)^n}} \tag{9-11}$$

式中　B——第 t 年的效益;

I_t——第 t 年的投资;

C_t——第 t 年的年运行费;

m——建设期,其中 m_2 为投产期;

n——计算期,其中 n' 为生产期。

一般情况下,当 $R>1.0$ 时,工程方案在经济上是合理可行的。对于各自独立的不同方案的比较,R 越大则越好。

(二)内部回收率法

在修建水利水电工程时,若资金来自多种途径,其年利率 i 各不相同,且在初步规划阶段,尚不能完全肯定资金的确切来源及相应各自的年利率,此时采用效益费用比法有困难(因本法需知折现率),可以采用内部回收率法。

内部回收率(IRR)是表示工程本身自己的效益回收投资能力的程度或内在取得报酬的能力,是指在工程计算期内效益现值和费用现值相等时的折现率,亦即效益费用比等于

1.0 时,该工程可承担的年利率。

用公式表示为:当 $B_P = I_P + C_P$ 时,解出其中的折现率即为内部回收率 IRR。仍以现金流程图为准,则

$$\sum_{m_1+1}^{n} B_t(1+i)^{-t} = \sum_{1}^{m} I_t(1+i)^{-t} + \sum_{m_1+1}^{n} C_t(1+i)^{-t} \tag{9-12}$$

解出式中的 $i = IRR$。

计算求得的内部回收率 IRR 应与国家有关部门规定的额定折现率 i_0 相比较,以判断工程或方案的合理可行性。对于 $IRR > i_0$ 的方案,在经济上是合理的。对于各自独立的不同方案的比较,IRR 越大,则经济效果越好。进行同一工程的不同规模的比较时,还要分析增值的内部回收率 ΔIRR,只有当 $\Delta IRR > i_0$ 时,投资大的方案才是合理可行的。此处内部回收率的额定值 i,在国民经济评价时,则为国家统一规定的社会折现率 $i_c = 10\%$。

(三)净现值法

净现值是指工程在其计算期 n 年内,折算到基准年(点)的总效益现值与总费用现值的差值,可以表示为:

$$NPV = B_P - (I_P + C_P) \tag{9-13}$$

若此值为正,即 $NPV > 0$,说明该工程有一定的经济效益,因而是合理可行的。对于不同方案或同一工程不同规模的比较,净现值越大则经济越有利。

若各方案费用基本相同,则可简化为最大效益法,即:

$$B_P = \text{最大} \tag{9-14}$$

若各方案效益基本相同,则可简化为最小费用法或现值比较法,即:

$$(I_P + C_P) = \text{最小} \tag{9-15}$$

如果各比较方案的计算期长度不等,则宜采用年费用比较法,将年费用平均分布在生产期内,称为年费用最小法,与前面不同,这里以建设期末作为基准年,其计算公式为:

$$NF = Z_P\left[\frac{i(1+i)^{n'}}{(1+i)^{n'}-1}\right] + u \tag{9-16}$$

$$Z_P = \sum_{1}^{m} I_t(1+i)^t \tag{9-17}$$

式中　NF——年费用(平均分布在从 $m+1$ 到 $m+n'$ 期间的 n' 年内);

Z_P——折算到 m 年的总投资;

u——折算年运行费。

$$u = \left[\frac{i(1+i)^{n'}}{(1+i)^{n'}-1}\right]\left[\sum_{m_1+1}^{m} C_t(1+i)^t + \sum_{m+1}^{n} C_t\frac{1}{(1+i)^t}\right] \tag{9-18}$$

由上述分析知,效益费用比法、内部回收率法及净现值法所采用的原理是相同的,其所得的结果亦是互相一致的。因而在经济评价中,一般不必同时计算全部指标。

三、投资回收期法

投资回收期是指工程投产后以其净效益回收全部投资所需的年份。亦即工程建成后累计折算效益等于累计折算费用所需的年数或累计折算净效益和累计折算投资相等的年

限。这是我国工程经济评价中一项重要指标。

(一)静态分析计算公式

此时不考虑利息,则工程投资与正常年净效益的比值,即为静态投资回收期,以公式表示为

$$P_t = \frac{I}{B - C} \tag{9-19}$$

(二)动态分析计算公式

考虑资金的时间因素后,投资回收期的计算比较复杂。一般需要列出历年现金流程,计算历年净现金流量及相应现值,逐年累计,至总和为零时所需的时段,即为从建设期初开始算起的投资回收期。

若将投资 I 简化为建设期初一次性投入,且年运行费 C 及年效益 B 均为常数时,则投资回收期可用下列公式一次求得。以建设期初为基准年(点),则各现值为:

投资现值 $I_P = I$

效益现值 $B_P = B\left(\frac{(1+i)^{P_t}-1}{i(1+i)^{P_t}}\right)$

年运行费用现值 $C_P = C\left(\frac{(1+i)^{P_t}-1}{i(1+i)^{P_t}}\right)$

代入 $I_P = B_P - C_P$ 得:

$$I = (B - C)\left(\frac{(1+i)^{P_t}-1}{i(1+i)^{P_t}}\right) \tag{9-20}$$

移项并整理得:

$$P_t = \frac{1}{\ln(1+i)}\{\ln(B - C) - \ln[(B - C) - Ii]\} \tag{9-21}$$

投资回收期的倒数即投资收益率。

计算所得的投资回收期应与国家有关部门规定的额定值相比较。当计算值小于或等于额定值时,方案或工程就是合理可行的。对各自独立的不同方案比较时,投资回收期越小,方案越优。

抽水蓄能电站经济分析方法与常规水利水电工程经济分析采用的方法相同,仅是总费用中的年运行费用要计算抽水蓄能电站抽水的燃料费。因为抽水用电一般是大容量的火电机组的发电量或核电站的发电量,一般煤耗较低。

抽水的燃料费 = 抽水用电量 × 煤耗 × 煤价

四、财务评价及敏感性分析

(一)财务评价和国民经济评价

财务评价的动态方法的基本原理、计算方法与国民经济评价是相同的,但在效益、费用的内涵和若干参数的意义及取值上,却又有不同。

1. 评价角度不同

财务评价是从企业财务角度考察货币收支和盈利状况及借款偿还能力,以确定投资行为的财务可行性。国民经济评价是从国家或社会整体角度考察项目需要国家或社会付

出的代价和对国家或社会的贡献，确定投资行为的宏观可行性。

2. 效益和费用的含义及划分范围不同

财务评价是根据项目的实际收支确定项目的效益和费用，因而税金、利息等均计为费用。国民经济评价着眼于项目对社会提供的有用产品和服务及项目所耗费的全社会有用资源，考虑项目的效益和费用。财务评价只计算项目直接发生的效益和费用，国民经济评价对项目引起的间接效益和费用，也要进行分析计算。

3. 评价采用的价格不同

财务评价对投入物和产生物采用当时现行价格，国民经济评价采用影子价格。

4. 评价计算中采用的参数不同

财务评价中外汇采用官方汇率，并以因行业而异的基准收益率 i_c 或贷款利率 i 作为折现率。国民经济评价采用国家统一测定的外汇影子汇率和社会折现率 $i_c = 10\%$。

企业的经济效益应与国家经济利益一致。当国民经济评价和财务评价结论有矛盾时，一般应以国民经济评价为主进行方案选优和决策。可采取以下具体处理办法：

（1）当国民经济评价认为可行，而财务评价认为不可行时，可向国家和主管部门提出采取相应经济优惠措施的建议，如采用价格调整，改变税率或实际政策性补贴和优惠措施，使电站具有财务上的生存能力，使企业也能获得合理的收益。

（2）当抽水蓄能电站在财务上可行，但却通不过国民经济评价时，说明国家将付出较大的代价，比如需要大量外汇支出或动用较多的稀缺资源，使企业获得财务收益。一般来说，当国民经济评价认为抽水蓄能电站方案不可进行时，这种方案基本是不能被接受的。有时，采取修改总体建设方案进行投资的“再设计”，也有可能使项目通过，但须进行详细、严格的审核和控制。

（二）借款偿还期法

如果不考虑资金的时间价值，所采用的财务评价方法就称为静态方法。借款偿还期法是财务评价中的一个静态重要方法。借款偿还期是利用项目可用于还贷的利润、折旧及其他资金，还清贷款本息所需的年数。若此值小于或等于贷款部门规定的偿还期，则项目即为财务可行。一般都按基本报表，逐年进行还贷计算至还清为止，即可求得偿还期，计算表达式如下：

$$I_d = \sum_{t=1}^{P_d} (R_P + D' + D'' + R_0) \tag{9-22}$$

式中　I_d——固定资产投资借款本金和利息之和；

P_d——借款偿还期（从建设开始年计算，当从投产年算起时，应注明）；

R_P——每年可用于偿还借款的利润；

D'——每年可用于偿还借款的折旧；

D''——每年可用于偿还借款的减免税金；

R_0——每年可用于偿还借款的其他收益；

$R_P + D' + D'' + R_0$——第 t 年可用于还款的收益额。

借款偿还期可用财务平衡表逐年计算。其中，每年应付固定资产借款利息的近似计算公式为：

$$建设期每年应计利息=(年初借款累计+本年借款支用/2)\times年利率$$

$$生产期每年应计利息=(年初借款累计-本年还本利息/2)\times年利率$$

$$还清年份应计利息=年初借款累计/2\times年利率$$

以上三式由以下假定推出：每笔借款发生当年均在年中支用，其后年份按全年计息。还款当年也按半年计息。

对于抽水蓄能电站计算步骤如下。

(1)计算的基本依据：

①按国家颁布的现行规定。

②投资采用现行价格水平，贷款一律按复利计算。

(2)确定资金来源，一般有四种情况：

①全部为国内银行贷款，年利率为3.6%。

②部分国内银行贷款，另一部分由地方集资。

③中、外合资。

④全部地方集资。

(3)抽水蓄能电站每年可用于还贷的资金有：

①还贷利润。是指从电站销售收入中，扣除发供电成本和税金后的实现利润。经发供电部门分成后得到的发电利润。经发供电部门分成后得到的发电利润，扣掉电站企业留利后，才是还贷利润。

②还贷基本折旧。一般电站投产后3年按80%，以后按50%的比例提取基本折旧金用于还本付息。

③还贷方式。和资金来源有关，国内贷款一般在规定还贷期内不等额偿还，根据本电站利润情况偿还。中、外合资工程，外资往往要求等额偿还，外资利率也较高，应首先偿还外资后再还内资。

④电价的确定。电价对偿还贷款年限的长短起决定作用，尤其是抽水蓄能电站的电价，按电网的平均电价计算是不合理的，而且抽水也要用电，为此，发电的电价必须按高峰电价计算，抽水电价按低谷电价计算，目前高峰、低谷电价没有统一规定。目前在计算中抽水电价采用两种情况：抽水电价按3～4分/(kW·h)计算，接近全国平均电价7分/(kW·h)的50%左右；按抽水煤耗计算(考虑厂用电及线损后)。

发电高峰电价根据贷款偿还年限反求电价。

(4)财务指标计算内容

①生产成本计算：

$$发电单位成本=\frac{发电总成本}{厂供电量}\quad(元/(10^3\ kW\cdot h))$$

其中：发电总成本包括基本折旧费、大修理费、工资、职工福利基金、材料费及其他费用。

$$基本折旧费=(基建投资+建设期利息)\times固定资产形成率\times基建折旧率$$

$$大修理费=(基建投资+建设期利息)\times固定资产形成率\times大修提取率$$

$$工资=定员总人数\times年平均工资$$

$$职工福利基金 = 工资总额 \times 年百分数$$

$$材料费 = 装机容量 \times 材料费定额$$

$$其他费用 = 装机容量 \times 其他费定额$$

$$燃料费 = 抽水年电量 \times 煤耗 \times 煤价$$

$$厂供电量 = 发电量 \times (1 - 厂用电率)$$

$$供电总成本 = 售电量 \times 供电单位成本$$

$$售电成本 = 发电成本 + 供电成本$$

$$售电单位成本 = \frac{售电总成本}{售电量} \quad (元/(10^3\ kW \cdot h))$$

$$售电量 = 供电量 \times (1 - 成损率)$$

②投资利润率计算：

$$投资利润率 = \frac{发电利润}{电厂固定资产投资 + 生产流动资金} \times 100\%$$

③偿还贷款年限，列表计算。

（三）敏感性分析

项目经济评价中涉及的因素很多，效益和费用计算中用的很多参数和指标是预估的，难以准确定量并含有一定误差。为了研究分析其对经济效果指标的影响，需要选择若干主要因素，分析它们在一定范围内变动时，对经济评价结果的影响。同时，对敏感性大的影响因素，研究改进措施以改善方案的经济性。

根据我国水利工程的实践及有关规定，敏感性因素及主要变化幅度为：

（1）投资：±10% ~20%；

（2）效益：±15% ~25%；

（3）施工年限：提前或推后 1 ~2 年；

（4）达到设计效益的年限：提前或推后 1 ~2 年。

五、抽水蓄能电站的经济评价

以电力系统中有抽水蓄能电站与电力系统中没有抽水蓄能电站（用替代电站，一般为火电站）进行比较，以评价经济性。

思考题

1. 在抽水蓄能电站经济评价中，为什么说采用动态方法更能反映实际？
2. 抽水蓄能电站经济效益分为几类？每类由几个部分组成？
3. 抽水蓄能电站的经济评价与常规水电站有何异同？
4. 抽水蓄能电站的投资是怎样估算的？其各个组成部分在总投资中各占多少比重？
5. 抽水蓄能电站的经济效益有哪些算法？

附录　抽水蓄能电站技术计算实例

例题一　抽水蓄能电站输水洞断面尺寸选择

华北电网某抽水蓄能电站方案的设计水平年最大负荷为 1 000 万 kW,电网装机容量为 1 250 万 kW。该抽水蓄能电站装机容量为 20 万 kW,下水库为已建水库,上水库新建。上游输水隧洞长 838 m,高压钢管长 549 m,下游输水洞长 647.3 m,输水道总长为 2 km。最大毛水头 355 m,最小毛水头 317.2 m,平均毛水头 336.1 m,设计水头 320 m。最大发电流量 77 m^3/s,最大抽水流量 52 m^3/s。输水系统设计步骤如下:

(1)初步拟定方案。初步选定上输水隧洞的流速范围 $v=3.5\sim6.0$ m/s,下输水隧洞的流速范围 $v=3.0\sim5.0$ m/s。

根据输水道直径计算公式,计算确定出如附表 1 所示的四个方案。

附表 1　水道不同直径方案表

项目	直径 D(m)			
	Ⅰ	Ⅱ	Ⅲ	Ⅳ
上输水隧洞	4.0	4.5	5.0	5.5
高压钢管	3.5	4.0	4.5	5.0
下输水隧洞	4.0	4.5	5.0	5.5

(2)发电和抽水两种工况下的电力电量损失计算。经一年四季典型日负荷图的电力平衡,确定了不同的工作位置,结果见附表 2。

附表 2　抽水蓄能电站工作位置平衡表

季节	天数	发电工况			抽水工况		说明
		调峰小时数(h)	工作位置容量(万 kW)	发电流量(m^3/s)	抽水小时数(h)	抽水流量(m^3/s)	
春	92	4	20	77	6	55	年发电 1 552 h,抽水 2 191 h
夏	92	4 1	15 7	58 27	7	41	
秋	91	3 1	20 9	77 35	5	58	
冬	90	4	20	77	6	55	

附表 2 中,发电与抽水的流量比是按 1.1∶1计算的,原因是考虑发、渗漏等损失,抽水的水量略大于发电用水量。

工作位置确定后,根据水道系统、洞直径水头损失、年电量损失曲线(见附图 1),运用电力电量损失计算公式,对不同方案进行电力和电量损失计算,结果见附表 3。

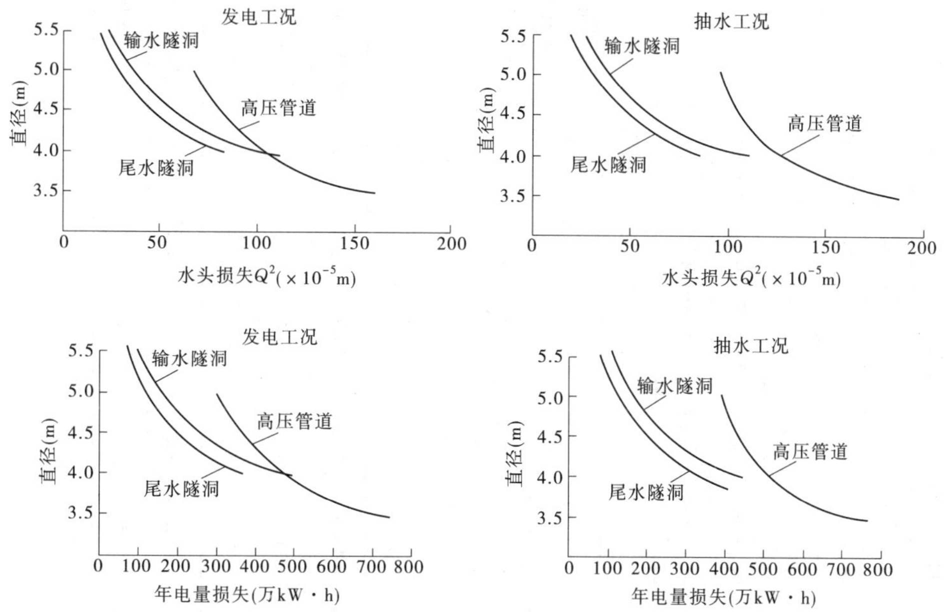

附图 1　水道系统不同管、洞直径水头损失、年电量损失曲线

各方案间的经济比较,采用还本年限法,其公式为:

$$n = \frac{\text{投资(万元)}}{\text{年净效益(万元)}} \quad (\text{年})$$

查附表 1,可选输水隧洞和下输水隧洞的直径为 4.5 m,高压钢管直径为 4.0 m,这一组合还本年限短。但从电力损失和电量损失方面来看,洞径大些似乎更为有利,故最后选定方案为:输水隧洞直径为 5.0 m,高压钢管直径为 4.0 m。

例题二　水量平衡计算

已知某抽水蓄能电站的下水库是利用已建的大型水库,发电和抽水的水量对下水库的水位没有影响,抽水蓄能电站发电设计水头为 47 m,发电额定出力为 1.1 万 kW,抽水运行时水泵的设计扬程为 52 m,电动机容量为 1.4 万 kW。调峰运行 4 h,发电出力为 0.7 万 kW 和 0.75 万 kW,此时电站水头为 41 m,抽水时电站水头为 43 m,电动机的输入功率为 1.1 万 kW、1.2 万 kW、1.3 万 kW。水量平衡计算见附表 4。

附表 4 中的①和②两栏分别是抽水蓄能电站在负荷图上的工作容量及运行时间。③、⑤栏根据水头查附图 2 和附图 3 可逆机组水轮机工况和水泵工况的工作特性曲线

附表3　引水道不同管、洞直径方案经济比较表

序号	项目		输水隧洞				高压管道				尾水隧洞				说明
			Ⅰ	Ⅱ	Ⅲ	Ⅳ	Ⅰ	Ⅱ	Ⅲ	Ⅳ	Ⅰ	Ⅱ	Ⅲ	Ⅳ	
1	引水道、洞直径	m	4.0	4.5	5.0	5.5	3.5	4.0	4.5	5.0	4.0	4.5	5.0	5.5	
2	发电年电量损失	万 kW·h	483.7	267.3	159.9	104.1	735.0	478.1	361.5	302.1	373.2	209.9	126.5	82.0	
3	抽水年电量损失	万 kW·h	442.4	248.1	153.9	115.2	758.5	527.1	425.5	394.0	341.8	196.3	120.0	79.5	
4	引水道投资	万元	335.7	395.3	457.7	518.0	507.5	607.2	722.5	838.4	230.6	270.8	313.7	350.0	
5	引水道年运行费	万元	10.1	11.9	13.7	15.6	22.8	27.3	32.5	37.7	6.9	8.1	9.4	10.5	隧洞按投资的3%计算，管道按投资的4.5%计算
6	引水道投资差	万元		59.6	62.4	60.3		99.7	115.3	115.9		40.2	42.9	36.3	
7	发电年电量损失差	万 kW·h		216.4	107.4	55.8		256.9	116.6	59.4		163.3	83.4	44.5	
8	抽水年电量损失差	万 kW·h		194.3	94.2	38.7		231.7	101.6	31.5		145.5	76.3	40.5	
9	发电年收电费	万元		31.4	15.6	8.1		37.3	16.9	8.6		23.7	12.1	6.5	照明电价0.145元/(kW·h)
10	抽水年省电费	万元		6.8	3.3	1.4		8.1	3.6	1.1		4.9	2.7	1.4	低谷电价0.035元/(kW·h)
11	年运行费差	万元		1.8	1.8	1.9		4.5	5.2	5.2		1.2	1.3	1.1	
12	年效益	万元		36.4	17.1	7.6		40.9	15.3	4.5		27.4	13.5	6.8	此项为(9)+(10)-(11)
13	方案间还本年限	年		1.6	3.6	7.9		2.4	7.5	25.8		1.5	3.2	5.3	此项为(6)/(12)

注：引水道包括输水隧洞、高压管道和尾水隧洞。

附表 4　抽水蓄能电站水量平衡计算

运行工况	出力（万 kW）	运行时间（h）	流量（m^3/s）	水量（万 m^3）	机组效率（%）	变压器效率（%）	引水道效率（%）	效率（%）	平均效率（%）	综合效率（%）	发电水量（万 m^3）	抽水水量（万 m^3）	日发电量（万kW·h）	抽水日耗电量（万kW·h）
	①	②	③	④	⑤	⑥	⑦	⑧	⑨	⑩	⑪	⑫	⑬	⑭
发电工况水头（41 m）	0.7	2	20.6	14.8	88.2	98	97.3	84.1	83.8	70.66	30.85		2.9	
	0.75	2	22.3	16.05	87.8	98	97.0	83.5						
抽水工况水头（43 m）	1.1	1	22.5	8.10	89.8	98	96.7	85.10	84.32			31.03		4.2
	1.2	1.5	24.8	13.39	90.0	98	95.9	84.58						
	1.3	1	26.5	9.54	88.9	98	95.6	83.29						

注：1.发电工况的机组效率是水轮机效率和发电机效率的乘积；

2.抽水工况的机组效率是水泵效率和电动机效率的乘积；

3.⑧=⑤×⑥×⑦；

4.综合效率是发电工况平均效率和抽水工况平均效率的乘积。

($N \sim Q$, $\eta \sim N$)求得，第⑥栏中变压器效率一般取常数 97% ~99%，第⑦栏查附图 4，求得不同流量的水头损失，然后计算引水道的效率。

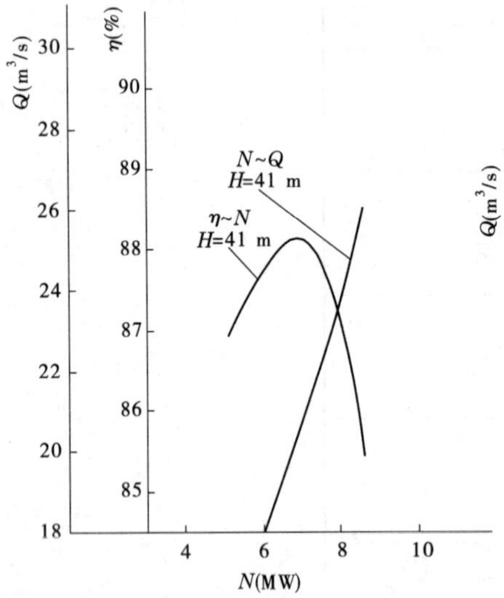

附图 2　NLN - LJ - 250 水泵—水轮机工况工作特性曲线图

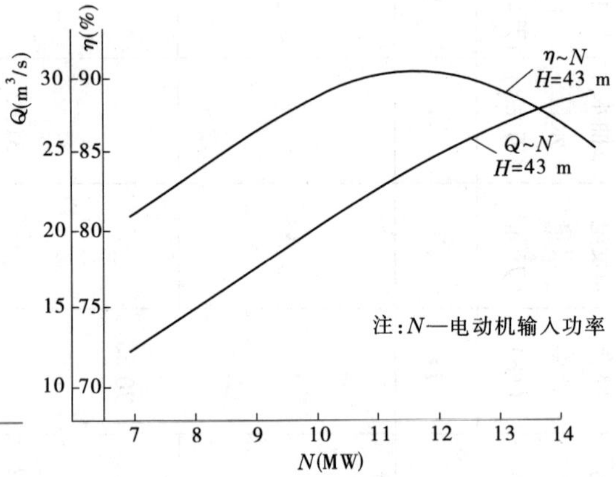

附图 3　NLN - LJ - 250 水泵工况工作特性曲线图

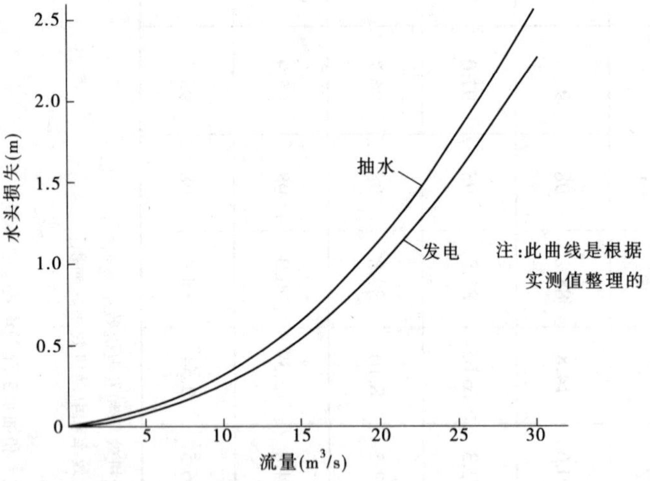

附图 4　某抽水蓄能机组引水道水头损失曲线

经计算，发电 4 h，电量为 2.9 万 kW · h，放到下水库的水量是 30.85 万 m^3，将放下的水抽回上水库，需耗电量 4.2 万 kW · h，抽水时间为 3.5 h。

本例抽水时间比发电时间稍短，原因是发电时水头低，机组容量受阻，抽水时电力系统的剩余出力多，希望尽量用电。

例题三　纯抽水蓄能电站装机容量选择

已知某电力系统某年冬季典型日负荷曲线的最高负荷为 394 万 kW，日负荷率 γ = 0.82，最小日负荷率 β = 0.68，峰谷差 126 万 kW（见附图 5）。已建水电装机容量为 81.5 万 kW，其中担任负荷备用容量为 7.4 万 kW，可调峰容量仅为 13 万 kW。已建火电装机容量为 286.1 万 kW，拟建水电站和抽水蓄能电站装机容量为 65 万 kW，求可兴建多大规模的抽水蓄能电站。

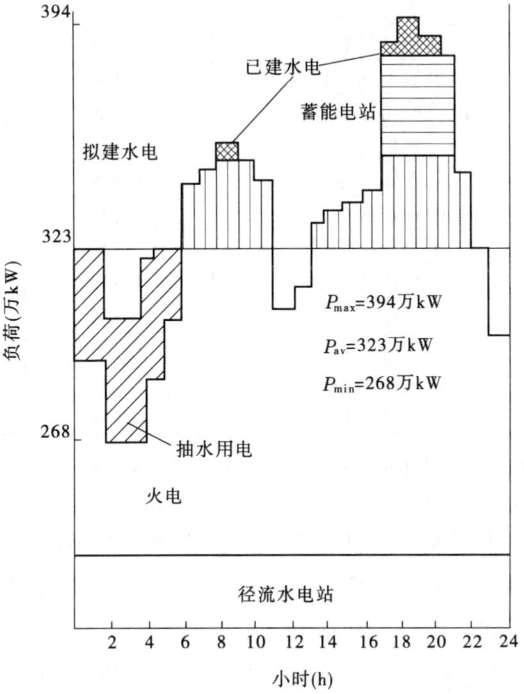

附图 5　典型日负荷曲线（某年冬季）电力平衡

装机容量选择的步骤如下：

（1）电力电量平衡。

①电力平衡。根据本电力系统已建和待建电站的性能确定各电站在冬季典型日负荷曲线上的工作位置（见附图 5）。

已建的火电站，除考虑检修和事故备用外，位于基荷运行，但因火电容量占电力系统总容量比重大，调峰电站又少，尽管压负荷运行不经济，也还要压荷承担腰荷 20 万 kW。

已建水电站 81.5 万 kW，绝大多数是综合利用水库附设的电站，发电保证率在 85% 以上的出力仅有 13 万 kW。

拟建的调峰水电站，因受调节库容的限制，装机容量最多为 35 万 kW，工作容量为 28 万 kW。

抽水蓄能电站上、下水库的容积不受限制。

经典型日负荷曲线电力平衡，需兴建 30 万 kW 的抽水蓄能电站承担调峰任务，具体平衡见附表 5。

附表 5　典型日负荷曲线（某年冬季）电力平衡

项目	变量	单位	数值
电力系统	最高负荷	万 kW	394
	尖峰负荷	万 kW	71
	事故备用容量	万 kW	27.8
	负荷备用容量	万 kW	9.8
	总装机容量	万 kW	431.6
已建水电站	工作容量	万 kW	67.1
	其中调峰容量	万 kW	13
	事故备用容量	万 kW	7
	负荷备用容量	万 kW	7.4
	装机容量	万 kW	81.5
已建火电站	工作容量	万 kW	268.9
	其中调正腰荷容量	万 kW	20
	事故备用容量	万 kW	17.2
	装机容量	万 kW	286.1
拟建水电站	工作容量	万 kW	28
	事故备用容量	万 kW	4.6
	负荷备用容量	万 kW	2.4
	装机容量	万 kW	35

注：1. 尖峰负荷为 71 万 kW，由已建水电担负 13 万 kW，拟建水电站 28 万 kW，抽水蓄能电站 30 万 kW。

2. 低谷出力 55 万 kW，抽水蓄能电站电动机容量 35 万 kW（抽水用），还有 20 万 kW 由火电机组压负荷调整。

②电量平衡。由电力平衡求得抽水蓄能电站发电容量 30 万 kW，日发电 4 h，抽水时的电动机容量 35 万 kW，需计算低谷电量能否满足要求。如附图 5 所示，00:00～06:00 是低谷负荷较集中的时间，计算这段时间的低谷电量

$$E_{剩} = 35 \times 5 + 26 \times 1 = 201(\text{万 kW} \cdot \text{h})$$

抽水蓄能电站综合效率按 70%～75% 计，30 万 kW 工作容量每日发电 4 h 所需的电量 = 30 × 4 = 120（万 kW · h）

为满足这一发电量要求，需电力系统供低谷剩余电量

$$120/(0.7 \sim 0.75) = 171.4 \sim 160(\text{万 kW} \cdot \text{h})$$

电力系统的实际剩余电量大于 201 万 kW · h，利用 00:00～06:00 间的剩余电量 201 万 kW · h 抽水蓄能，就可保证 30 万 kW 的调峰容量了。

（2）水量平衡。

水量平衡是根据电力电量平衡的结果，结合选定的可逆机组来校核发电水量与抽蓄水量之间的平衡关系。设计抽水蓄能电站所用机组是根据电站运行条件设计的新机组，发电时间仅为 4 h，而电力系统的低谷负荷时间有 10 h，水量平衡是没有问题的，具体做法见实例 2。

（3）经济计算和方案比较。

应该说明，通过电力系统电力电量平衡，只能求出需要和可能的抽水蓄能电站装机容

量值，对于某一个具体的抽水蓄能电站站址来说，选多大的装机容量，要结合上、下水库的特征水位选择，通过经济计算和方案比较后选定，因限于篇幅，这里不多讨论。

以上所举实例只能算是一个可行方案，根据站址地形、地质等条件分析，修建30万kW纯抽水蓄能电站是可能的。选用两台可逆式机组，单机容量为15万kW，抽水工况时电动机总容量为35万kW。

例题四 装机容量选择的经济比较

拟建抽水蓄能电站是一个以解决系统调峰问题而规划的日调节纯抽水蓄能电站，经电站自身不同规模装机容量方案比较后，确定该电站装机容量为200万kW(8台机组，单机容量为25万kW)。通过某年系统电力电量平衡计算结果，该电站年供电量为36.4亿kW·h(厂用电率取0.5%)，全年发电小时为1 825 h(平均每天5 h)。由于发电小时数不高，抽水时间也不长，故不考虑备用电量。抽水蓄能电站每天可向系统提供200万kW的尖峰工作容量，综合效率$\eta=0.70$，在发电、抽水工作之余尚可担任系统事故备用和做调相运行。电站设计总投资为112 424万元，单位千瓦造价为506元/kW，施工期为8年。

为组成设计系统(方案)，需基荷火电600万kW，再计入20%的备用容量为120万kW，若基荷火电厂的厂用电率取为7.5%，则基荷火电装机容量应为$(600+120)/(1-0.075)\approx780$(万kW)，其造价为900元/kW，考虑由五个基荷火电厂组成，每个厂容量为156万kW，工期为5年。

替代系统(方案)由单机容量为20万kW的调峰火电机组组成，考虑到替代系统(方案)应与设计系统(方案)在调峰填谷等方面是等效的，则在高峰负荷时应向电网提供800万kW的工作容量，而在低谷负荷时负荷容量降至400万kW，即必须压荷1/2运行(见附图6)。同时，计入20%的备用容量和8%的厂用电率，则替代系统(方案)装机容量应为$800\times1.2/(1-0.08)\approx1\ 040$(万kW)。考虑由5个火电厂组成，每个厂容量为208万kW，工期为5年。替代电站单位千瓦造价为1 000元/kW，年固定运行费按总造价的3%计。机组满负荷运行时煤耗率为313 g/(kW·h)，压荷运行时煤耗率为329

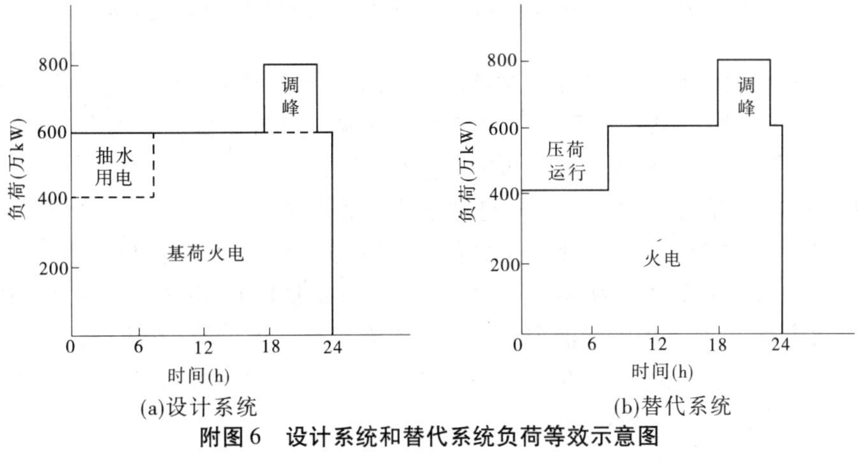

附图6 设计系统和替代系统负荷等效示意图

g/(kW · h),燃煤单价为50元/t。

根据上述资料,就可进行经济计算(设计系统—替代系统历年投资分配资料从略,折现率 $r=0.08$)。由于设计系统与替代系统这两方案是等效的,按《建设项目经济评价方法与参数》规定,可采用年费用比较法,计算结果见附表6。

附表6　设计系统—替代系统效益经济计算

项目	单位	设计系统			替代系统(调峰火电)
		抽水蓄能电站	基荷火电	合计	
装机容量	万kW	200	780	980	1 040
年供电量	亿kW · h	+36.4,−52.0	525.6	510	510
单位千瓦造价	元/kW	506	900		1 000
施工期	年	8	5		5
折算造价	亿元	14.72	97.79	112.51	145.42
经济寿命	年	机电25,土建50	25		25
造价年摊还值	亿元	1.32	9.16	10.48	13.62
年运行费率	%	2	3		3
固定年运行费	亿元	0.20	2.00	2.20	4.36
燃料费	亿元	0.91	8.91	9.82	9.10
年运行支出	亿元	1.11	10.91	12.02	13.46
折算年运行支出	亿元	1.31	12.93	14.24	15.96
电站年费用	亿元	2.63	22.09	24.72	29.58
系统年费用				24.72	29.58

由附表6可见,设计系统比替代系统年费用小,前者仅为后者的83.6%,故采用设计系统,抽水蓄能电站装机容量为200万kW。

说明:设计系统与替代系统综合的火电容量,是作经济分析考虑两个系统应等效的需要而设置的,进行方案比较时应计入这部分容量的投资与运行费用,当方案选定后,实际上这部分火电容量可利用电力系统中现有火电容量,不一定全部都要新建。

例题五　抽水蓄能电站主要参数选择

G抽水蓄能电站地处华中地区。枢纽建筑物由上水库拦水大坝、引水隧洞及调压井、斜井式压力管道、高压钢管、地下厂房、尾水隧洞及调压井等组成。下水库为某大型径流式水电站的已建水库,因此不存在下水库特征水位选择问题。

G抽水蓄能电站是为了解决H电网调峰问题而拟建的。H电网是一个水、火电混合的大型电网,预计到设计负荷水平年最大负荷3 000万kW,峰谷差达730万~900万kW,可进行调峰的水电工作容量为400万~500万kW,因此还有300万~400万kW的调峰容量需由火电承担,但火电调峰能力满足不了系统调峰要求。特别在汛期,大批水电转入基荷运行,火电替代调峰容量更是不足的,迫使部分水电弃水调峰,损失大量电能。因此,兴建抽水蓄能电站是十分必要的。

一、比较方案的拟定

（一）装机方案拟定

如前所述，抽水蓄能电站的装机规模，若库区地形、地质条件不受限制，则主要取决于两个因素，即系统高峰负荷对调峰容量的需求和夜间低谷负荷区能提供的抽水电能。这两个因素又与所选定的负荷设计水平有关。根据电站投产年份、施工期和系统负荷预测，本电站选定了 1 740 亿 kW·h、1 930 亿 kW·h 和 2 400 亿 kW·h 三个设计负荷水平，作为拟定装机规模方案进行分析比较的依据。

根据拟定三个设计负荷水平年，经全网（枯水年）逐月的年电力电量平衡和典型日负荷平衡计算，得出相应的装机规模为 90 万 kW、120 万 kW 和 150 万 kW 三个方案。

（二）上水库死水位方案拟定

在规划阶段，缺少机组机型选择资料，因此死水位选择主要取决于泥沙淤积。G 抽水蓄能电站上、下水库落差为 500 余 m，根据装机容量 90 万 kW、120 万 kW 和 150 万 kW 方案，计算年用水量分别达 10.6 亿 m^3、14.1 亿 m^3 和 17.6 亿 m^3。根据下水库（江河上径流式水库）实测含沙量，推算工程运行初期年淤泥量分别达 50.9 万 m^3、60.8 万 m^3 和 69.5 万 m^3，考虑上水库容积的可能条件采用淤泥库容相当于年淤泥量 5 倍左右，即 310 万 m^3，从而确定三个方案死水位均暂定为 605 m。

（三）上水库正常蓄水位方案拟定

该电站库区淹没损失不大，对水库规模无限制，因此在死水位初定之后，正常蓄水位主要取决于蓄能库容大小。为此确定电站综合效率为 0.734，发电和抽水额定出力比值采用 1.1。根据此两参数值和三个装机方案典型日负荷低谷区可能提供的抽水电能，进行日最大抽水容积计算，得相应蓄能容积分别为 487 万 m^3、630 万 m^3 和 770 万 m^3（其中包含 25% ~ 30% 的备用库容，作为泥沙淤积备用，系统临时事故备用或远景扩机备用）。相应正常蓄水位分别为 628 m、633 m 和 638 m。

（四）方案汇总

综上所述，选择本电站主要参数（装机容量、设计蓄水位和死水位），并拟定了三个比较方案，各比较方案特征值如附表 7 所示。

附表 7　各比较方案特征值

项目	方案一	方案二	方案三
装机容量（万 kW）	90	120	150
设计蓄水位（m）	628	633	638
死水位（m）	605	605	605
死库容（m^3）	310	310	310
调节库容（m^3）	487	630	770
其中：备用库容（m^3）	138	166	192
设计净水头（m）	517	517	517
最大净水头（m）	543	548	553
最小净水头（m）	506	506	506
最小扬程（m）	543	543	543

注：最小净水头和最小扬程考虑了下水库遭遇百年一遇洪水的影响。

二、方案的经济比较

根据上述三个方案的装机容量和水库规模，进行比较方案的工程设计，确定各方案的工程量，估算各方案的分项投资和分年投资，然后进行经济比较。

方案经济比较采用电力电量等效条件下年费用最小准则，并以150万kW装机方案为基准方案，因而120万kW方案应补充33万kW火电，90万kW方案应补充66万kW火电（这里暂不考虑调峰能力的平衡），补充火电采用扩建方案，单位千瓦投资为1 600元，一台机，施工期三年，补充火电机组投产年份根据不同设计负荷水平的电力电量平衡结果确定。

采用电力工业投资收益率为10%，进行三个方案的年费用折算，计算基准年为施工期末，计算成果见附表8。

根据年费用最小的经济原则，从附表8可知，第二方案为最优方案。因而选定G抽水蓄能电站的装机容量为120万kW，上水库正常蓄水位为633 m，死水位为605 m。

附表8　方案经济比较成果

项目	90万kW方案	120万kW方案	150万kW方案	说明
正常蓄水位(m)	628	633	638	
设计工程投资(万元)	148 336	186 695	225 886	
设计工程年发电量(万kW·h)	137 012	182 683	228 354	考虑月不均衡系数0.91
设计工程运行费(万元)	2 967	3 734	4 518	按工程投资2%
设计工程燃料费用(万元)	5 138	6 851	8 564	燃料耗率390 g/(kW·h)
设计工程初期运行费(万元)	21 235	27 680	28 895	2002～2005年
设计工程年费用(万元)	30 109	38 356	46 245	基准年1999年
补充火电容量(万kW)	66	33	0	替代容量系数1.1
补充火电年发电量(万kW·h)	88 203	41 542	0	替代电量系数1.06
补充火电投资(万元)	105 600	52 800	0	单位千瓦投资1 600元
补充火电运行费(万元)	3 168	1 584	0	按工程投资3%
补充火电燃料费用(万元)	4 312	2 156	0	燃料耗率472 g/(kW·h)
补充火电初期运行费(万元)	14 021	2 111	0	2002～2005年
补充火电年费用(万元)	17 074	7 466	0	基准年1999年
总年费用(万元)	47 183	45 822	46 245	设计工程与补充工程总和

例题六　水泵水轮机选型设计

一、某电站基本参数

上水库特征水位：正常蓄水位 143.3 m，死水位 104.0 m；
下水库特征水位：正常蓄水位 85.0 m，死水位 84.4 m；
水轮机工况：最大水头 $H_{Tmax}=56.8$ m，最小水头 $H_{T\,min}=35.1$ m，
设计水头 $H_{Tr}=46.0$ m，水轮机额定出力 $P_{Tr}=10.36$ MW；
水泵工况：最大扬程 $H_{Pmax}=59.8$ m，最小扬程 $H_{Pmin}=37.5$ m，
设计扬程 $H_{Pr}=48.7$ m；
机组安装高程：81.4 m；
机组每天工作时数：抽水 7 h，发电 5.5 h。

二、机组选型

根据电站基本参数，查图 5-1 的可逆式水泵水轮机水头应用范围图可知，适合本电站水头变化范围的机型为斜流可逆式水泵水轮机，同时由于单级可逆式水泵水轮机在机构和造价方面比多级具有优势，所以本电站选用单级斜流可逆式水泵水轮机。

根据水轮机工况下的 $H_{Tr}=46.0$ m，查图 5-17 的可逆式水泵水轮机水头与比转速统计曲线 $H_T \sim n_{sT}$，取水轮机的比转速 $n_{sT}=200$；根据水泵工况下的 $H_{Pr}=48.7$ m，查图 5-17 所示的曲线 $H_P \sim n_{sP}$，取水泵的比转速 $n_{sP}=210$。

现有 $n_{sT}=170$ 的水轮机工况的模型综合特性曲线和 $n_{sP}=200$ 的水泵工况的模型特性曲线，分别如附图 7 和附图 8 所示。选取的水泵比转速比较接近现有水泵的比转速，而水轮机比转速的差别则稍大一些（比转速的相对误差小于 20%）。但是，在初步选型计算阶段，可以参照相近机型的特性曲线进行计算。由于缺乏 XLN200 模型转轮的水轮机工况和水泵工况的综合特性曲线，分别用 $n_{sT}=170$ 和 $n_{sP}=200$ 的模型综合特性曲线作为 $n_{sT}=200$ 和 $n_{sP}=210$ 的计算依据来进行下面的计算。当然，如果能用原比转速的模型综合特性曲线是最好的。

三、性能参数的计算

采用以下两种方法分别进行选型计算：
（1）从水轮机工况开始计算，然后校核水泵工况的参数是否满足电站设计要求。
（2）从水泵工况开始计算，然后校核水轮机工况的参数是否满足电站设计要求。
下面按两种方法分别进行选型计算。

（一）从水轮机工况开始计算，水泵工况进行校核

1. 转轮直径 D_1 的确定

从附图 7 上选取单位转速 $n_{11}=85$ r/min，单位流量 $Q_{11}=0.5\ m^3/s$ 作为计算起始点，该点的模型效率 $\eta_m=82.0\%$。

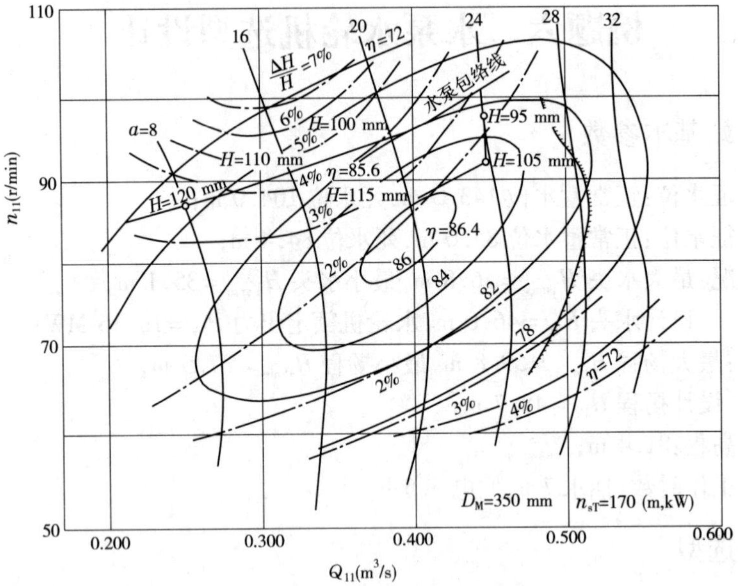

附图 7　水轮机工况特性曲线

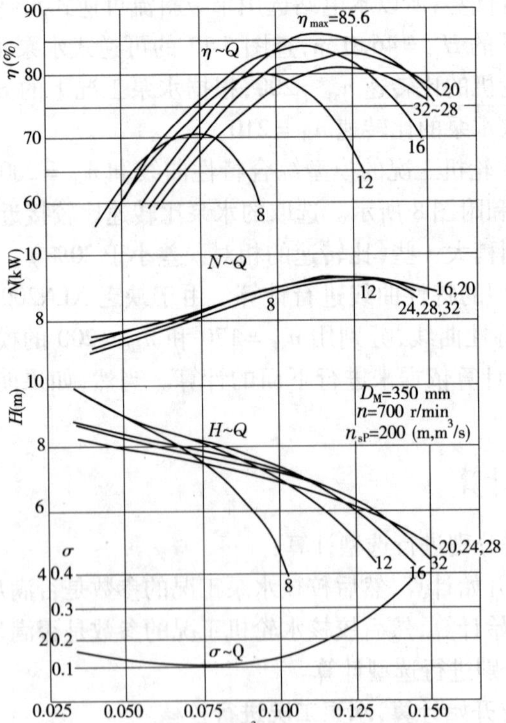

附图 8　水泵工况特性曲线

设水轮机的效率 $\eta_T = 86.0\%$，则水轮机直径 D_1 为

$$D_1 = \sqrt{\frac{P_{Tr}}{9.81 Q_{11} \eta_T H_{Tr}^{\frac{3}{2}}}} = \sqrt{\frac{10\ 360}{9.81 \times 0.5 \times 86.0\% \times 46.0^{3/2}}} = 2.806(\mathrm{m})$$

初步选转轮直径 $D_1 = 2.8$ m。

2. 机组转速 n 的选定

根据转速计算公式，有

$$n = \frac{n_{11}\sqrt{H_{Tr}}}{D_1} = \frac{85 \times \sqrt{46.0}}{2.8} = 206(\mathrm{r/min})$$

选取同步转速 $n = 214.3$ r/min。

3. 水泵工况参数校核

由相似定律，可得

$$H_M = (\frac{n_M}{n})^2 (\frac{D_{1M}}{D_1})^2 H = K_H H$$

查附图 8 可知，模型转速 $n_M = 700$ r/min，模型转轮直径 $D_{1M} = 0.35$ m，所以有

$$K_H = (\frac{700}{214.3})^2 \times (\frac{0.35}{2.8})^2 = 0.166\ 7$$

1）检查水泵工作范围

由上述计算可得：

模型最小扬程

$$H_{Mmin} = K_H H_{Pmin} = 0.166\ 7 \times 37.5 = 6.25(\mathrm{m})$$

模型最大扬程

$$H_{Mmax} = K_H H_{Pmax} = 0.166\ 7 \times 59.8 = 9.97(\mathrm{m})$$

在水泵工况的模型特性曲线（见附图 8）上检查，可见在模型最大扬程 $H_{Mmax} = 9.97$ m 时，水泵已超出高效运行区间，因此需要对同步转速 n 和转轮直径 D_1 进行修正。

由于 D_1 增大时，水泵水轮机的质量和电动发电机的尺寸及质量都将增加，所以这里采取增大同步转速的方法进行调整计算，将同步转速 n 提高一档，即由 214.3 r/min 增加到 250 r/min。调整后，重新计算可得：

$$K_H = (\frac{700}{250})^2 \times (\frac{0.35}{2.8})^2 = 0.122\ 5$$

所以有：

模型最小扬程

$$H_{Mmin} = K_H H_{Pmin} = 0.122\ 5 \times 37.5 = 4.59(\mathrm{m})$$

模型最大扬程

$$H_{Mmax} = K_H H_{Pmax} = 0.122\ 5 \times 59.8 = 7.33(\mathrm{m})$$

由附图 8 可见，模型最小扬程和最大扬程均在模型综合特性曲线的高效率范围内工作。

2）检查最大扬程时水泵是否产生回流

根据以上计算所得的模型最大扬程 $H_{Mmax} = 7.33$ m，查附图 8 可知，此时水泵工况的

模型最小流量 $Q_{Mmin}=0.1\ m^3/s$，而水泵模型的最优流量为 $Q_{M0}=0.112\ m^3/s$。

因此，可以得到

$$\frac{Q_{Mmin}}{Q_{M0}}=\frac{0.1}{0.112}=89.3\%$$

此值大于水泵发生回流的范围(60% ~70%)，所以水泵在运行中不会发生回流现象。

根据校核计算的结果，选定转轮基本参数为

$$D_1=2.8\ m,\ n=250\ r/min$$

4. 水泵工况参数计算

1) 效率修正

采用下式来计算真机和模型之间的效率差，即

$$\Delta\eta=\frac{2}{3}\times(1-\eta_{M0})\times(1-\sqrt[5]{D_{1M}/D_1})$$

由附图8可以查得模型效率 $\eta_{M0}=85.6\%$，所以可得

$$\Delta\eta=\frac{2}{3}\times(1-85.6\%)\times(1-\sqrt[5]{0.35/2.8})=3.27\%$$

各个扬程下均取相同的 $\Delta\eta$ 值。

2) 真机参数计算

不同扬程下，水泵真机流量、功率和吸出高度的计算结果如附表9所示。

附表9 水泵工况参数计算(水轮机工况计算，水泵工况校核)

H_P(m)	37.5	48.7	59.8
$K_H=(n_M/n)^2(D_{1M}/D_1)^2$	0.122 5	0.122 5	0.122 5
$K_Q=(n_M/n)(D_{1M}/D_1)^3$	0.005 469	0.005 469	0.005 469
$H_M=K_HH_P$(m)	4.59	5.97	7.33
Q_M(m^3/s)(从附图8查得)	0.154	0.129	0.10
η_M(%)(从附图8查得)	78.0	84.0	83.0
σ(从附图8查得)	0.5	0.27	0.14
$Q_P=Q_M/K_Q$(m^3/s)	28.16	23.59	18.28
$\eta_P=\eta_M+\Delta\eta$(%)	81.27	87.27	86.27
$P_P=9.81Q_PH_P/\eta_P$(MW)	12.747	12.914	12.43
$H_S=9.5-\sigma H_P$(m)	-9.25	-3.65	+1.13

5. 水轮机工况参数计算

1) 效率修正计算

采用下式来计算真机和模型之间的效率差，即

$$\Delta\eta=\frac{2}{3}\times(1-\eta_{M0})\times(1-\sqrt[5]{D_{1M}/D_1})$$

从附图7上可以查得，模型效率 $\eta_{M0}=86.4\%$，所以可得

$$\Delta\eta = \frac{2}{3} \times (1 - 86.4\%) \times (1 - \sqrt[5]{0.35/2.8}) = 3.08\%$$

不同的水头下取相同的 $\Delta\eta$ 值。

2）设计水头下的参数选定

保证水轮机额定出力 $P_{Tr}=10.36$ MW，校核设计流量 Q_{Tr}。

设水轮机的效率 $\eta_T=85.0\%$，那么水轮机的设计流量 Q_{Tr} 为

$$Q_{Tr} = \frac{P_{Tr}}{9.81\eta_T H_{Tr}} = \frac{10\ 360}{9.81 \times 85.0\% \times 46.0} = 27(\text{m}^3/\text{s})$$

根据单位转速和单位流量的计算公式，有：

单位转速

$$n_{11} = \frac{nD_1}{\sqrt{H_{Tr}}} = \frac{250 \times 2.8}{\sqrt{46.0}} = 103.2(\text{r/min})$$

单位流量

$$Q_{11} = \frac{Q_{Tr}}{D_1^2\sqrt{H_{Tr}}} = \frac{27}{2.8^2 \times \sqrt{46.0}} = 0.508(\text{m}^3/\text{s})$$

查附图 7 可知，模型效率 $\eta_M=81.0\%$，所以可得水轮机真机效率 η_T 为

$$\eta_T = \eta_M + \Delta\eta = 81.0\% + 3.08\% = 84.08\%$$

水轮机出力 P_T 为

$$P_T = 9.81 \times Q_{Tr} \times H_{Tr} \times \eta_T = 9.81 \times 27 \times 46.0 \times 84.08\% = 10.244(\text{MW})$$

可见，基本上满足要求。

3）最大水头下的参数选定

在最大水头时，保持水轮机额定出力 $P_{Tr}=10.36$ MW。

设此时水轮机的效率 $\eta_T=87.0\%$，那么水轮机的流量 Q_T 为：

$$Q_T = \frac{P_{Tr}}{9.81\eta_T H_{Tmax}} = \frac{10\ 360}{9.81 \times 87.0\% \times 56.8} = 21.37(\text{m}^3/\text{s})$$

根据单位转速和单位流量的计算公式，有：

单位转速

$$n_{11} = \frac{nD_1}{\sqrt{H_{Tmax}}} = \frac{250 \times 2.8}{\sqrt{56.8}} = 93(\text{r/min})$$

单位流量

$$Q_{11} = \frac{Q_T}{D_1^2\sqrt{H_{Tmax}}} = \frac{21.37}{2.8^2 \times \sqrt{56.8}} = 0.36(\text{m}^3/\text{s})$$

查附图 7 可得模型效率 $\eta_M=83.0\%$，所以可得水轮机真机效率 η_T 为

$$\eta_T = \eta_M + \Delta\eta = 83.0\% + 3.08\% = 86.08\%$$

水轮机出力 P_T 为

$$P_T = 9.81Q_T H_{Tmax}\eta_T = 9.81 \times 21.37 \times 56.8 \times 86.08\% = 10.25(\text{MW})$$

可见，基本上满足要求。

4)最小水头下的参数选定

根据单位转速的计算公式,有

$$n_{11} = \frac{nD_1}{\sqrt{H_{Tmin}}} = \frac{250 \times 2.8}{\sqrt{35.1}} = 118(\mathrm{r/min})$$

查附图7,单位流量 Q_{11} 选出力限制线上的单位流量 $Q_{11}=0.5\ \mathrm{m^3/s}$,可知此点对应的模型效率 $\eta_M=70.0\%$,所以可得水轮机真机效率 η_T 为:

$$\eta_T = \eta_M + \Delta\eta = 70.0\% + 3.08\% = 73.08\%$$

所以有:

$$Q_T = Q_{11}D_1^2\sqrt{H_{Tmin}} = 0.5 \times 2.8^2 \times \sqrt{35.1} = 23.22(\mathrm{m^3/s})$$

$$P_T = 9.81Q_T H_{Tmin}\eta_T = 9.81 \times 23.22 \times 35.1 \times 73.08\% = 5.844(\mathrm{MW})$$

(二)从水泵工况开始计算,水轮机工况进行校核

1.计算扬程比值系数 K_H

在附图8所示的水泵工况模型特性曲线上,可以查得模型效率最高点下的扬程 $H_{M0}=6.8\ \mathrm{m}$,流量 $Q_{M0}=0.112\ \mathrm{m^3/s}$。所以,模型扬程与真机扬程之比 K_H 为

$$K_H = \frac{H_{M0}}{H_{Pr}} = \frac{6.8}{48.7} = 0.139\ 63$$

所以有

$$\sqrt{K_H} = \frac{n_M}{n} \times \frac{D_{1M}}{D_1} = 0.373\ 67$$

2.计算流量比值系数 K_Q

在抽水蓄能电站中,为了充分发挥电动发电机的容量,一般希望水泵工况和水轮机工况的视在功率相等。

设水泵真机效率 $\eta_P=90.0\%$,电动机效率 $\eta_M=98.0\%$,功率因数 $\cos\theta_M=1.0$;水轮机真机效率 $\eta_T=90.0\%$,发电机效率 $\eta_G=98.0\%$,功率因数 $\cos\theta_G=0.85$。

所以,可得水泵的真机流量 Q_{Pr} 为

$$\begin{aligned} Q_{Pr} &= \frac{0.95\eta_P\eta_M\eta_T\eta_G H_{Tr}\cos\theta_M}{H_{Pr}\cos\theta_G}Q_{Tr} \\ &= \frac{0.95 \times 90.0\% \times 98.0\% \times 90.0\% \times 98.0\% \times 46.0 \times 1.0}{48.7 \times 0.85} \times 27 \\ &= 22.17(\mathrm{m^3/s}) \end{aligned}$$

所以,模型与真机流量之比 K_Q 为

$$K_Q = \frac{Q_{M0}}{Q_{Pr}} = \frac{0.112}{22.17} = 0.005\ 052$$

根据相似定律有

$$K_Q = \frac{n_M}{n}\left(\frac{D_{1M}}{D_1}\right)^3 = 0.005\ 052$$

3.计算转轮直径 D_1 和转速 n

根据

$$\frac{n_M}{n}\cdot\frac{D_{1M}}{D_1}=0.373\ 67$$

$$\frac{n_M}{n}\left(\frac{D_{1M}}{D_1}\right)^3=0.005\ 052$$

所以可得

$$\frac{D_1}{D_{1M}}=\sqrt{\frac{0.373\ 67}{0.005\ 052}}=8.6$$

所以，标称直径 D_1 为

$$D_1=D_{1M}\times 8.6=0.35\times 8.6=3.01(\mathrm{m})$$

转速 n 为

$$n=\frac{n_M D_{1M}}{0.373\ 67D_1}=\frac{700\times 0.35}{0.373\ 67\times 3.01}=217.83(\mathrm{r/min})$$

取同步转速 $n=214.3$ r/min。

校核转轮直径

$$D_1=\frac{n_M D_{1M}}{0.373\ 67n}=\frac{700\times 0.35}{0.373\ 67\times 214.3}=3.06(\mathrm{m})$$

取整数值 $D_1=3.0$ m。

4. 水泵工况各扬程下的参数计算

1）效率修正

在设计工况下，查附图 8 可得模型效率 $\eta_{M0}=85.6\%$。

采用下式来计算真机和模型之间的效率差，即

$$\Delta\eta=\frac{2}{3}\times(1-\eta_{M0})\times(1-\sqrt[5]{D_{1M}/D_1})$$

$$=\frac{2}{3}\times(1-85.6\%)\times(1-\sqrt[5]{0.35/3.0})=3.35\%$$

不同扬程下取相同的 $\Delta\eta$ 值。

2）真机参数计算

不同扬程下，水泵真机流量、功率和吸出高度的计算结果如附表 10 所示。

附表 10　水泵工况参数计算表（水泵工况计算，水轮机工况校核）

H_P(m)	37.5	48.7	59.8
$K_H=(n_M/n)^2(D_{1M}/D_1)^2$	0.142 5	0.142 5	0.142 5
$K_Q=(n_M/n)(D_{1M}/D_1)^3$	0.005 187	0.005 187	0.005 187
$K_M=K_H H_P$(m)	5.45	7.07	8.68
Q_M(m^3/s)（从附图 8 查得）	0.14	0.108	0.058
η_M(%)（从附图 8 查得）	82.5	85.0	68
σ（从附图 8 查得）	0.33	0.17	0.12
$Q_P=Q_M/K_Q$(m^3/s)	27.0	20.82	11.18
$\eta_P=\eta_M+\Delta\eta$(%)	85.85	88.35	71.35
$N_P=9.81Q_P H_P/\eta_P$(MW)	11.569	11.258	9.192
$H_S=9.5-\sigma H_P$(m)	−2.88	+1.22	+2.32

5. 水轮机工况下的参数计算

1) 效率修正

采用下式来计算真机和模型之间的效率差，即

$$\Delta\eta = \frac{2}{3} \times (1 - \eta_{M0}) \times (1 - \sqrt[5]{D_{1M}/D_1})$$

从附图 7 上可以查得，模型效率 $\eta_{M0} = 86.4\%$，所以可得

$$\Delta\eta = \frac{2}{3} \times (1 - 86.4\%) \times (1 - \sqrt[5]{0.35/3.0}) = 3.17\%$$

不同的水头下取相同的 $\Delta\eta$ 值。

2) 设计水头下的参数选定

保证水轮机额定出力 $P_{Tr} = 10.36$ MW，校核设计流量 Q_{Tr}。

设水轮机的效率 $\eta_T = 87\%$，则有：

$$Q_{Tr} = \frac{P_{Tr}}{9.81\eta_T H_{Tr}} = \frac{10\ 360}{9.81 \times 87\% \times 46.0} = 26.39(\mathrm{m^3/s})$$

根据单位转速和单位流量的计算公式，有：

单位转速

$$n_{11} = \frac{nD_1}{\sqrt{H_{Tr}}} = \frac{214.3 \times 3.0}{\sqrt{46.0}} = 94.8(\mathrm{r/min})$$

单位流量

$$Q_{11} = \frac{Q_{Tr}}{D_1^2\sqrt{H_{Tr}}} = \frac{26.39}{3.0^2 \times \sqrt{46.0}} = 0.432(\mathrm{m^3/s})$$

查附图 7 可知，模型效率 $\eta_M = 84.0\%$，所以真机效率 η_T 为

$$\eta_T = \eta_M + \Delta\eta = 84.0\% + 3.17\% = 87.17\%$$

所以有

$$P_T = 9.81 Q_{Tr} H_{Tr} \eta_T = 9.81 \times 26.39 \times 46.0 \times 87.17\% = 10.381(\mathrm{MW})$$

可见，可以满足要求。

3) 最大水头下的参数选定

在最大水头时，保持水轮机额定出力 N_{Tr} 为 10.36 MW。设此时水轮机的效率 $\eta_T = 86.0\%$，所以水轮机的流量 Q_T 为

$$Q_T = \frac{P_{Tr}}{9.81 \times \eta_T H_{Tmax}} = \frac{10\ 360}{9.81 \times 86.0\% \times 56.8} = 21.62(\mathrm{m^3/s})$$

根据单位转速和单位流量的计算公式，有：

单位转速

$$n_{11} = \frac{nD_1}{\sqrt{H_{Tmax}}} = \frac{214.3 \times 3.0}{\sqrt{56.8}} = 85.3(\mathrm{r/min})$$

单位流量

$$Q_{11} = \frac{Q_T}{D_1^2\sqrt{H_{Tmax}}} = \frac{21.62}{3.0^2 \times \sqrt{56.8}} = 0.319(\mathrm{m^3/s})$$

查附图 7 可得，模型效率 $\eta_M = 82.8\%$，所以真机效率 η_T 为

$$\eta_T = \eta_M + \Delta\eta = 82.8\% + 3.17\% = 85.97\%$$

所以有

$$P_T = 9.81 Q_T H_{Tmax} \eta_T = 9.81 \times 21.62 \times 56.8 \times 85.97\% = 10.357(\text{MW})$$

可见，可以满足水轮机出力的要求。

4）最小水头下的参数选定

计算最小水头 $H_{Tmin} = 35.1$ m 时的水轮机的流量和出力。

根据单位转速和单位流量的计算公式，

$$n_{11} = \frac{nD_1}{\sqrt{H_{Tmin}}} = \frac{214.3 \times 3.0}{\sqrt{35.1}} = 108.5(\text{r/min})$$

查附图 7，单位流量 Q_{11} 选出力限制线上的单位流量 $Q_{11} = 0.5\ \text{m}^3/\text{s}$，可知此点对应的模型效率 $\eta_M = 72.5\%$，真机效率 η_T 为

$$\eta_T = \eta_M + \Delta\eta = 72.5\% + 3.17\% = 75.67\%$$

所以有

$$Q_T = Q_{11} D_1^2 \sqrt{H_{Tmin}} = 0.5 \times 3.0^2 \times \sqrt{35.1} = 26.66(\text{m}^3/\text{s})$$

$$P_T = 9.81 Q_T H_{Tmin} \eta_T = 9.81 \times 26.66 \times 35.1 \times 75.67\% = 6.946(\text{MW})$$

四、方案对比

根据以上的计算结果，可以形成两种转轮直径和转速方案，即：

方案 A：　$D_1 = 2.8$ m，$n = 250$ r/min

方案 B：　$D_1 = 3.0$ m，$n = 214.3$ r/min

两种方案的水轮机工况和水泵工况的性能参数分别汇总于附表 11 和附表 12。

附表 11　水轮机工况性能参数表

水轮机工况	$H_{Tmax} = 56.8$ m		$H_{Tr} = 46.0$ m		$H_{Tmin} = 35.1$ m	
方案	A	B	A	B	A	B
流量(m^3/s)	21.37	21.62	27	26.39	23.22	26.66
效率(%)	86.08	85.97	84.08	87.17	73.08	75.67
出力(MW)	10.25	10.357	10.244	10.381	5.844	6.946

附表 12　水泵工况性能参数表

水泵工况	$H_{Pmax} = 59.8$ m		$H_{Pr} = 48.7$ m		$H_{Pmin} = 37.5$ m	
方案	A	B	A	B	A	B
流量(m^3/s)	18.28	11.18	23.59	20.82	28.16	27.0
效率(%)	86.27	71.35	87.27	88.35	81.27	85.85
输入功率(MW)	12.43	9.192	12.914	11.258	12.747	11.569
吸水高度(m)	+1.13	+2.32	−3.65	+1.22	−9.25	−2.88

根据以上计算结果及附表 11 和附表 12 的水轮机工况和水泵工况的性能参数值，从以下几个方面来比较两种方案的优缺点：

(1)比较水轮机的出力和水泵输入功率的大小。

方案 A 的水轮机在公共水头下的出力均小于水轮机的额定出力，而水泵工况在各种扬程下的输入功率均大于电动机的最大功率 $P_{max} = 12.188$ MW；方案 B 的水轮机在最大水头和设计水头下均能满足规定的水轮机额定出力 $P_{Tr} = 10.36$ MW 的要求，而水泵工况在各种扬程下的输入功率均小于电动机的最大功率。从这个方面来说，方案 B 优于方案 A。

(2)比较转轮直径和转速的大小。

方案 A 的转轮直径小于方案 B 的转轮直径，而且方案 A 的转速大于方案 B，所以方案 A 可以选用尺寸较小的发电机，在这一点上方案 A 优于方案 B。

(3)效率的比较。

方案 B 的水轮机运行效率在最高水头时略低于方案 B，其他水头下的效率均大于方案 A 的水轮机的效率；方案 B 的水泵的运行效率除在最高扬程时低于方案 A 外，其余均比方案 A 的运行效率高；在设计水头下，方案 B 的水轮机的引用流量小于方案 A 而出力大于方案 A；在设计扬程下，方案 B 的水泵的抽水量小于方案 A。可见，方案 B 对水能的利用率高于方案 A。

(4)比较水轮机和水泵的工作范围。

根据电站最大水头、最小水头计算得到的单位转速和单位流量，在水轮机转轮综合特性曲线上查得，方案 B 的水轮机的高效率区优于方案 A；从水泵工况综合特性曲线上可以看出，方案 B 除最高扬程稍偏离高效区外，其他均在高效区间，且大于方案 A。可见，方案 B 的工作范围较方案 A 的有利。

(5)比较气蚀性能和允许吸出高度。

在各种扬程下，方案 A 的水泵气蚀系数均大于方案 B；在设计扬程下，方案 A 的吸出高度为负值，而方案 B 为正值，且相差较大。吸出高度为负值将引起厂房较大的水下挖方，从而提高土建部分的投资，从这点来看，方案 B 优于方案 A。

综上所述，选用方案 B 的单级可逆式水泵水轮机，其型号为 XLN200，转轮直径 $D_1 = 3.0$ m，转速 $n = 214.3$ r/min。

五、绘制运转特性曲线

要绘制转轮直径 $D_1 = 3.0$ m，转速 $n = 214.3$ r/min 的运转特性曲线，需要在附表 11 和附表 12 的数据基础上，再增加两个水头值的参数，计算值如附表 13 所示。

附表 13　运转特性曲线绘制计算结果表

水轮机工况			水泵工况		
H_T(m)	51.0	40.0	H_P(m)	54.0	43.0
Q_T(m^3/s)	24.08	25.61	Q_P(m^3/s)	15.81	23.71
η_T(%)	87.17	85.17	η_P(%)	81.35	88.35
P_T(MW)	10.502	8.559	P_P(MW)	10.259	11.32
			H_S(m)	2.75	-0.82

根据附表 11、附表 12 和附表 13 的计算结果，可以绘制电站的水泵水轮机运转特性曲线，如附图 9 所示。

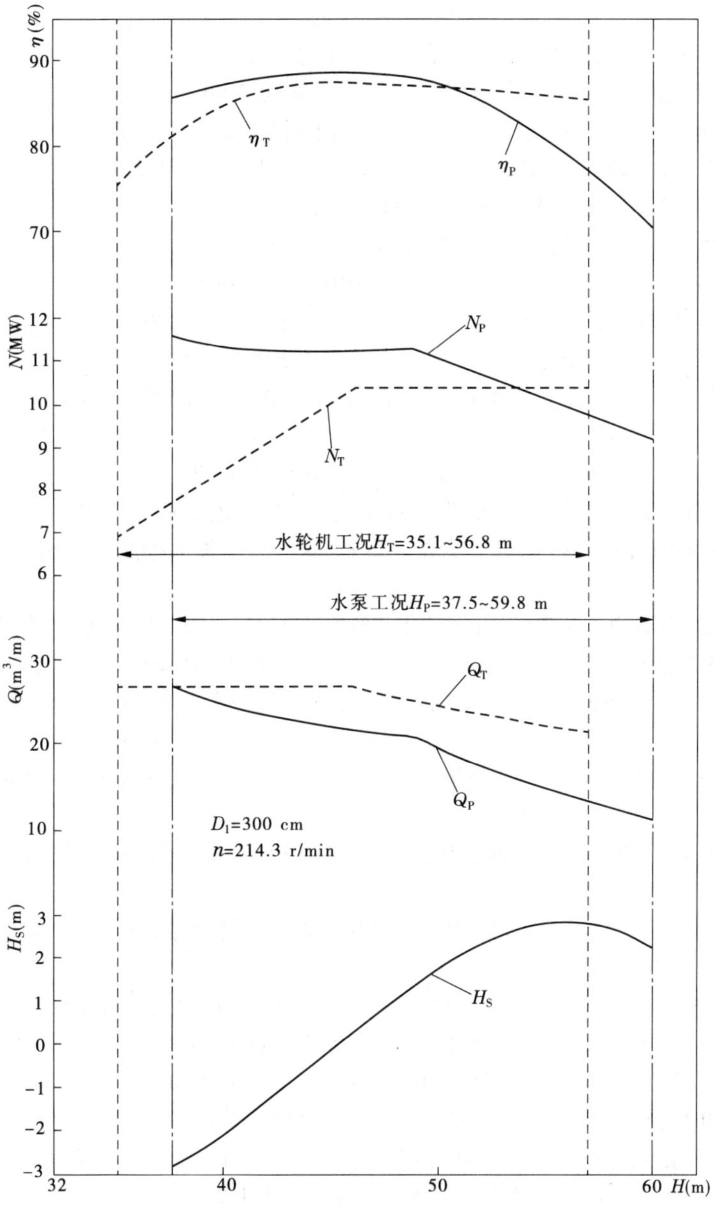

附图 9　水泵水轮机运转特性曲线

根据运转特性曲线可以检查两种工况下的水量平衡情况：

水泵平均流量　　$Q_{Pa} = 19.7\ m^3/s$

水轮机平均流量　　$Q_{Ta} = 24.87\ m^3/s$

抽水 7 h 的水量　　$W_P = Q_{Pa} \times 7 \times 3\ 600 = 49.644$(万 m^3)

发电 5.5 h 的水量　　$W_T = Q_{Ta} \times 5.5 \times 3\ 600 = 49.242\ 6$(万 m^3)

可见，两种工况下的水量基本平衡，满足要求。

参 考 文 献

[1] 陆佑楣,潘家铮. 抽水蓄能电站[M]. 北京:水利电力出版社,1992.
[2] 梅祖彦. 抽水蓄能发电技术[M]. 北京:机械工业出版社,2000.
[3] 张克诚. 抽水蓄能电站水能设计[M]. 北京:中国水利水电出版社,2007.
[4] 潘家铮,何璟. 中国抽水蓄能电站建设[M]. 北京:中国电力出版社,2000.
[5] 刘启钊,等. 抽水蓄能电站[M]. 北京:水利电力出版社,1995.
[6] 梅祖彦. 抽水蓄能技术[M]. 北京:清华大学出版社,1988.
[7] 万永华. 抽水蓄能电站规划及运行[M]. 北京:中国水利水电出版社,1996.
[8] 梅祖彦,赵士和. 抽水蓄能电站百问[M]. 北京:中国电力出版社,2002.
[9] 董述春,张德旺. 抽水蓄能电站[M]. 北京:水利电力出版社,1989.
[10] 中华人民共和国国家经济贸易委员会. DL/T 5172—2003 抽水蓄能电站选点规划编制规范[S]. 北京:中国电力出版社,2003.
[11] 万永华. 水电能源系统规划[M]. 北京:中国电力出版社,1997.
[12] 电力工业部成都勘测设计院. 水能设计[M]. 北京:电力工业出版社,1981.
[13] 中华人民共和国国家发展和改革委员会. DL/T 5208—2005 抽水蓄能设计导则[S]. 北京:中国电力出版社,2005.
[14] 姚廉华. 抽水蓄能电站及常规水电站引水建筑物设计[M]. 北京:中国电力出版社,2005.
[15] 邱彬如. 世界抽水蓄能电站新发展[M]. 北京:中国电力出版社,2005.
[16] 上海华东水电工程咨询有限公司. 抽水蓄能电站运行技术文集[M]. 郑州:黄河水利出版社,2006.
[17] 国家电网公司工程建设部. 抽水蓄能电站工程危险点预测与预控措施[M]. 北京:中国电力出版社,2004.
[18] 华东宜兴抽水蓄能有限公司. 抽水蓄能电站建设与运行案例分析[M]. 北京:中国电力出版社,2008.
[19] 中国水力发电工程学会电网调峰与抽水蓄能专业委员会. 抽水蓄能电站工程建设文集 2009[M]. 北京:中国电力出版社,2009.
[20] 邱彬如,刘连希. 抽水蓄能电站工程技术[M]. 北京:中国电力出版社,2008.
[21] 王丽萍. 水利工程经济学[M]. 北京:中国水利水电出版社,2008.
[22] 施熙灿. 水利工程经济学[M]. 北京:中国水利水电出版社,2010.
[23] 杨以涵. 电力系统基础[M]. 2 版. 北京:中国电力出版社,2007.
[24] 梁维燕,邴凤山,饶芳权,等. 中国电气工程大典:第 5 卷[M]. 北京:中国电力出版社,2010.
[25] 刘大凯. 水轮机[M]. 3 版. 北京:中国水利水电出版社,1997.
[26] 郑源,鞠晓明,程云山. 水轮机[M]. 北京:中国水利水电出版社,2007.